动物学家的星际漫游指南

通过地球动物揭秘外星生命

[英] 阿里克·克申鲍姆 著

常秀峰 译

· 北京 ·

目录

I

引言

Introduction

宇宙中存在其他生命几乎无可避免，但关于这些生命的情况，我们又似乎不可能有所知晓。不过，我的目标是为你展示一种可能性，即关于外星生命的样貌、生活方式和行为方式，我们其实可以有很多可以讨论。

近些年来，我们对宇宙中存在其他生命的信心与日俱增，让人们更感到兴奋的是，我们似乎也有可能找到外星生命。2015 年，美国国家航空航天局（NASA）首席科学家艾伦·斯托芬（Ellen Stofan）曾预测，在未来的二三十年内，我们将在其他行星上发现生命存在的证据。当然，她指的是微生物，或是其他星球上与地球微生物等同的生命形态，不一定是智慧生命。但这种预测背后的信念却依旧令人感到惊异，20 世纪初，我们曾对外星生命异常着迷，到了七八十年代，又兴起了盲目的悲观主义，而现在，人们的情绪正在回归现实、回归科学，变得乐观起来。这本书就是关于我们该如何使用那些现实的、科学的方法，得出一些关于外星生命的、有信心的结论——特别是关于外星高等智慧生命的结论。

但是，外星人并没有真的在纽约降落过，我们又该如何知晓他们的样子呢？我们是否需要借用好莱坞和科幻小说家的想象？又或者，相比起在陆地上利用巨大脚掌跳跃前行的袋鼠，在海中利用排水反推力驱动自己前进、体表闪烁着斑斓光泽的乌贼，外星动物也许并不更为奇异。如果我们相信自己——所有地球生物——以及地外行星上的生物，都服从生物学的普遍规律，那么我们就能够知道，地球动物在适应环境时所采用的理由，也非常有可能被其他行星上的动物所采用。与地球动物一样，跳跃和喷水在很多不同的行星上同样会是行之有效的移动方式。

生命在宇宙中有多稀少？直到20世纪90年代，其他恒星周围是否存在行星（系外行星）还是一个关乎观测方法和数学计算的问题。我们并不确切地知道银河系里有多少行星，也不清楚这些行星的性质（温度、重力、大气环境、组成物质等条件）如何，但随着科技升级到新的水平，人类对系外行星的观测也随之成为可能，这时，人们的情绪同时高涨起来。也许，我们确实有可能观察到可能寓居着外星生命的行星。

最初的发现令人失望。人们最开始发现的几颗系外行星都是体积巨大、温度极高的气态行星——不管是从我们所知的条件，还是从其他的角度上考虑，都不太适宜生命存在。但在我们发现第一颗系外行星的不到20年之后，人类取得了重大的突破。开普勒太空望远镜升空，朝着宇宙中一个固定的角度观测一小片固定的区域，搜寻可能存在的行星，在它开始运行短短六周之后，就发现了五颗系外行星。到2018年开普勒望远镜停止工作的时候，我们已经不可思议地通过它发现了2662颗系外行星，这还只是在它所朝向的那一小片天空里，面积相当于你举起手臂时拳头能覆盖到的大小。

这一发现反映出的事实令人震惊，银河系里的行星数量远比我们先前想象的多得多，在更先进的测量方法的帮助下，我们现在对那些行星有了更加全面的了解，从高温的类木气态行星，到与地球非常相似的类地行星，我们已经掌握了全方位的行星数据。[*] 比起2009年，

---

* 参见伊丽莎白·塔斯克（Elizabeth Tasker）著《星球工厂：地外行星与第二个地球的搜寻》（*The Planet Factory: Exoplanets and the Search for a Second Earth*）。

现在的宇宙已经拥挤了许多，而到我们孙辈的时代，他们可能都不会相信我们曾经说过："类地行星非常稀有。"我们再也没有借口认为宇宙缺乏外星生命存在的条件。 2

现在，我们对可供外星生命存在的物理环境条件有了更为深入的理解，而且，我们还可以越来越频繁地对这些物理环境进行测量。人们开发了新的仪器，通过探查行星绕行的恒星发出的光穿过该行星大气时发生的变化，就可以侦测出行星的大气化学组分。当然，我们首要寻找的还是氧气，但另一些比较复杂的化学成分也可以显示出行星上的工业发展水平。非常讽刺的是，污染往往是宇宙智慧生命的标志。

无论如何，宇宙中至少出现过一次生命，我们自己就是证明，不过我们并不知道生命究竟是如何出现的。关于地球生命出现的机制有很多种理论，最为可能的一种说法是生命所需的基本化学物质随机形成，在一次幸运的偶然之下，这些化学物质组合成为能够自我复制的特殊分子结构，这是一种非常不同寻常的情况，那么这又是否意味着其他行星上的生命也如此形成？答案显然是否定的，我们完全无法确定人类目前所认为的发生在地球上的生命起源过程与其他星球上生命起源的过程是否相似。外星生命或许是和我们一样的碳基生物，或许是不太一样的其他碳基生物，也可能拥有与我们完全不同的生命结构。

化学规律已经被人们理解得非常透彻，所以很多关于生命起源的想法都可以在实验室中加以验证，我们可以通过实验来判断哪些化学成分可以组成稳定的结构。通常认为，与组成我们身体的化学结构相似的物质对于"活的"东西来说是非常好的原料，但在这些关于外星生物化学结构最为基础的概念之外，我们的面前仍笼罩着一层厚厚的迷雾。我们不仅没有可供考察的外星动植物标本，甚至连"植物"和

3 “动物”这两个词在其他行星上是否有意义都不能确定。

虽然NASA乐观地估计我们能发现外星生命存在的迹象，但恒星之间的超远距离意味着我们仍需要巨大的科技进步才能实现对太阳系以外行星的真正造访。我们可以在实验室里合成外星化学物质，但用望远镜观察外星的鸟类却依然是遥不可及的梦想。

在我们对外星生物性质的理解之中一直有个问题：人类在比较不同生命的时候，我们的出发点只有一种生命形式，即地球生物。仅仅通过这种生命存在的孤例，我们可以得出多少关于其他行星上生命的结论呢？有人认为人类对外星生命的推测毫无意义，因为我们的想象力已经被牢牢地捆绑在了自己的经验之中，无力思索其他世界中复杂多样且陌生的可能性。《2001太空漫游》（*2001: A Space Odyssey*）的作者科幻小说家阿瑟·克拉克（Arthur C. Clarke）说：“在宇宙中，没有什么地方可以让我们见到熟悉的花草树木，与我们共同生活在这个世界上的动物的身影，你也不可能在别处见到。”很多人都认为外星生物过于难以想象，但我不同意。科学给我们提供了超越这种悲观想法的机会，而我们也确实似乎有可能分辨出一些关于外星生命样貌的线索。这本书就是用我们对生命的存续——以及更重要的——生命的进化的理解，去理解其他行星上的生命。

像我这样一个生活在地球上的动物学者——一个更习惯于在白雪皑皑的落基山脉中追踪狼群、在加利利群山中找寻毛茸茸的蹄兔的人——是怎么参与到对地外生命的探索中去的呢？动物的交流，以及动物为什么会发出它们的叫声，是我诸多研究课题中的一个。2014年，我在哈佛大学拉德克利夫学院（Radcliffe Institute）做过一次演讲，其间我曾问道：“如果鸟儿会说话，我们能发现吗？”人类有语言而其他动物没有语言，这一点对我们来说似乎是不言而喻的，但我们又怎能确定地知道这就是事情的真相呢？我曾经试图寻找动物交流

4 中“语言”的数学指纹——一种能够清晰地帮我们辨明某种声音符号

是不是语言的数学特征，有了语言指纹，某种原本在我们看来毫无意义的信号就变成了语言，而如果缺乏语言指纹，那些信号就不能被称为语言。我有些好同事（不过也有点儿古怪）鼓励我说，我们下一步的目标就是对来自太空的信号询问同样的问题：那些信号是语言吗？如果是的话，又是何种生物产生了那些语言？从这里开始，我们就可以自然而然地把对地球生命的理解延伸到外星生命的其他方面上，进而研究它们的摄食、繁殖、竞争、互动等。

但是，在我们从未见过任何外星生物，甚至无法确定它们是否存在的时候，为什么要在动物学的框架之内研究外星生物呢？作为教育工作者，我经常面对刚刚进入大学的本科新生，他们从考查记忆能力的考试中摆脱出来之后，我的第一个任务就是告诉他们：对事实的记忆固然非常重要，但更重要的是对概念的理解，面对大自然，我们不仅要知其然，更要知其所以然。对过程的理解是研究地球动物学的关键——这种理解可以帮助我们更清楚地认识其他行星的动物学。在我写下这些文字的时候，剑桥大学二年级的本科生正准备他们前往婆罗洲（Borneo，加里曼丹岛）的田野调查，对其中的一些人来说，这次外出是他们人生中第一次离开英国，老师们会希望他们记住写有婆罗洲成百上千种鸟类和昆虫信息的田野手册吗？当然不会，如同未来的外星世界探索者一样，这些学生必须先理解进化论的原则，正是在这些原则的指导之下，我们所见的生物多样性才如此繁盛。而只有当概念被清楚地理解之后，对我们所发现的动物进行的解释才成为可能。

大多数人认为物理和化学的规律是明确且普遍适用的，它们在地球上的应用方式与地外行星无异，所以我们在地球上对某些物理与化学材料在不同条件之下的作用方式的预测，在宇宙中的别处，相同的材料在相同的条件之下，其相互作用方式应该差异不大。科学给我们展现出的这种稳定和可靠，正是我们对科学的信心之来源。但在一些人看来，生物学却是不同的，我们很难想象起源于地球的生物学规律

5

如何在地外行星上发生作用。就此，20 世纪最著名的天文学家之一，宇宙中存在其他高等智慧生物的热忱信徒，卡尔·萨根（Carl Sagan）曾这样说："在我们已知的范围内，生物学实在是平凡与偏狭的，我们所熟知的生物学可能只是宇宙中种类繁多的众多生物学中特殊的一种。"*

面对未知，我们不得不小心翼翼，但乐观的看法同样有存在的理由：我们只是需要谨慎地选择真正具有普遍意义的生物学规律，正如选择那些具有普遍意义的物理学规律一样。生物学为何一定"平凡与偏狭"，而不是普遍适用？关于自然的规律——物理、化学与生物学——在宇宙中当然都普遍适用，而地球上的生物学规律也不太可能与其他任何行星上的都完全不同。古罗马时期的哲学家卢克莱修（Lucretius，约公元前 99 年—约公元前 55 年）曾说："自然对我们可见的世界而言并不独特"，而就算我们没有亲眼见过，地外行星也存在其自身的"自然"。

与一些人的想法相反，像我这样的动物学家不光把时间花在动物的辨认和分类上，我们也会和其他所有学科的科学家一样，试图解释自己所见的事物。以动物学为代表的进化生物学的意义，就是提出解释生命的本质的机制，为什么狮子群居而老虎独居？为什么鸟类只有一对翅膀？而说到这里，我们就又要问，为什么绝大多数动物的身体都分成左右两侧？仅靠观察是不够的，我们想推演出的，是一整套关于生命的规则，如同物理学家推演出了行星和恒星的规则一样。如果那些生物学规则是普遍适用的，它们就会像重力法则一样，在另一颗的行星上同样适用。

不过，生物学确实看似飘摇不定且无法预测。物理学家能够精准

* 参见 I.S. 什克洛夫斯基（I.S. Shklovskii）与卡尔·萨根合著《宇宙中的智慧生命》（*Intelligent Life in the Universe*）第 183 页。

地理解小球从山上滚落的运动过程，也能给出一整套能够预测宇宙中任何一座山上的任何一个小球滚落运动状态的公式。物理实验依靠的是高度受控且简化的外部条件，这与生物学领域中的情形完全不同，有个非常著名的笑话说，一位物理学家想推演出一套预测鸡的行为的公式，他说这种做法可行，但条件是我们需要一只处于真空中的球形的鸡。物理学家或许会说，活鸡并不在“物理学”研究范畴之中，所以这种预测也不可能成立。但为什么球的运动可以预测，而鸡的行为就不可预测呢?

生物学系统似乎避免遵循严格的规律，因为从广义上来说，生物系统是复杂的。在数学上，复杂系统是包含多重互相依存的子系统的系统，所以，就算是相对简单的系统，其总体行为的复杂性和不可预测性并不需要系统之间过多的互相依赖——科技语言称之为“混沌”。现在，想象一下你体内所有器官之间的互动，并试着预测它们的行为，更进一步，试着预测每个器官中所有细胞的互动——或是每个器官的每个细胞的所有蛋白质之间的互动?这个范围可以一直细化下去。所以，即使是系统中的单一元素最轻微的变化，也会导致一系列不断升级且无法预测的后果。即便是最简单的生命也无疑是复杂的，所以复杂的系统就更难预测。

在研究无法预测的复杂系统（混沌系统）时，最让人感到沮丧的就是不管你如何努力，都永远无法解开所有的秘密。我们理所当然地认为只要研究足够仔细，我们就能理解关于某一事物的全部特征，而科学似乎也是基于这一理念。但混沌理论告诉我们，在我们研究某一系统的时候，有时就算用了百倍的细心，也只能取得十倍的预测能力。在对复杂系统的理解过程中，人们可以无限地投入资源，但结果却是边际效益递减，显然吃力不讨好。但幸运的是，复杂系统同时拥有另一种特性，即所谓“涌现性”（emergent properties）：即我们或许无法精准预测复杂系统的行为，但总能判断出大致的方向。虽然我们

7

说不好鸡会找哪一种种子吃，但我们总知道鸡会找种子吃。对我这样的生物学者来说，在实践中说“这只鸡会找种子吃”这句话，比“这只鸡会找那种种子吃”更有用。所以相比起预测外星生物的生物化学过程，或是预测它们的眼睛由何种物质构成，我们其实更有能力做出对总体的预测，断定生物化学过程为其提供能量，以及它们是否有某种形式的眼睛。

所以，哪些生物学规律是普遍适用的？我们能自信地用它们预测其他行星的生命？首先且最重要的就是复杂生命体的进化遵从自然选择。对这一过程重要性，多么着重强调都不为过，因为这是达尔文理论以来所有生物学的基石。自然选择不仅是我们了解的从简单中创造复杂系统的唯一机制（如果我们不采信神圣之力推动了复杂生命发展的说法的话），也是一种无法避免的机制。自然选择不会被限制在地球的行星范围之内，也不会仅仅发生在“我们所知的生命”之上。如果我们把眼光放在宇宙的复杂性上——所有我们能够称为“生命”的复杂性——我们就会发现，这背后的一切都是自然选择的作用。

另外一些杰出的著作已经证明了自然选择的普遍性*，但我的主张尤为离奇，在本书的下一章，我将提出额外的细节，佐证我提出的“外星生命遵从自然选择的进化规律”这一说法。正如哲学家丹尼尔·丹尼特（Daniel Dennett）指出，自然选择和智慧生命的设计几乎是同一件事：积累优秀的特征并舍弃不良的基因。**不管是设计飞机还是曲别针，我们一直都努力保持先前设计中的优秀传统。但自然选择与人工设计也有不同，在设计之前，我们已经在脑海中设立了目标，而自然选择每次只挑选一个特征。长颈鹿并不“知道”把脖子长长会有好处，但最终还是进化成了现在的样子。

8

* 尤其请参见理查德·道金斯（Richard Dawkins）著《盲眼钟表匠》（*The Blind Watchmaker*）。

** 丹尼尔.C.丹尼特（Daniel C. Dennett）著《达尔文的危险观念：进化与生命的意义》（*Darwin's Dangerous Idea: Evolution and the Meanings of Life*）。

自然选择的这种短视性在实际上让我们对外星生命的预测得以大为简化。我们不用对外星物种“应该”长成什么样做出全盘宏大的预测，而只需要考虑某一特殊行星在某个特定时间段内的环境条件，继而由此推断这种环境中可能创生的物种特征。如果我们知道某个行星上会长有高高的树（或是那个星球上和地球上的高树等同的东西），我们就能猜到那里的某种动物也长着长脖子，或者是长腿，要不就是另外一些和长腿长脖子起到同样作用的器官。

依据自然选择进化还有另一种有益的特性：繁殖和选择的机制几乎是相互独立的。理查德·道金斯发明了一个非常著名的术语：模因（meme）。模因是一种社会性的概念或想法（和宗教有相似之处），通过社会交流产生复制，并且模因之间也会以一种非常近似于进化的模式互相竞争。* 如果不考虑特定生物系统或繁殖的器质形态，自然选择可以用严格的数学语言加以定义。出于这种原因，我们发现，自然选择是一种异常有力的概念，其精炼性和普适性意味着自然选择的概念可以指导宇宙中任何复杂生命的进化进程。自然选择不以 DNA 为基础，也不以任何必须存在于地球的生物化学物质作为基础，所以我们不必具体地知晓每一种外星生物化学结构的运作——因为不管怎么运作，自然选择永远站在它们背后。 9

直到现在，天体生物学（或者说地球之外的生命）的研究重点一直都在为数不多的几个明确区域里，在大多数情况下，天体生物学家研究生命的起源，即地球上的生命如何发生？这对其他行星上生命存在的可能性有什么意义？地球上是否曾经还有过生命的起源和灭绝？发生过几次？这些奇迹般的事件是否像达尔文所假设的那样，发生在温暖的浅水潟湖里？还是水下的火山？那里的热水和丰富的矿物质给奇怪而又美妙的细菌生命创造了完美的环境。

---

* 参见理查德·道金斯著《自私的基因》（*The Selfish Gene*）。

另一个重要的问题是：宇宙中还有可能存在什么样的生物化学基础？也许其他行星上的生命并不以DNA作为基因物质，或者外星生物的化学基础与我们所知的情况全然不同，比如说不以水作为溶剂。这一点尤为重要，因为很多行星（包括太阳系中的一些行星）的温度太低或者太高，没有液态水的存在条件。但不管怎么说，这些重要的领域并不是本书要讨论的内容，我们想要调查的是天体生物学家们很少考虑的问题：复杂外星生命可能长成什么样子？通过使用我们在地球上掌握的这些工具和线索，我们能否在外星生命的生态和行为方面得出一些准确的结论？

如果一个动物学家发现了远处一片新的大陆，那么“在那里可能存在何种生物？”这个问题就会瞬间充满他的大脑。这些问题的答案不是狂野的猜想，而是一系列有根据的假设，我们所知的动物种类繁多、差异巨大，而每种动物又在自己生存的环境中经过了充分的适应，进化出了各自的摄食、睡眠、求偶、筑巢方式。所以，在看待新世界的生命时，我们对旧世界中的动物适应环境的方法知道得越多，我们的推测也就越细致。

这也是我在接下来的书中谈论外星生命时准备使用的方法——不管外星生物可能会有多么不同，它们永远会有一些方面允许我们借鉴地球生物的生存方式来解释。

我们在地球上所观察到的进化过程之所以是我们现在看到的样子，其背后所受限制的环境条件和机制在宇宙中其他的地方也很有可能出现，运动、交流、协作，这些都是进化的结果，也是解决普遍问题的方法。

如果我们有朝一日能够与外星文明——高等智慧生命，而不是微生物或者水母——取得联系，那我们就能自信地确定这样几件事情：它们拥有某种形式的科技（不然我们怎么与它们取得联络呢？），而这又意味着它们拥有协作性的生活，所以是社会性的动物。但是，仅仅知道某一物种拥有社会性，就可以给我们带来诸多额外信息，这些信息背后的进化条件会像雪崩一样淹没我们。它们可能是像人类一样野蛮好战的动物，但我同时也认为，具备社会性的物种也一定具有利他主义的特质。如果外星飞船在伦敦市中心降落，那么我们就可以肯定，飞船上的乘客之间肯定“说着”某种语言彼此交流，这种语言可能是声音，可能是视觉，甚至有可能是电信号，我们都说不准。不管是两条腿，很多条腿，或者没有腿，我相信，我们与任何可能遇到的外星文明之间最大的共同特征最终还是语言。

对于外星生命存在可能性的严谨科学考量并不多见，但也并非闻所未闻。现代科幻小说《星际迷航》（*Star Trek*）和赫伯特·乔治·威尔斯（H. G. Wells）的电影《星际战争》（*War of the Worlds*）里对外星世界不温不火的平淡推测，我们都不可谓不熟悉，因为自从人们开始意识到每一颗行星都是属于它自己的一个世界之后，我们就一直尝试寻找其他行星上是否有生命的存在。1913 年，一位名为爱德华·沃尔特·蒙德（Edward Walter Maunder）[*]的英国天文学家出版了一本小书《行星上有居民吗？》（*Are the Planets Inhabited?*），在这本书里，他带着极大的科学严谨的心态，评估了太阳系中生命存在的可能性，作者依次分析了太阳系中所有行星，以及月球和太阳的天文条件，[（当时有诸多科学家都曾认为太阳可以允许生命存在，鼎鼎大名者如天王星的发现者威廉·赫歇尔 (William Herschel) 也是太阳可能存在生命的支持者）] 他用当时的观察和测量数据进行了清晰的推理，一个接一个地否定了水星、火星、月球和太阳上存在生命的可能性。就算用今天的标准来看，我们都很难在蒙德的推理中找出破绽。但他的结论

[*] 蒙德的这本可读性极强的小书一方面面向普通大众，另一方面却也显示出作者想把天文学推向更广泛的公众注意的尝试。蒙德与毕业于剑桥格顿学院、同为天文学家的妻子安妮·拉塞尔（Annie Russell）（当时的社会并不允许给女性授予学术学位）一起创立了英国天文学协会（the British Astronomical Association），抗议皇家天文学协会（the Royal Astronomical Society），而后者不允许女性入会成为会员。

却常常是错的。人类进行逻辑推理的能力是有限的，进行测量、理解的能力也是有限的。对于身边世界的万事万物，我们对其生物学和物理学过程背后起驱动作用的机制的理解有限，所以我们对宇宙的理解也是有限的。我们之所以做出一些糟糕的误判，其原因可能只是因为缺乏某些微小的知识。当时，蒙德认为金星是太阳系中最适宜生命的行星，因为那时的天文学家估计金星的表面温度大约是摄氏 95 度，而金星大气中又飘浮着由水蒸气构成的厚厚云层。现在，我们通过更优秀的测量设备（还不算着陆在金星表面的探空间探测器）就可以知道，金星表面的温度接近摄氏 450 度，而金星大气中那些漂亮的亮白色云朵，事实上是硫酸构成的。缺乏高质量的数据总会妨碍我们对答案的寻找，但就像蒙德一样，我们不能仅仅因为自己掌握的数据并不完美，就放弃对答案的寻找。

我们都希望知道外星人的样子，但好莱坞制片人的想象并不靠谱。这些年来，人们所想象的外星人要么是夸张的人类形态，要么是夸张的地球动物形态——巨大的蜘蛛、蠕虫，唤醒你的噩梦回忆。人类对未知与黑暗的恐惧，正如在电灯发明之前我们的祖先对它们的恐惧一样，我们害怕有野兽和恶魔潜伏在“那里”等着我们。但在大屏幕上的表现手法之外，将“未知”与“吓人”混为一谈并不是科学严谨的探究方法。对于外星人的长相，我们能否采取更科学的方法进行推测？不幸的是，在进行严肃的推理时，最佳的努力方向看起来仍然有那么一点点可笑——或者说，是公然的臆测。

但是，预测外星人的行为，却比预测它们的外表简单得多。长相更受制于进化过程中的意外和胚胎发育过程中的偶然，而行为则更多的是对环境的基本回应。我们之所以有两条胳膊两条腿，在很大程度上是因为进化的巧合——4 亿年前，我们的类腔棘鱼祖先在浅水中用 4 个鳍肢游弋。在这种古老鱼类的后裔身上，我们仍然可以找到这

4 个鳍肢的身影：我们今天能见到的两栖动物、爬行动物、鸟类和哺乳动物，都是如此。如果祖先不同——比如说，在某些甲壳类动物身上——我们就能发现 6 条腿或者 8 条腿。关于我们最终能不能长出奇数条腿的问题，你必须在第 4 章之后自己决定，到那时，你也会对外星人是否长着某种形式的腿得出自己的看法。

行为起到的作用是通用的。举个例子来说，社会性（我们将在第 7 章详细讨论这个问题）负责解决存在于所有世界的问题——个体无法独立解决的一切问题，比如狩猎比你体形更大的动物，修筑可供藏身的防御性建筑。如果外星生命面临无法独自解决的困难，那么它们中的一部分就有可能成为社会性的生物。虽然总体来说，人类的社会性是一种很特异的行为，我们也不觉得外星生命会拥有像人类一样的宗教或者资本主义经济制度，但总有一些社会性特质必定是普遍适用的。社会性的存在需要一系列的基础，比如互惠、利他，以及竞争，这些特质引导着社会行为的进化，也会在所有拥有社会性的生物种群中存在。

13

与社会性相似的还有一些其他特质，比如交流、智力、语言和文化，本书的其他章节会讨论这些行为的必要性、它们的进化起源，以及它们揭示给我们的更多信息，它们在塑造我们所知的人性的过程中都起到了自己的作用，而就算是人类天性中的这些“怪癖”，其实都不像它们乍看起来的那么无私。我们的这种物种特征事实上可以成为我们与外星生物之间联结的纽带，如果我们都会组成家庭、饲养宠物，都会阅读、写作，都会抚养自己的后代和亲属的话，谁又会在意外星人是长成绿色还是蓝色呢?

地球动物的行为不只存在于地球之上——因为它们**不可能**是地球所独有的，而本书的每一个章节都将围绕一个这样的话题展开。我们已经在计划发明长相奇怪的外星生物了，但我们并不必发明行为怪异的外星人，因为就在地球上我们已经了解的多样性中就已经包含了其他行星上的动物行为，关于这个概念我会在第 2 章里给出介绍——我会在书中解释为什么我们有理由用地球的例子去理解其他行星上的生命。第 3 章是关于“动物”的定义，即什么是“动物”——只有地球生物才适用“动物”的定义吗？还是说，对于那些与地球上的任何东西都全然没有任何联系的有机体，我们也可以考虑它们是不是“动物”？第 4 章和第 5 章讨论的是动物和外星生物如何运动、如何交流的问题——这两种行为我们在任何行星上都有望发现，而这两种行为又深深地受到物理定律的限制，以至于我们很容易做出靠谱的推测。第 6 章是关于那个虚幻（且天赐）的特征：智慧，我们会考察动物如何感知周围的世界，以及如何解决它们所面临的问题。我们都想相信智慧外星生物的存在——就像在这一章中我将为读者们展示的那样——而事实上它们也看似不可避免地一定会存在。第 7 章解释了我们希望在外星生物身上找到的另一个特征——协作性和社会性，在地球上有很多种动物都集群生活，这种群居生活有非常好的理由——而这些理由都不仅限于地球。第 8 章和第 9 章处理的是关于信息交换和语言本身的问题，这个问题到目前为止，在地球生物身上是人类所独有的。第 10 章谈到了人工生命这个棘手的问题，以及系外行星上所寓居的生物是不是动物之外的生命，即我们所理解的机器人和计算机。最终，在第 11 章里，我将试图解答一个困难的哲学问题：如果有智慧的、有语言的、有社会性的外星生物确实存在，那么这对人性的本质和独特性又意味着什么？

14

或许，我们对于理解外星生命本质的尝试是幼稚而原始的，但这种尝试却对人类科学发展的很多方面都拥有重要的意义，不仅在作为一个学科的天体生物学的发展方面扮演了重要的角色，也对生命科学过程的总体理解至关重要。人性终将迎来我们发现自己在宇宙中并不孤独的那个时刻，我们在准备迎来那个瞬间的过程中，试图理解外星生命的努力并不会是徒劳。当人类第一次发现其他行星上存在生命的时候，我们该如何反应？这是一个尚未被充分考虑的问题，* 会不会有大规模的混乱和劫掠？会不会催生出原教旨主义宗教或者宗教的大规模灭绝？再或者，就像 60 年代的电影《头发》(*Hair*) 中的那首脍炙人口的歌曲《水瓶座》(*Aquarius*) 唱的那样："和平将指引着这颗行星，爱为星星们指示着方向？" 无论如何，早些思考这些问题总不会让我们手足无措。

科学的历史就是人类从神的造物巅峰上一步一步滑落为平庸的过程，而解开外星生命的奥秘，则将进一步证明：我们并不特殊。又或者，事情的真相截然相反呢？如果，如果我等进化论生物学家的观点正确，那么人类在进化过程中所继承的特征也将被宇宙中其他的生物共享，诚然，各类生物的起源不同，生化基础也可能更为不同，我们与其他任何行星上的生命形式可能都无法共享相同的祖先，但是，我15们有着**共同的进化过程**。我们与其他世界居民们的进化历史或许并不完全一致，但在外星人动物学家眼中，我们至少也会被认为是智慧的生命体。

如果它们和我们一样都生活在这种协作的社会里，那么我们能找到彼此社会中共同的进化起源就已经是一种不小的成就。或许——只是或许——"人"这个词的使用范围能稍微宽泛一点儿，也更有意义一点儿，不只是用在宇宙数千亿个星系中，这颗静静地孤独盘旋的行星上，漫漫大陆上的一个小小角落里，无垠草原上一群人猿的后裔16身上。

* 参见史蒂芬．J. 迪克（Steven J. Dick）等著《发现地外生命的影响》(*The Impact of Discovering Life Beyond Earth*)。

II

形态与功能：不同世界的共通之处

Form vs Function: What is Common Across Worlds?

现在，化石猎人玛丽和约瑟夫·安宁（Mary and Joseph Anning）的名字已经广为人知，在17世纪早期，他们在英格兰岛的南部海岸莱姆里吉斯（Lyme Regis）的海滩上发现了一副不同寻常的骨架，检查这副骨架的科学家发现他们无法将它归类，这些化石看起来既像鱼，又像爬行动物。那副骨架其实是一条鱼龙（ichthyosaur），一种能够快速游动的海洋爬行动物，长有长吻和发达的眼睛。对大多数读者来说，这种动物听起来很像现代的海豚，但海豚和鱼龙除了外表看起来有些相似之外，它们之间的亲缘关系就像人类和蝾螈一样遥远。动物的形态（长相和行为方式）与功能（如何生存、如何收集能量、如何繁殖）两者之间的关系密不可分。在我们了解外星生物的过程中，这种牢固的联系是关键的线索，而在这种思路的指导下，我们就可以避免陷入虚构想象的泥淖。

像我在前文中所保证的那样，人类要通过已经掌握生物学的规律，为自己在一整套基础的、普遍适用的事实描述中找到自己的定位，就如同我们使用物理和化学的规律一样。如果宇宙的本质处处相同，那么生命在宇宙各处也将遵守相同的规律，但是，那些处处相同的规律又是什么呢？这就需要我们耐心细致地去慢慢发掘。我们想要确定的是，我们所建构的这个理论世界是真实的、正确的，基于我们在地球上的观察，我们需要恰当地将这些观测结果应用于其他行星之上，不能充斥着幻想出来的生物。如果只相信自己的推测，那么你最终得出的那个外星世界也只能存在于自己的脑海之中。这是非常不保

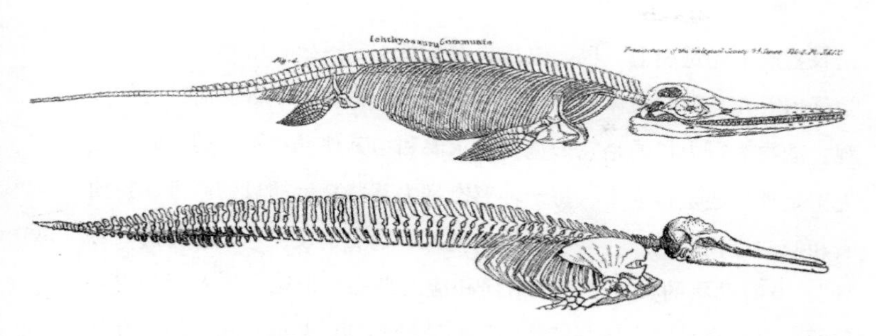

上：鱼龙骨架下：海豚骨架
这两种动物看似都以迅猛的水下掠食者的方式生活（功能），所以它们进化出了相似的身体结构（形态）。

险的做法。*

17

所以，我们正在寻找一种普遍适用的规律，它应该是束缚着生命的绝对基础，是决定着动物本质的基本规律。请保持怀疑的心态，因为我可能会犯错，但是我相信，我们对于生命的生物学本质的理解——尤其是生命的进化——已经达到了一个高度，在这个高度之上，我们已经可以开始将自己对生物学规律的理解总结适用到其他的行星之上。

使我们可以牢牢抓住现实，而不至于陷入科幻的想象之中的关键，在于准确地理解形态与功能的区别。在形态上，每个物种都与其他的物种拥有某些巨大的差异，而这些差异也给我们留下了深刻的印象，我们欣赏鸟类和花朵艳丽缤纷的色彩，惊叹于大象鼻子和独角鲸大长牙的独特造型，狼群的嚎叫和座头鲸的鲸歌让我们痴迷。动物在形态上的多样性不仅见于它们的造型，也能从行为上得以窥见。不管

* J.B.S. 霍尔丹（J. B. S. Haldane）曾在《可能的世界》（*Possible Worlds*）一书中写道："通常来说，哲学家会慢慢相信，自己构建出来的可笑的世界就是真实的世界。"

是长着皮毛还是羽毛，也无论是长着长鼻子、獠牙、甲壳、触手，或是任何五花八门的肢体器官，都让每一种动物拥有了奇异而独特的外18 观。动物的行为指的是它们觅食、求偶和与其他动物互动的方式。但无论是外观还是行为上，每一种形态都为某些特定的目的服务，扮演着相应的进化角色。在某些自然的情况下确实会发生一些进化的“意外”，有时动物的某些形态不对应相应的功能，但这些形态还是得以保留，这或许是因为这些特殊的形态曾经起到过某些作用，但现在却已不为曾经的目的继续服务，比如说鸵鸟的翅膀。但这种曾经的进化结果却没有发生进一步的改变，因为它们缺失“被进化掉”的理由。不过，大多数形态都服务于某种功能：鸟类的色彩是为了吸引配偶，大象的鼻子是为了抓取食物和其他重要的物体。很多时候，即使这些优势不那么明显，但几乎所有我们所能见到的形态都在功能上促进了动物生存、繁衍和存活下去的能力。

斑马为什么长有条纹？科学家就这个问题可能的答案讨论了很多年。很多人认同“条纹是伪装色”这种解释，但查尔斯·达尔文本人却对这种说法持质疑态度，后来人们又提出了各种各样的解释：给异性的信号、用致幻的运动条纹迷惑掠食者、告诉吸血的小飞虫们别落在自己身上，甚至是用黑白条纹对热量的吸收差异在体表产生微弱的气流帮助自己降温，等等。各种理论的对错其实并不重要，关键的意义在于每种解释都涉及某种优势，某种功能。对于我们身边熟知的动物，它们之所以进化出了某些形态，都是因为这些形态能给动物提供特定的优势。

与此同时，某些偶发的事件有时也会决定某种生物形态的走向，同时并不提供特定的功能，这一点在某个物种的种群数量较为稀少的时候尤为显见。我们假设，在未来的某一天，人类在其他行星建立了殖民地，而这批殖民者在基因上缺乏多样性，或者是某种鸟类到达某个偏远的小岛，而这群鸟的基因同质性很高，那么不管是人类殖民者还是那群鸟，他们的后代就会缺乏多样性。当一个种群孤立存在时，那么既没有好处也没有坏处的随机基因突变就会慢慢积累下来，从而让不同的种类逐渐发生特异性的改变。在观察新物种的时候，我们确实要小心谨慎——不管是其他行星，还是地球上长期以来与世隔绝的小岛上的动物——不能想当然地认为它们身上所有的形态都与某种特定的功能有直接的联系。这一现象被称为中性选择（neutral selection），关于其对进化的意义已经有大量的讨论。但是，这种偶发的形态特征，通常并非剧烈的变化，而是原始且温和的，不会产生巨大的成本——这或许就是斑马条纹的进化起源，反而让它们更容易被掠食者发现。

不过，这本书事实上不能告诉你外星人的皮肤是不是绿的，如果你因此而感到失望，我还是可以向你保证，这本书里有相当一部分内容是在考虑“形态”的问题之前先对“功能”进行讨论。外星人对其所处环境的适应过程，以及环境给它们带来的巨大挑战，本身比它们长成什么模样要有趣得多。最起码，这些行为上的适应过程更有可能共同存在于我们和外星人的身上，而比起长相来说，外星智慧生命和人类在行为上也可能更为相似。在这一章里，我希望能够让读者理解形态与功能之间的巨大差异，并为读者解释为什么功能其实远比形态更重要。出于这个原因，我们需要重温自然选择和进化论原则中的一部分内容，同时也要明白为什么这些原则会被地球与其他行星所共享。

自然选择：宇宙的机制

对复杂生命体的存在方式进行解释，乍看之下似乎并不那么困难，但事实上它给我们带来的挑战是巨大的。复杂生命体的存在，面对的是最为无情的物理法则*：有序趋向于无序，复杂趋向于简单，信21息趋向于噪声，滴在一杯水中的墨汁会自然地扩散开来，建筑终将倒塌，肉体终究腐败。自从人类存在以来，定义生命一直是使哲学家感到困扰的永恒问题，但是，无论最终的定义如何，它必将包含这样的一个内容，即生命对宇宙趋向于无序的自然法则的对抗：生命要努力不倒塌，不腐败，不死。山顶的石头趋向于滚落山脚是一个简单的事实，但我们又如何能让这颗石头自发向山顶爬去呢？既然宇宙看似倾向于无生命，但生命又如何顽强地存活下来？我们需要解释这一过程的机制，在这个机制中，我们可以一步一步地得到生命如何在存活下来的同时又变得越发复杂的解释，而这一点与那些无情的物理学规律截然相反。

首先，我们需要打破一个幻想，即进化得当、功能健全的复杂生命体并不是"啪"的一声突然出现的——如果不是被某一个更为复杂的生命体所创造的话，这种生命起源的可能性太低。或许存在某个神，一手创造了宇宙中的万事万物，但如果是这样的话，我们对外星生命就完全没什么可说的了，关于外星生物的形状、颜色和行为，全都是造物者的一时兴之所至。史蒂芬·霍金（Stephen Hawking）说，事实上我们可以了解上帝的思想，但前提是彻底理解宇宙中的所有物理学法则。** 我们现在离这个目标还太过遥远。

所以，生命必始于某些简单的事物。而这些简单的生命形态又如何成为复杂的生物？它们知道自己需要获得何种复杂性吗？虽然人类可以思考，比如说我们可能会认为仿生手臂是个好主意，但对于一个原始的细胞或分子来说，它们不太可能拥有这种先见之明（关于这一点，我们会在第 10 章中有更多的讨论）。我们现在所寻找的，是对

---

* 特别地，热力学第一定律规定：能量既不能被创生，也无法被毁灭（即所谓的"天下没有免费的午餐"）；热力学第二定律规定：可用的能量永远在减少（即所谓的"就连出入相抵也是做不到的"）。

** 史蒂芬·霍金著《时间简史：从大爆炸到黑洞》（*A Brief History of Time: From the Big Bang to Black Holes*）。

生命的复杂性的“妥帖的”解释：要做到“妥帖”，它就必须做到可以自圆其说，且不求助于任何外来的、不明确的过程（比如上帝）的帮助，也必不依靠人类不相信的过程（比如说，分子“知道”自己想要成为什么）而存在。复杂度必然依靠自己不断积累，所以，在我们所寻求的“妥帖”解释中，必须存在一个关键的组成部分，即任何先见之明都是不必要的，否则，我们就无法将这种解释应用于最初、最简单的生命形态。

22

即使我们承认自己不知道原始生命形态如何创生，我们也不得不解释原始生命变得越发复杂的原理。与几乎所有现代科学家一样，我认为，自然选择应该是宇宙性的，同时，对于自35亿年前出现的生命发展至今已经变得越发复杂的这一事实而言，自然选择也是普遍存在的唯一解释。但“自然选择”本身又是什么？它又为什么应当成为对复杂生命的普世性解释？

在最为浅显的水平上，自然选择非常易于理解。有益的特质不断积累。某些新的特征将存活下来，而其他的变异则无法继续存在，同时，上一代得出的好方法在下一代不会被遗忘。在《盲眼钟表匠》（*The Blind Watchmaker*）一书中，理查德·道金斯用富于美感的简单性解释了这一过程。假设我们现在随机生成一个长度为20个字母的字符串，比如说“SDFLKJFGOSDIFHGSOFGH”，那么在完全随机的情况下，这一字符串恰好是“The Blind Watchmaker”的可能性微乎其微，事实上，其概率仅为4.2万亿亿亿分之一。* 所以没人会相信混沌中会随机产生秩序，但在调整上述字符串时，在每次的随机变化之中都保留符合我们预期的结果（最终将其变成“The Blind Watchmaker”）的特征，那么这一进化的过程就会完全不同。如同自

* 对于一个长达20个字母的字符串来说，每个字符位有26种可能，加上空格，就是27种可能性，随机自然生成某一特定字符串的可能性即27^{20}=42931158275216203514294433201分之1。

然选择一样，如果我们在字符串的“进化”过程中，保留“好”的突变——比如说，把第一个字母“S”变成“T”（即进化目标中“The”的首字母）——那么，包含“正确”的字母顺序的最佳字符串“The Blind Watchmaker”就会一点一点显现出来。与 4.2 万亿亿亿次完全随机的尝试相比，使用这种“选择性”的进化方法，在随机字符串进化成为“正确”字符串的过程中，其所需的尝试次数显著下降，只需 540 次尝试，就可以得到想要的结果——这比完全随机的进化所需的次数少了 80 亿亿亿倍。*

当然，自然并没有这种先见之明，也没有所谓“正确”的字母顺序，但是，不同的进化方向之间却有优劣。如果优秀的突变持续积累，进化的方向就会朝着越来越好的目标调整。如果我们面前有一座阶梯组成的大山，而我们在上山的过程中也可以在每登上一级阶梯之后歇口气，那么我们就可以把一块大石头从山脚推到山顶。每次只爬一级，爬上去之后耐心等待迈向新台阶的机会，这就是自然选择的核心思想，拥有一种富于美感的简单性，且显而易见。

不过，有没有可以替代自然选择且与之相似的其他理论呢?

当科学家试图提出实际的替代方案时，经常会陷入无法取舍的迷惘，但自然选择的理论却有一种非常可贵的性质。一般来说，如果人们对一种自然现象的解释产生了怀疑，那么就会有一批替代方案出现，在经过比较之后，最有说服力的那一个会被人们暂时接受（直到进一步的证据出现，人们的想法发生改变）。“光”看似是从人们可见的物体上放射出来的一种东西，又好像是从人类的眼睛里放射出来的扫描射线（正如某些古希腊哲学家的解释），这两种说法都是有理由的假设——直到人们进行了合适的实验，两种说法到底谁更正确一些才有了结果。在古典时期的很长一段时间里，地球是平的这一说法和

* 每个字符位进化成“正确”的字符所需的尝试次数是 27 次，所以总尝试次数就是 27 × 20=540 次。

地球是圆的这一说法长期共存，两种说法都有各自的支持和反对者，直到公元前 240 年，埃拉托色尼（Eratosthenes）在夏至日正午测量同一经度不同纬度两地物体影子长短的方法，测出了（非常近似于正圆的）地球的半径。

但在讨论自然选择的时候，人们惊讶地发现，能够与之相提并论的严肃理论并不多见，在某些关于复杂生命的解释方面，除了一小部分让人感到非常不满意和不科学的说法之外，并不存在其他具有建设性的意见。

24

也许我们需要更努力地思考，也许人类还不够聪明，但“那（自然选择）是我能想到的唯一答案”并不是什么严谨的解释。所以尽管缺乏可替代的解释并不是严格的证据，但也从另一个方面说明自然选择至少是可能的选项。到目前为止，人类已经提出的几乎所有关于复杂生命起源的解释都是描述性的，而非解释性的。

首先，确实可能存在着某个全知全能的神圣力量“指导”生物个体在形态和行为方面的变化，在生物演进的道路上推动我们的前进；与此同时，是否有某些尚未被人类发现的“生命力量”驱动着物种的进化亦未可知；再者，在创生之始或许就已经有某种模板定下了生命未来所有发展的方向和方法——人类的进化蓝图静静地潜伏在某个细菌体内。我们需要做的不外乎一层层剥开这些说法的外壳，观察它们的核心：我们自己。刚刚提到的这三种说法全都是描述性的，而非解释性的，无法解释生命的复杂性如何发展到今天。在人类的每一种文化中，都会流传一些关于创世的故事，但所有的这些故事都不能在客观的角度上进行比较，故事给我们提供的不是解释，而人类非常渴望能够找到其背后的机制，故事是不够的。

数学的分析强烈地暗示着我们，自然选择可能是宇宙中解释生命的唯一方法，而在我们把自然选择作为生命进化的必然机制的理解中，有很大一部分在本质上都是数学。数学的算式可能会有些枯燥，但背后的理念却完全不会乏味。美国化学家乔治·普莱茨（George Price）给出了进化如何发生，又因何发生最为完整的数学描述之一，他或许是20世纪科学史上最为卓越，又最不为人知的科学家，他既不是生物学家，也不是数学家，但却与另外两位进化论方面的科学巨匠——约翰·梅纳德·史密斯（John Maynard Smith）* 和威廉·汉密尔顿（Bill Hamilton）——携手建立了解释进化原因的最完整的数学模型。根据大众通行的说法，普莱茨被进化动力巨大的不可避免性深深吸引，以至于他放弃了自己无神论的信仰，皈依了基督教，放弃了所有的财产，将后半生全部用来帮助无家可归的人，而后却陷入了消沉，最终死在一所颓圮的窝棚里。**

动物的特征（比如说牙齿的长度）和这种特征所带来的好处（牙齿长度的收益）是**有差异的**。这是普莱茨公式中最重要的元素之一。动物牙齿长短不同，虽然牙齿更长总会带来一定的好处，但这并不意味着两倍长的牙齿就能带来两倍的好处，而更合理的解释方式是：拥有更长的牙齿则会**倾向于**拥有更大的优势。普莱茨用数学的方式向人们展示了动物的某种特征在种群中随时间推移发生变化的速率——即这种动物的牙齿一代代变得更长的速率——是该种特征与其好处的“协方差”，换言之，也是该种特征与其好处之间联系的紧密程度。如果双倍的牙齿长度能带来双倍的好处，那么这种特征就会像草原上的野火一样瞬间四散蔓延开来，但如果这种联系比较松散（比如说双倍的牙齿长度只有50%的可能带来额外10%的好处），那么该种特征的进化速率就会显著变慢。

根据普莱茨的理论，科学家已经拥有一套可用于预测进化过程的数学模型，这一事实的重要性不应该被忽视，而更关键的是，这一数

---

* 参见约翰·梅纳德·史密斯著《进化论》（*The Theory of Evolution*）。

** 奥伦·哈曼（Oren Harman）著《利他的代价：乔治·普莱茨和对仁慈起源的搜寻》（*The Price of Altruism: George Price and the Search for the Origins of Kindness*）。

学模型所作出的假设并不仅限于地球的行星范围之内。在银河系的其他行星之上，普莱茨的公式同样适用，正如英国哲学家伯特兰·罗素（Bertrand Russell）所说："我喜欢数学，很大程度上是出于数学的非人类性，它与这颗行星没什么特别的关系，和这个偶然的宇宙也没什么特别的关系——正如斯宾诺莎的上帝一样，它不会反过来爱我们。"

26

我们也有办法让数学看起来更直观。设想一下，你现在被人丢在迷雾中的乡间丘陵，只知道自己需要想办法找到登上山顶的路，这时，你身边的环境称为"适应度景观"（fitness landscape），这个词听起来似乎非常费解，它与人们通过登山运动的锻炼获得的所谓"心血管健康"（cardiovascular fitness）毫不相关，在进化的角度上，这种"适应度"（或者说"健康"）可以被理解成物种在基因的代际调整中，改变自身特质、适应环境的效用性，不仅是该物种的存活质量，同时也包括后代的数量，以及后代的存活质量和它们的后代数量，代代相传。* 回到我们的乡间丘陵的例子，你所处的海拔越高，就代表你根据环境做出的改变越好，从而在进化上就拥有更高的适应度，你在某一座小山上爬得越高，繁殖并存活下来的后代的数量也就越多。那么，想要探索登上山顶的路，你会想到什么样的方法呢？如果没有地图，也没办法一眼就看到山峰的话，你只能环顾四周，找到向上坡度最大的道路，并沿着这个方向一直向前攀爬。不过，如果我现在告诉你说别沿着上山的路走了，找找其他的上山方法吧，你又能做什么呢？事实上你并没有别的方法可选。你可以四处跳一跳试一下，不过在数学上我们很容易证明这种做法是无效的。所以说，小步前进、逐步进化是唯一可用的方法，而这就是自然选择。

诚然，科学永远欢迎新的发现，也希望有能够改写科学基石的新想法的出现，没人不欢迎可以替代自然选择的新理论，但这并不代表

* ——英文 fitness 通常译为身体健康，在生物学的这一理论中则译为适应度。

27 可替代自然选择的理论真的存在。就如同承认我们对物理学的理解尚不完整，不代表“可能会存在足以让我们拒绝量子物理的鬼魂和精灵”一样，我们总可以假设空的“或许”，但这些或许并不一定有用。

英国著名天文学家弗雷德·霍伊尔（Fred Hoyle）在20世纪的天文学发展中拥有举足轻重的地位，同时也是一位优秀的科幻小说作家，在1957年的著作《黑云》（*The Black Cloud*）中，他不仅成功地塑造了外星人可能的形象，还准确地描述了科学家在面对未知，接近真相的过程中的处理方式，在书中，霍伊尔假想了一朵横跨上千公里的巨大气态云彩，这朵黑云拥有感知的能力，以及高度的智慧。他对如此一种外星生物的生存方式与功能的描写可堪效仿，但同时他也因缺乏生物学的洞见受到了人们的批评——霍伊尔没有解释这种生物的进化方式！这种超智慧的气态云状生物是如何一步一步进化而来的？这种生物之前是什么样的？它又是如何变成了今天的样子？

在我们幻想外星人的时候，对这一点的忽视非常常见——外星人可以是智慧的，拥有难以置信的能力，比如传心术、心灵遥感，或者是打一下响指就改变现实的能力，但这又是为什么呢？这种不太可能的情况又因何发生？唯一的答案是生物在之前性状的基础上不断做出的改进，把大石头一级一级地推向山顶——自然选择。

在人们批评霍伊尔的故事的时候，他给出了一个简单的答案。在20世纪50年代，围绕为什么所有的星系看起来都在远离我们的问题，人们曾展开了一场激烈的争论，当时的学界提出了两个理论：一
28 是宇宙一开始非常狭小，但一直都在扩张；二是宇宙并没有起点，一直都在扩张，并且随时都有新的物质被创生。霍伊尔认为第一个说法是无稽之谈，还给这个说法起了个略带嘲笑意味的名字：“大爆炸”（the Big Bang）理论。这个名字流传了下来，而现在我们也都认同这种说法是正确的解释，但在当时，根据那时人们掌握的观察结果，霍伊尔和其他一些科学家坚称宇宙没有起点。所以在他的小说里，当科

学家们问那朵黑云：它的物种的第一个个体如何创生的时候，黑云回答说："我并不同意曾经存在'第一个'的说法。"听到这个答案，小说中幸灾乐祸的科学家们回答道："所谓的'第一个'是宇宙大爆炸那群小伙子们的说辞！"

如果时间永无尽头，那么我们就必须重新思考生命起源的性质，但学界现在已经可以非常自信地宣布，宇宙确实是有起点的，所以生命也必然存在一个确定的起点——而生命也必然从那个起点开始分化发展。自然选择就是我们对这一过程的普适性的解释。

进化的趋同性：我们通往外星生命的钥匙

在相似的环境下，进化的作用似乎也是相似的。基于这个简单的观察结论，我大胆地提议：我们可以把关于地球生命的理论应用于外星生命之上。鸟类和蝙蝠都会飞，但鸟类和蝙蝠的共同祖先却比恐龙生活的年代还要早 3.2 亿年，那个时候，爬行动物刚刚开始占领地球，所以作为鸟类和蝙蝠共同祖先的那种古老的爬行动物自然不会飞翔，它的后代中不仅有鸟类和蝙蝠，还包括了所有的蛇和龟、恐龙和哺乳动物，从大象到人类，等等等等。显而易见，鸟类和蝙蝠的飞翔能力，是之后分别进化而来的。

事实上，人类现在已经知道，地球动物动力飞翔能力的进化至少出现过四次。鸟类在大约 1.5 亿年前进化出飞翔的能力，彼时恐龙正在地球上悠闲地漫步，那块著名的始祖鸟（Archaeopteryx）化石大致就诞生于那个时期。始祖鸟是一种看起来介于恐龙和鸟类之间的动物，这也在 19 世纪的科学界引起了不小的错愕，科学家们对此感到十分困惑不解，其中就包括达尔文本人。另一种会飞的动物——蝙蝠——则在约 5000 多万年前进化出了飞行的能力，这几乎完全是在恐龙灭绝之后的事情了。鸟类和蝙蝠的翅膀截然不同，单从形态上很

29

难想象它们其实有着相似的功能。蝙蝠的指骨长得非常长，一直延伸到每只翅膀的末端后缘，和鸭子的蹼足一样，蝙蝠在指骨之间也长着薄膜，并且这种翼膜还伸展到蝙蝠的上臂。我们都知道鸟类的翅膀上覆盖着羽毛，而非翼膜，但鸟类与蝙蝠不同的地方在于，鸟类的骨骼只延伸到翅膀的末端前缘，而后缘则被覆羽毛。

始祖鸟的艺术再现，摘自圣乔治·杰克森·米瓦特（St George Jackson Mivart）1871 年的著作《物种发生》（*On the Genesis of Species*），作者与达尔文同时代并与其保持通信。和现代鸟类一样，始祖鸟的羽毛被覆在翅膀的后端，位于骨骼的后侧，而骨骼只支撑翅膀的前侧。

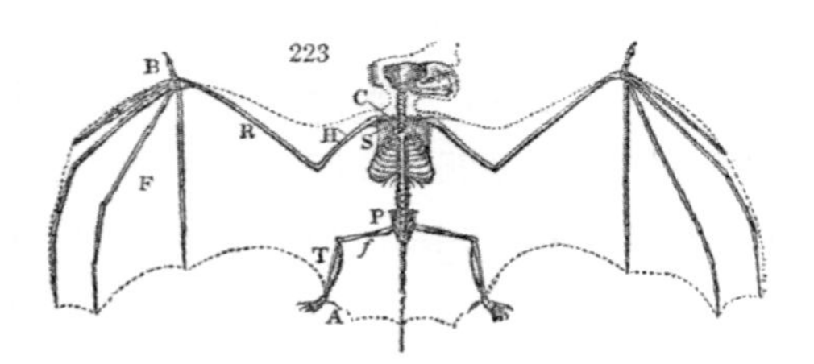

蝙蝠骨骼的手绘，摘自彼得·马克·罗热（Peter Mark Roget）1834 年的著作《参照自然神学的动物和植物生理学》（*Animal and Vegetable Physiology, Considered with Reference to Natural Theology*）。蝙蝠的指骨延伸到翅膀后侧的尽头，成为支撑翼膜的骨架。

虽然动力飞翔能力的进化过程在鸟类和蝙蝠身上毫无体现，但它们对飞翔能力的运用却非常相似。如果你仔细观察家燕和雨燕，就会发现它们利用翅膀在空气中急速飞过捕捉昆虫的动作，看起来与蝙蝠在天空掠过追赶昆虫时的姿态其实惊人地相似。燕子回巢之后，用不了几个小时，夜幕降临，天空就变成了蝙蝠的领地。纳氏伏翼（Nathusius' pipistrelle）是一种只有差不多 10 克重的小蝙蝠，但它们却能在迁徙的季节里飞过成百甚至上千公里的路程，这一点完全可以与很多候鸟的长途迁徙相媲美。* 不管动力飞翔的能力从何而来，它都是一种非常有用的功能，所以这种性状在不同的物种身上一再出现也就不足为奇了。

当然，会飞的动物不止鸟类和蝙蝠。翼龙（pterosaur）是一种巨大的飞行爬行动物，在鸟类出现之前的很长一段时间里，它们都是天空的霸主，而这一时期可以上溯至 2.2 亿年前。在某些史前恐怖电影里，一部分翼龙得到了永生，那些电影充斥着伪造的生物学景象，而翼龙们就在那里借助自己巨大的翅膀，像秃鹰一样在天空中滑翔而过。但至于它们究竟如何起飞的问题，仍在科学家严密的研究之中。** 翼龙与鸟类的飞翔能力在进化过程上的相对独立性显而易见：翼龙并不属于恐龙，而鸟类则是恐爪龙类的直系后裔，后者在亲缘关系上更接近霸王龙（Tyrannosaurus rex）。

昆虫是动物进化出动力飞翔能力的第四个例子——也是地球上分布最广的会飞的动物——比前三种动物的进化历史更早，昆虫的飞行能力最初出现于 3.5 亿年前。当它们成为首批真正意义上的陆地动物时，快速的进化使其在形态上拥有了巨大的多样性，其中就包括为了适应新环境中的其他生命而进化出的独特性状。陆地环境与海洋环境截然不同，如果在水中失去平衡，海水的力量可以让物体下落的过程变得缓慢而轻盈，但如果在陆地上，动物从树上不慎掉落，摔在地上只是一瞬间的事情！或许昆虫的早期翅膀给它们提供的就是这种减缓下落速度的能力，甚至是帮助昆虫重新飞回树干，这样它们就不用笨拙地从地面爬回树上了，对于昆虫来说，那段路程可不短（时至今日，这样的技术仍然被飞鼯等松鼠使用，它们借用前后肢之间的副翼

* 关于伏翼的追踪研究，读者可以通过 http://bats.org.uk 全民科学网站进行更深入的了解。

** 参见马特·威尔金森（Matt Wilkinson）著《无休止的生物：10 种运动状态下的生命故事》（*Restless Creatures: The Story of Life in Ten Movements*）。

在树木之间滑翔）。

这些小虫子奋力地爬向陆地，占领新的栖息地。对飞翔能力的努力发掘使得它们最终学会了各种不同的飞行技巧：从嗡嗡叫的恼人的蚊子，到优雅的蜻蜓，再到看似并不会飞的甲壳虫，以及掌握着违反直觉的飞行技巧的蜜蜂。我们很难相信昆虫和蝙蝠的飞翔其实是两种单独进化且截然不同的能力，但我们很容易相信飞翔能力本身就是一种极有用的行动方式。

类似于上面提到的飞翔能力的进化，亲缘关系非常遥远的不同物种通过相互独立的进化过程最终发展出相似的功能的情况，属于“趋32同进化”（convergent evolution）现象的范畴。* 在相似的环境挑战下，某些相似的解决办法确实看似更为有效。诚然，对于一个给定的问题，其**合理的**解决办法的数量可能是有限的，但如果这种说法成立的话，我们就更容易理解，为什么尽管鸟类、蝙蝠、翼龙和昆虫在形态上差异巨大，但在飞翔的功能上却殊途同归。

飞翔能力的例子只是普遍发生的进化趋同现象中的一个侧面而已。进化的趋同性无处不在。像人类的这种长有折光棱镜的眼睛，在进化的历史上至少出现过 6 次。动物用身体产生（用于电晕猎物或感知周围环境的）电场的能力进化过好多次，而通过分娩诞下幼崽的能力似乎（彼此非常独立地）进化过超过 100 次，即使是光合作用——这个堪称所有地球生命基础的生化过程——也有可能经过了互相独立的至少 31 次进化。**

---

* 严格地讲，相比起“趋同的”进化过程，我们对“平行的”进化更感兴趣。在趋同进化的情形里，我们会假定不同的物种之间存在着一定的亲缘关系——可以是进化历程中的任意亲缘关系。但外星生物很有可能与地球生命毫无亲缘关系，所以我们更应该使用涵盖范围更大的平行进化理论对其进行解释，但我个人认为，趋同进化更能引起人类的共鸣，也希望读者能赐予我这种更具诗意的任性。

** 参见西蒙·康威·莫里斯（Simon Conway Morris）的著作《生命的答案：孤独宇宙中必然的人类》（*Life's Solutions: Inevitable Humans in a Lonely Universe*），作者在此书中还翔实地列举了许多关于趋同进化的其他例子。

两只袋狼，拍摄于位于华盛顿特区的美国国家动物园，摘自1904年《史密森学会报告》（*Smithsonian Report*）。

34

在趋同进化方面最著名的例子或许发生在不久前才灭绝的袋狼（或称塔斯马尼亚虎，thylacine）身上，这种有袋类掠食者的最后一个个体于1936年死在了动物园里，但它们曾经广泛地分布在澳洲和新几内亚岛上，直到人类和几千年前澳洲野犬（dingo）踏足它们的领地。袋狼与包括狼和郊狼在内的其他犬科哺乳动物之间在外表上的相似性奇高，以至于袋狼会很容易被人们误认为是一种不常见的狗。但袋狼其实是一种有袋类动物，它和袋鼠、考拉同属一个种类，它和狼之间的亲缘关系，并不比它和蝙蝠之间的亲缘关系更近。可是，在袋狼和犬科动物之间，如此不相关的物种又如何进化出了如此相似的物理特征？这个问题的答案其实你现在已经知晓：不管是袋狼，是长

33

得像狗的其他哺乳动物，它们都是为了在相似的生态位上更好地生存下去，才进化出相似的形态。

袋狼已经灭绝了，所以我们很难了解袋狼的捕食方式，它们是不是像现代的狼群追逐北美驯鹿一样，成群结队地捕食大群的袋鼠？还是像家犬的祖先一样，在猎物毫无察觉的时候猛地扑到猎物背上，也许还利用自己身上的条状斑纹作为伪装？在提出这些简单问题的时候，我们已经站在了趋同进化理论的基础上。通过研究袋狼的骨骼，我们可以得知它的咬合力有多强（事实上，学者已经确定，它的咬合力并不是很强），还可以得知它的肘关节是否适合长距离追逐（同样，也不是很合适），并初步得出袋狼更倾向于是一种伏击的掠食者，而不是像狼一样在追逐中捕食的动物。不过，这种分析仍然显示出趋同进化的假设是多么有力：相似的生态环境造就相似的形态特征。

所以，趋同的进化过程**不仅**是发生在地球生命身上的现象，这一原则不仅导致地球鸟类和蝙蝠进化出了相似特征，它同样也会让外星的鸟类和蝙蝠学会飞行。地球并无特殊之处，而鸟类和蝙蝠之间（非常遥远的）亲缘关系也毫无特殊之处，在其他的行星上，占据相似生态位的不同物种发生趋同进化几乎是必然的。

这么看来，读者可能会觉得我似乎是在暗示地外行星（至少是那些从物理条件上与地球相似的地外行星）上充满了与地球生命相似的生物：外星蝙蝠、外星狼、外星袋鼠、外星蓝鲸等。处于各自完全独立的地理条件之下的狼和袋狼平行地发生了进化，那么它们最终所表现出来的趋同性为什么不能应用于所有生命呢？如果地球上最初的生命形式——无论是什么——好比说就是一个包裹在胖胖的小泡泡里的蛋白质和 RNA 小球，恰好也是另一个行星上最初的生命形式，那么那个星球上会不会也进化出四条腿的狼、六条腿的甲虫和两条腿的人类呢？

但是，人们也有理由相信进化过程中的这种趋同性并不像我们想象的那样广泛地发生着。生态学家斯蒂芬 .J. 古尔德（Stephen J. Gould）曾经做过一个著名的思想实验，在这个实验中，人们把“生命进化的磁带”倒转到一个比较早的时间点上，再按下“播放键”*，我们是否还能期待生命在几十亿年的演化之后再次走到今天的位置？而物种的种类和进化历史又是否会相同？答案也许是否定的，地球生命的漫长历史确实是一系列连续的进化过程的结果，但是，这一过程中又充满了不断的灾难和幸运逃生。复杂生命诞生之后不久，整个地球从两极到赤道之间的所有区域都被冰封了，那个冰期的地球甚至被称为“雪球地球”（snowball Earth），但在厚厚的冰盖之下的深海中尚有一些液态水的存在，有些生命就幸运地躲在那里活了下来。6600万年前，一颗大小相当于英格兰剑桥郡的小行星撞上了地球，当时所有的陆生大型动物都灭绝了，恐龙彻底从它们的生态位上消失，而小型哺乳动物则快速地占据了自己的位置，今天的马、老虎、犰狳等动物都是从那个时候进化来的。当然，如果当时那颗小行星的轨道偏离几百公里，它就完全不会撞上地球，而过去6000万年来的生物进化过程也会呈现出迥然不同的样貌。所以，在完全随机的天文事件似乎极大地影响了地球生命进化历程的情况下，我们又能否对另一颗行星上生命发展的预测抱有信心呢？

35

和发生在2.5亿年前的二叠纪—三叠纪超大规模灭绝事件比起来，导致了恐龙灭绝的小行星撞击甚至显得有些无足轻重。到现在为止，我们仍然不清楚这一事件发生的具体原因，但那个时候大气和海洋中的化学平衡突然发生了变化，在随之而来的生物大规模灭绝中，地球生命几乎完全消失，** 大约90%的物种都灭绝了。毋庸置疑，即

* 参见斯蒂芬 .J. 古尔德著《奇妙的生命：布尔吉斯页岩中的生命故事》（*Wonderful Life: The Burgess Shale and the Nature of History*）。

** 迈克尔 .J. 本顿（Michael J. Benton）著《当生命几乎死亡：历史上最大规模的灭绝》（*When Life Nearly Died: The Greatest Mass Extinction of All Time*）。

使趋同进化的影响巨大，在地球生命一步一步走到今天的历程中，仍然在很大程度上受到了这些不可预测的灾难的塑造，而在其他的行星上应该也经历过各自的灾难与幸存（或许，其他的行星没有我们那么幸运，幸存者不能像我们一样走到今天）。即使是在地球上，“生命进化的磁带”如果都无法保证可以重放，那么我们又怎能判断其他行星上生命的活动呢?

在这个问题上，二叠纪末期的生物大规模灭绝事件却给我们提供了一个线索，那次大灭绝之后的地球上几乎没有剩下任何生命，但在1000万年之内，生命的力量又重新回到了地球的每个角落，（但地球生命的多样与繁盛重回二叠纪时期水平所花费的时间是很多个1000万年）。虽然在那个时代之前曾经占据着地球的很多生物都彻底灭绝了——其中就包括像螃蟹一样横行海底的标志性动物：三叶虫——但生态位却被保留了下来。只要海床上有食物，那么就会有某种动物把它们铲起来吃掉，而这也是那次灭绝之后切实发生的事情。在那个百废待兴的时期，一些哺乳动物和恐龙从各自的大规模灭绝中幸存下来，几百万年之间，只有少数几种非常顽强的动物熬过了困难的时期——设想一下野草和老鼠迅速占领废弃工业园区的过程。但那个时候仍有阳光，所以还会有植物，也会有其他可以食用的动物。一觉醒来，你发现自己身处一个几乎没有竞争的世界，似乎突然就拥有了无尽的机会。

36

这个时候，只是因为地球上空出了太多的生态位，生命的新形式爆炸式地出现，进化走入了快车道。那些原本高度特化，特别适应自己生态位和特定生存条件或食物来源的物种最容易灭绝，而那些具备一定的生存灵活性，能利用新机遇的物种或许反而存活了下来，并利用新的机遇繁衍下去，这些幸存的物种利用空置出来的生态位继续进化，让自己更好地适应新生态位，而这一过程也被进化生物学家称为“适应辐射”（adaptive radiation），辐射这个词非常形象：不同的物种

异齿龙（左）和奇迹龙（右）的艺术再现，自然历史插图作家查尔斯.R. 奈特（Charles R. Knight，1874—1953）绘。在相似的外表之下，奇迹龙事实上是一种恐龙，是腿长在身体下方的爬行动物，而异齿龙连爬行动物都算不上，但却与哺乳动物的祖先拥有亲缘关系。

38

辐射进入新的栖息地和生态环境之中，随着时间的推移逐渐适应，不断分化出新的功能和新的形态。就像“三只小猪”的故事里讲的一样，三只小猪面前突然出现了新的建筑材料，而每一种都得到了利用。人们认为，适应辐射对生物圈，尤其是对我们现在所拥有的富饶而多样化的生态环境而言，起到了至关重要的作用，这样一来，毁灭性的大灭绝事件也就成为生命多样性不可或缺的过程（不过我们当然不希望二叠纪大灭绝再度出现）。

37

所以，当生命再次以她最盛大的装饰返回地球的时候，很多古老的生态位仍然存在，不同的是那些位置被新的生物占领，三叶虫灭绝了，甲壳类动物就占据了它曾经的位置，爬行在海床之上，在海底搜寻食物，（螃蟹和三叶虫等）新旧动物的形态迥然不同，但它们身上却有很多功能持续了下来，包括如何寻找食物，如何保护自己不受掠食者袭击，等等。在大灭绝之前，植物曾经广泛地覆盖在陆地的各个角落，供养了许多植食性的动物，在此之上也养活了大批食肉动物。当时，曾经生活着很多植食性和肉食性动物——比如异齿龙（Dimetrodon）——看起来像是巨大爬行动物，但事实上它们却是哺乳动物的祖先，而巨大的爬行动物却是在大灭绝之后才以恐龙的身份统治世界。如果在你面前同时出现一条异齿龙（生活在二叠纪大灭绝之前）和一条奇迹龙（Agathaumas，生活在异齿龙 2 亿多年之后），你肯定会不禁感慨，虽然远古纪元曾经存在的生物身上的形态没有完全重现，但“生命进化的磁带”仍然重复着许多相同的功能。

性别法则

如果想用普适性的“生物学规律”来分析我们宇宙中的所有生命，那么我们首先需要理解的，是物种形态与功能之间的区别，以及弄明白进化通过诸多形态上的差异填满自然界中各种机会（功能性的生态位）的方式。但这种“规律”本身又是什么呢？对于我们所理解的自然选择过程而言，它在多大程度是上普适性的？又在多大程度上受限于人类在地球上观察到的特定条件？在最基础性的层次上，我们可以说自然选择是普世且确定的。虽然在大众的理解中，自然选择几乎已经与“适者生存”这 4 个字画上等号，但其实自然选择要比“适者生存”更为复杂（一点点）。

只要个体继承了其亲代的特征，就会发生自然选择。在每个个体身上，这些在种群内部代际传递的特征都有所不同，而不同的特征组合也使得个体体现出不同的“适应度”（fitness）——此处的适应度指基因在未来的世代被后代传承的能力。所以，“活下去”总是好的，因为活下来就代表个体可能会产生很多后代，但成长迅速、繁殖高效的生存方式也不失为另一种好策略。如果想提高适应度，那么悉心养育自己的后代也许是个好方法，因为后代的成活率提高之后，就有可能繁衍更多的后代——“子子孙孙无穷匮也”。有这样一种假设：所有展示出可遗传变异和差异适应度的系统都会经受自然选择的洗礼，虽然这种说法可能无法放之四海而皆准，但它成立的可能性其实非常大，因为即使是在诸如计算机程序、网络模因等非生物学系统中，自然选择也不可避免，但自然选择的作用在生物学系统中尤为显著，所以，从这种更广泛的角度上讲，其他行星上的生命体也几乎无疑经历着相同的自然选择过程。因为在我们已知的范围内，除了自然选择之外，不存在第二种能够自发产生和维持生命复杂性的机制。

39

不过，自《物种起源》面世150年来，进化科学已经有了长足的进步，而我们对驱动地球生命复杂性的机制也有了更多的了解。接下来我们要讨论的这些机制，都是自然选择原则中本质性的变量，但它们是否具有宇宙尺度上的普适性仍难以定夺，虽然对于进化发生的机制，我们已经掌握了非常优秀且复杂的数学模型，但解释地球动植物的多样性远比“适者生存”四个字复杂得多。* 普莱茨方程（Price equation）之所以异常重要，其中一个原因就是它包含了自然选择过程中其他非常关键的因素：比如不同动物之间的相关性。不过，虽然这些模型代表着科学研究在某些方面的胜利，但科学家仍旧始终为这样的一个问题所困扰：我们依自己的经验建立了模型，这背后隐含的假设是“生命是我们身边所见之物”。或许这些理论和假设都与生俱来地包含着只存在于地球生命的特殊之处，源自人类自己对身边所见之物的研究和人类在地球上的经验。所以，在其他的行星上，既然其生物进化的细节与地球相异——而这种差异可能会非常大——那么，自然选择能否仍然是宇宙各处自然进化的同一内驱力？

在这些附加的机制中，有两件事特别能引起我们的关注：性与家庭。在人类的周围，我们所能探查到的范围内，给人类留下最深刻印象的动物形态与行为，都在某种程度上与吸引配偶相关：鸟类的毛色和鸣叫、鹿角、雄性狼蛛精心的求偶展示（用腿敲打地面，身体撞击地面）、雄性大角羊为了统治权，彼此顶撞犄角打斗，当然还有孔雀标志性的尾羽。（毫不夸张地说，）就算是某些看似可能会对动物生存

* 在驱动地球生物进化的过程方面，理查德·道金斯的《盲眼钟表匠》是一本优秀的介绍性书籍。

造成很大问题的特征，其进化也是因为可以提高交配的概率，孔雀会因为自己的长尾巴而被掠食者捕捉，大角羊在顶撞的过程中经常造成颅骨骨折，而色彩斑斓的雄性鸟类在保护色的伪装方面大大逊于同类雌鸟。当我们看到一只雄性云雀在它的领地上空跳来跳去、引吭高歌的时候，我们不禁会惊叹于这种看似无用的行为，而这种活动需要极大地消耗它的体能储备。自然选择在这里仍然存在，不过此时自然选择的重点在于为产生后代而竞争，而非单纯个体生存的竞争，这一过程也被称为性选择（sexual selection）。

在自然选择的变量中，我们关心的另一个机制是亲缘选择（kin selection）：动物会给有血缘关系的同类提供帮助。简单的亲缘选择可以表现为亲代养育自己的后代，而复杂的亲缘选择则表现为猫鼬群体中地位较低的雌性为地位较高的雌性（通常是前者的姐妹）的后代充当保育员，这种行为意味着它们既牺牲了自己的能量储备，又放弃了养育后代的机会。亲缘选择之所以尤为重要，是因为它在总体上极大地促进了社会行为的进化（我们将在第 7 章进行更详细的讨论），而对于人类希望遇见的任何外星物种来说，如果它们想要实现星际旅行，社会行为都是必要的条件。

或许你一直都注意到，不管是亲缘选择还是性选择，都有一个相同的前提条件，这一条件正是地球生命的特质：性。如果没有性的存在，孔雀就不会进化出炫目的羽毛，很多动物种群的社会行为也不会出现。那么，外星生物有性吗？

我也希望这个问题能有一个简单的答案，但不幸的是，我们对地球上性的起源所知甚少，甚至连性为什么存在都不知道。这就让人类在推测其他行星上是否存在性别的问题变得非常困难*。无性繁殖

---

* 马特·里德利（Matt Ridley）著《红色皇后：性与人性的演化》（*The Red Queen: Sex and the Evolution of Human Nature*）对性与人类的进化进行了翔实的探讨。

（asexual reproduction）等于生产克隆体，这种克隆体后代与亲代完全相同。在很偶然的情况下，基因克隆的机制会出现一些错漏，就此产生某些变异的多样性，但总的来说，无性繁殖的物种亲子代之间基本完全一样。与之相反，有性繁殖意味着要与配偶重新组合彼此的基因，并将这种重组的基因传递给下一代，所以后代就会具有高度的多样性，有的孩子像你多一点儿，有的像你少一点儿。所以从这一点看来，有性繁殖似乎非常不高效，不仅因为它需要花费相当多的时间和能量，而且你的后代也只有你一半的基因。不过，有性繁殖的动植物在地球上却普遍地存在，而且比起那些不怎么复杂的无性繁殖的细菌来说，有性繁殖的生物在形态和功能上也具有更丰富的多样性。草莓的植株大多数是无性繁殖的，很少通过种子发芽的方式进行繁殖，这种植物会长出匍匐茎，在旁边的土地上生根发芽，最终变成一株与亲株完全相同的克隆体。但是，我们日常食用的鲜美多汁的草莓（种子和包裹着种子的果肉），却是通过有性繁殖的方式培育出来的。

众多的理论试图对有性繁殖的起源和存在进行解释——有的说是为了避免难以节制的寄生虫的传播，因为有性繁殖的后代总可以在基因的新颖度方面比病原体领先一步——但不管有性繁殖的起源如何，我们都可以站在事后的角度上观察到它存在的意义。首先，虽然原理尚不明确，但对于地球生命的进化而言，有性繁殖看似具有绝对重要的意义，或许是因为在性的作用下，进化过程得以加速且更加可靠，但在现代进化生物学的讨论中，某些关于性的进化的议题一样富于争议。部分数学模型显示，有性繁殖的机体会进化得更快，但同时，另一些模型则得出了完全相反的结果。有数学模型研究了环境变化和有性繁殖的关系，发现在环境急剧变化的时候，有性繁殖具有显著的优势，因为一旦发生生态灾难，有性繁殖中固有的基因重组就意味着某地、某人身上一定会给出相应的解决办法。在夏天，蚜虫（一种通常寄生于园艺植物的绿色小虫）进行无性繁殖，非常高效地不断复制与

42

自己完全相同的克隆体，但在秋天，它们也会进行有性繁殖，在植物上产下许许多多的卵，每一颗都拥有亲代所不具有的复杂的多样性。通过这种方法，在下一个未知的冬季里，一整窝蚜虫卵或许也就不致全军覆没。

没有任何一种对性的进化的解释能够得到所有人的认同，但不管原因为何，大多数科学家都认为有性繁殖对地球生命的多样性具有本质性的重要意义。而且更进一步讲，如果没有有性繁殖，地球生命也几乎不可能发展出现在这种高度的复杂性，也不会有这么多种动物、植物，甚至连变形虫这种之前被科学家一直认作完全无性繁殖的微生物都不会存在，即使是无性繁殖的细菌都会像特务接头一样交换彼此的遗传物质，它们会把加密的信息扔在公园的长椅上等着对方悄无声息地取走。所以，虽然一方面我们没办法预测外星生物是否拥有有性繁殖的机制，但在另一方面我们却可以说，如果地外行星上有复杂生命，那么这种生命就有可能通过某种“加过速”的自然选择机制进化而来，而这种加速机制也有可能是一种与地球动物的性别机制相似的过程。

在使用这种反向推理进化过程的方法时，我们必须非常小心，不能仅因为有性繁殖对进化“有利”就说地外行星上也有有性繁殖过程，反过来，我们可以说，如果没有与有性繁殖相似的过程，就可能无法进化出复杂的动物。几十年来，天文学家（其中就包括卡尔·萨根）曾经预测说，金星大气层上那些神秘的黑暗斑点有可能是一团一团悬浮在空气中的微生物。或许吧。如果在太阳系中有两颗行星都有生命的话，那么其他恒星周围的行星上也很有可能充斥着简单的生命形态。不过那种生命很可能无法进化得比细菌更复杂。

43

对我们来说非常有用的第一点是：性在复杂行为的进化过程中起到了极为重要的作用（其显著性或许是人们始料未及的）。无性繁殖的有机体（比如细菌）在“有趣的”行为方面几乎没什么存在感，而且它们的社会行为也没什么好研究的。当然，这可能就是因为那些生命体的物理构成本身就非常简单（或者是我们还没有发现它们秘密的社会生活，第 7 章会涉及一些关于细菌合作行为的细节），但同时也存在着另一套机制，在一个基因构成完全相同的社会中，由于无性繁殖本身的性质，每个个体相对于其他个体来说都是完全均等的，所以亲缘选择也没有机会存在，更复杂的行为也没有意义。

有性繁殖的发生导致了由亲缘关系所引发的冲突。我和亲生子女的血缘关系比我和外甥女的关系更近（给我的姐姐道个歉），所以我就更愿意支持自己的子女，而不是她的孩子。人类的社会和血缘关系当然要比我说的复杂得多，但是这种不对等性却直接导致了家庭单元的形成，以及更大的社会结构和一整套复杂的社会行为，而这种行为几乎普遍存在于所有动物种群。如果我的父亲用无性繁殖的方法克隆了我和我的姐姐，我们就会和他完全一样，而我和姐姐又克隆了各自的子女，那么我和两个外甥女以及我自己的孩子也都会完全一样，事实上我和他们的关系就如同我和我自己的关系一样！在这种没有结构和区别的社会里，每个人都会非常乐于帮助彼此。但是，正是复杂的冲突关系网络产生了个体各自的社会角色，以及由此产生的我们所认为的社会性，这是多么讽刺。这一特定的事实是第 7 章的内容。

所以，像人类在地球上见到的这种广袤的生物多样性所依赖的生命进化过程，可能在一定程度上总会或多或少的需要性的参与，但性本身又是什么呢？我们能否在脱离地球生物进化特定历程——特别是脱离了 DNA 的概念（因为 DNA 只是我们生物结构中的一种巧合而已）——的条件下总结出独自成立的理论呢？

44

从进化的角度来看，性最为重要的特征是你的后代将从他人身上得到一部分遗传物质。而这并不意味着只存在两种性别，也不等于亲代只限于父母双方而已。很多种真菌都可能有成百上千个性别，这样一来它们就可以很好地保证自己能与见到的每个同类交配（因为对方极有可能与你性别不同）。在地球上，多重性别并不多见，但在最近，很多人都听说了一个小孩有 3 位父母的事情，这就显示出我们对简单的有性繁殖的遗传规律所持的理解其实并不像自己认为的那样颠扑不破。在这个案例里，我们发现每个人的细胞里其实都有两套不同的 DNA 序列，一套是父母双方的遗传物质组合，而另一套则完全来自母亲，因此，拥有来源于多重父母的多重遗传信息的外星有机体也就不那么难以想象。所以，正如性本身在地球上的呈现方式一样，其存在的本质就是一种普遍功能的特殊途径：在不同的个体之间重组遗传特征。有性繁殖避免了寄生虫的侵扰，同时也保证生物能够抵御一定程度的生态灾难，它在不同的星球上可以有不同的实现方法。如果性（或者某种其他相似的过程）发生在其他的行星上，那么那里的物种进化过程也一定会与地球十分相似。

※

最基础的探究方法已经阐述完毕。我们可以讨论外星人长什么样，因为进化的规律在所有行星上都是相似的，此外，通过观察地球上普遍存在的趋同进化现象，我们发现，即使是在亲缘关系最遥远的物种之间，也会存在某种程度的趋同进化，所以得出了其他行星上物种也会发生进化趋同现象的结论。

进化趋同原则的力量十分强大，又十分简单，以至于我们很难反驳说：“动物在面临相似的困难时不会进化出相似的解决办法。”事实上，相似的解决办法会反复出现，因为在我们所生活的这个宇宙里，并非万事皆有可能。* 如果另一个有生命的行星在物理和化学条件上与地球存在非常巨大的差异——非常热，或者非常冷——那么我们就

* 西蒙·康威·莫里斯著《生命的答案》（*Life's Solution*）。

无法期待在那里看到与地球相似的生命形态。羽毛可以在地球的大气中成为帮助鸟类飞翔的翅膀，但羽毛却不适合穿越木星表面的氨冰云，但我们却可以合理地期待，那里的动物会进化出某种适合当地条件的功能（比如飞翔）。

当然，进化趋同在某种程度上来源于地球上所有生命在生化性质上的高度同质性，在 DNA 的基础编码上，人类甚至与细菌共享某些片段。这种无法摆脱的担心始终困扰着我们对其他星球上进化趋同问题的理解，但反过来说，DNA 的本质导致进化趋同现象发生的说法又未免穿凿，因为最基本的进化动力并不依靠分子之间相互作用的具体细节而存在。到目前为止，我很少提及生化方面的内容，而这也可能会让部分读者感到奇怪，因为大部分关于天体生物学的书籍的很大篇幅都会讨论各种分子层面的问题，讨论那些能够构成生命的分子结构，以及这些结构最初如何出现。生命必须建立在 DNA 的基础上吗？再者，生命必须是碳基的吗？液态水就一定是生命必需的元素吗？

这些令人着迷的问题拥有非常复杂的答案，也已经有很多书籍涉足最前沿的研究结果。* 但现在，让我们先从生命如何存在的终极问题上退后一步，去看看进化过程在生命如何发展的问题上给出的解释。值得注意的是，不管我们的身体是由液态水构成还是由液态甲烷构成，进化的结果都会非常相似。

46

所以当人类看到地球上各种各样的动物时，尤其是看到它们多样的功能时，如果能把眼睛眯缝起来，就不难在它们的位置上看到同样一大群外星生物。在玛丽和约瑟夫 · 安宁夫妇发现鱼龙化石的时候，虽然没人见过活的恐龙，但他们还是可以推断出关于鱼龙曾经的生活

---

* 更多技术性的书籍包括查尔斯 .S. 科克尔（Charles S. Cockell）著《天体生物学：理解宇宙中的生命》（*Astrobiology: Understanding Life in the Universe*），以及更为大众的作品，包括卢卡斯 · 约翰 · 米克斯（Lucas John Mix）著《空间中的生命：大众天体生物学》（*Life in Space: Astrobiology for Everyone*）。

方式与行为习惯的很多信息。在几乎所有的层面上，鱼龙其实就是一种“外星”生命。但是，不管是鱼龙，还是其他行星上与鱼龙占据相似生态位的动物，都经历了残酷——但一般说来可预测的——自然选择的洗礼，并成为它们各自的样子。当我们回望地球生物的外在形态，并注意观察它们生存和互动的方式时，我们会发现，它们和自己在宇宙中另一个角落的同类并没有什么真正的差别。这本书余下章节会向您解释，在这些所谓“同类动物”的问题上，我们因何做出如此具体的推测。

III

什么是动物？什么是外星生物？

What are Animals and What are Aliens?

我曾经和自己浴缸里的蜘蛛说过话，恳求它们爬到安全儿一点的地方，但它们不听。对蜘蛛而言，我的浴缸就是一道深深的白色峡谷，四周都是光滑的绝壁，没有逃脱的可能，但对我来说，很明显，我是在试图帮助它们，但蜘蛛当然无法意识到我站在它们一边。如果我递一张纸进去，它们也不会往上爬，就算爬到纸上，当我把纸抬起来的时候，它们也还是会毫不犹豫地跳回浴缸。可不管怎么样，我都会试着说服它们，告诉它们：我的帮助是好意的。这又是为什么？很多年前，我曾经读过一篇文章，文章说在不伤害蜘蛛的情况下，帮它们从浴缸里逃出来的最佳办法是在浴缸边上搭一条毛巾，让蜘蛛顺着毛巾爬出来，但我几乎没这么做过。我并不担心它们会躲在我的毛巾里不出来，而是因为我觉得这种办法没什么人情味，冷冰冰的。我想和蜘蛛说话，想把自己的好意图传达给它们。

我的行为固然古怪，但也肯定不是第一个这么做的人。即使动物听不懂人类的语言，我们还是会想与动物对话。对人类来说，“动物”这两个字似乎包含了某种特别的意义，但我们认为的动物又是什么呢？人类似乎认为自己和其他所有动物之间存在着某种联结，但我们又是如何知道动物是因何成为……动物呢？为什么人类会和蜘蛛说话，而不与蘑菇交谈？确实，我们似乎随时准备着与某种和我们存在着相当大的差异的生物进行对话，也认为自己天然地在某种程度上理解它们，就连蚯蚓都有可能是值得倾诉的对象（虽然我们很清楚这种倾诉是单向的）。当人类面对外星生物的时候，还会有同样的感觉吗？更进一步讲，外星生物的形态会被人类认作是某种“动物”吗？

人类出于直觉地认为，我们和所有动物之间一定共享着某些东西——虽然不确定共享的是什么，但肯定不是像体貌特征那样简单的东西。我们确切地知道，你、我、浴缸里的蜘蛛还有蚯蚓，都从属于同一个被称为“动物”的群体。社会大众和科学界又是否能就“什么是动物”的问题达成一致？就算我们在地球上给动物的定义找出了统一的结论，人类又能否把这个结论延伸到其他行星的生物身上？对“动物”的公认定义会不可避免地引出对“人”的定义问题。我们于任何一种动物都拥有某种身份上的联结，而正是这种联结影响了人类对动物在道德和社会双方面的态度。如果你还是对“什么是动物”这个问题的提出感到惊讶的话，那么你或许可以试着考虑一下美国肯塔基州议会对“动物”的定义，在他们那，动物是“除人类以外所有温血的、活的生物”*，也就是说，爬行动物和鱼在肯塔基州不是动物！所以，那些保护哺乳动物免受虐待的法律条款也不适用于爬行动物和鱼。

定义“动物”，以形态还是功能？

定义一个生命是不是动物是一个古老的问题。亚里士多德本人曾就如何定义海绵的问题纠结良久（不过，他最终还是正确地决定把海绵算作动物）。随着时光的推移和人类技术的进步（从显微镜到化学分析，再到 DNA 测序），人类将区分各种生命的观点不断精炼提纯，认为自己已经接近了“真正”的分类方法。但在我们终有一日发现其他星球上的生命时，对地球自然科学家非常管用的这套方法却不一定能给我们提供想要的结果。

* 《肯塔基州修订成文法》[K R S 446.010(2)]（*Kentucky Revised Statutes [KRS 446.010(2)]*）。

几个世纪以来，科学家区分生物的方式一直有两种。从古希腊哲学家亚里士多德开始，一直到文艺复兴和启蒙运动时勤勉、严谨的自然观察家，他们都曾经试图将生命体的形态——长什么样、过什么样的生活、身体由什么构成等——作为分类的标准。这种我们从小在学校里接触到的直截了当的方式非常具有吸引力，因为我们在分类世界上绝大多数无生命的物体时使用的就是相似的方法：从结构和功能上给事物分类。如果某物可以开瓶盖，那么我们就叫它开瓶器。从孩提时代开始，人类就用这种识别不同物体之间相似特征的方式学习概括的方法：那是一条狗，这也是一条狗，虽然它们不是同一条狗，但它们都是狗。通过这样的方式，从古至今的科学家一直努力划出一条条清晰的界限，将不同的生命体界定为互斥的群体：如果一个动物是狗，那它就不会是猫。

很明显，这种方法对天体生物学家来说是个雷区。外星生物很有可能迥异于地球动物，但它们之间可能也存在很多相似之处。如果一个小孩指着一个外星生物说："狗！"我们不能仅靠这一点就把对狗的定义延伸到那些外星犬型生物的身上，如果想找出坚实的分类依据，还需要在"形态"之外发现更多的属性。我们必须以整体的视角来看待自己所见的各种生物，才能将不同群体、不同个体之间的关系也纳入考虑。

在仔细地研究了动植物的相似性与差异性之后，瑞典生物学家卡尔·林耐（Carl Linnaeus）提出了一种形式优美的、基于等级体系的分类系统：与熊、虎、浣熊一样，狗首先是食肉动物（carnivore），向上一级，它们同属哺乳动物（mammal），而所有的哺乳动物都是动物，以此类推。林耐发明的双名命名法是如此有力，以至于到今天为止，我们还在使用这个基于生物形态相似性的等级分类系统。毋庸置疑，这种结构 / 功能性生物分类方法也造成了有趣的困境，举个例子说，将近 2000 年来，科学家一直遵从亚里士多德对的动物分类方

50

法，即，将动物以其物种关键特征进行归类：运动、感觉、消化、繁殖以及生理（此处的生理指的是动物得以正常“运行”的某些内在机制）。但是，根据亚里士多德的理论，很多应该是动物的生物——比如生蚝——就无法满足成为“动物”的标准，同样的事情也发生在繁殖过程一般难以被人们观察到的海洋动物身上，所以，人们一度怀疑贝类是否是动物，因为我们见不到贝类交配和生产的过程。

对于外星生命的研究，这是危险的信号：我们不能假设不同种类动物的繁殖是相似的。我们所见的哺乳动物和鸟类都会在雄性使雌性受精之后的一段时间之内照料处于发育期的后代（或者至少是在幼体生命发展的阶段进行抚育），如果我们不认为受精过程也可以在父母双亲的体外完成，那就有可能不认为某种行为是繁殖。

在最重要的特征无法被确认的情况下——特别是当这些特征导致截然相反的结论时——以不同种类动物之间共有或共无的特征进行比较同样是复杂的。鸟类会飞，蝙蝠也会飞，那蝙蝠是鸟吗？正如读者在第 2 章所见，我们并不认为蝙蝠是鸟，因为它们看起来不像鸟，蝙蝠生着皮毛，而不是鸟类的羽毛，蝙蝠会产下幼崽，而不是像鸟类一样产卵。所以这个问题更具基础性的意义，它不仅是无法找到一整套能够让我们满意地将动物区分开来的规则那么简单，我们要如何**确定**蝙蝠真的不是鸟？在决定动物种类的时候，哪个特征更为重要呢？有翅膀还是有皮毛？

如何给海豚和鲸归类的问题困扰了人类几百年的时间，这个问题和“蝙蝠与鸟”的问题很相似，而又引发了更激烈的讨论。今天，当我们回首亚里士多德把鲸归类为鱼的结论时，不禁会哑然失笑，鲸类在呼吸和生育的时候，采用了所有哺乳动物标志性的方式：呼吸空气、诞下幼崽。但亚里士多德却是一位严格而系统的观察家，他认真地记录了所有关于鲸和海豚的事实细节，包括它们用肺部和气孔呼吸空气的习性、它们的温血，以及使用能够分泌乳汁的乳腺哺育幼崽的方式。他注意到海豚与人类和马之间高度的相似性，但却缺乏进化的视角，而后者正是现代人类才掌握的后见之明，亚里士多德认为，之所以不能把我们的这些水生的亲戚与其他所有哺乳动物归类为同一种类，其中一个非常重要的原因是它们没有腿。* 于是，对于海豚来说，“鱼”似乎就是它们更自然的归属。曾经博学的自然观察者们与亚里士多德的这一判断不谋而合，直到林耐用另一种整体的方式重新审视了哺乳动物和鱼类之间的相似与不同，所以在 1758 年，鲸和海豚被划分成为哺乳动物。结构 / 功能性的分类方法自然存在其吸引人的特点，但精准的划分也能凸显出细小差别的相对重要性。对鲸来说，是呼吸空气（使其被划分为哺乳动物）更重要，还是生活在海里（使其被划分为鱼类）更重要呢？百年后，这一争论仍然在持续着，正如赫尔曼·梅尔维尔（Herman Melville）在《白鲸》(*Moby-Dick*)（1851）一书中写道：

> 在某些地方，鲸是否是鱼的问题仍然是悬而未决的讨论……虽然大家都已经知道，抛开所有的争论不谈，我想先采取老式的认为鲸是鱼的观点，并要求圣约拿（holy Jonah）前来助我，奠定了这一讨论的基础之后，下一点需要论证的是，鲸与其他鱼类在哪种内在的方面存在差异？就此，林耐已经给出了所有的答案，但简而言之是以下几点：肺、温血，而其他的鱼类都没有肺，而且是冷血的。

像今天的很多人一样，虽然《圣经》中只提到“一条大鱼”**，但梅尔维尔却错误地认为约拿的报应是鲸。在约拿之书成书的 2500 多 52

* 参见苏珊娜·吉布森（Susannah Gibson）著《动物、植物、矿物？ 18 世纪的科学如何改写了自然的秩序》(*Animal, Vegetable, Mineral? How Eighteenth-Century Science Disrupted the Natural Order*)。

** 圣经约拿书 1-17：“耶和华安排一条大鱼吞了约拿，他在鱼腹中三日三夜。”

年前，人们似乎并不了解也不关心鲸和鱼之间的区别——因为不管怎么看，鲸就是一条大鱼！但是，梅尔维尔的论据中有一点非常重要，他说鲸可以被认为是长着肺且流淌着温血的鱼。这种说法并无逻辑上的不连贯，所以如果选择以外表为基础的分类方式，那我们为什么不能把鲸归类为鱼呢？分类的依据完全仰仗于人们对不同特征重要性的偏好，在这个例子里，是生理特征与行为特征孰重孰轻的问题。

所以，现在看来，以动物的形态——外观或者结构——来给它们归类的方法并不能保证划分出清晰的界限（虽然这种方法看似能够做到这一点），在我们认为的那些规则之中存在着太多的例外。“鸟会飞”——除了鸵鸟、企鹅、鸸鹋、鸮鹦鹉和各种其他不会飞的鸟；“哺乳动物不下蛋”——除了鸭嘴兽和针鼹。事实上，由于不断的进化过程，以外表区分动物种类的方法之所以存在众多的例外，就是因为进化本就如此。鸟类会飞，但某些鸟类后来进化成避免飞翔，因为游泳或在陆地上行走对它们来说才是更好的生活方式；哺乳动物一般不下蛋，但哺乳动物是从下蛋的祖先那里进化而来的，所以那些会下蛋的哺乳动物的祖先的某些后代到今天还会用产卵的方式进行繁殖。鸟类之所以成为鸟，哺乳动物之所以成为哺乳动物，都是进化的结果：它们是从鸟类和哺乳动物的祖先进化而来的。但这种观点的重大进步，直到 19 世纪的某个人出现之后才真正地被人类意识到。*

新定义：谱系

150 多年前，几乎是在一夜之间，生物分类的方法，乃至原理，53 全被彻底扭转。当达尔文宣布所有的现代生命都是从先前的某种生命形式进化而来的时候，对有生命的机体的分类［或称“分类学”

* 某个人，指达尔文。

（taxonomy）]就进入了一个新的阶段：分类应以进化的产物为依据，而非外表、形态或功能。我们的问题不应该是“鲸是否拥有与鱼相似的行为？”而应该是“鲸是否与鱼类拥有相近的亲缘关系？”虽然这种问法对现在的我们来说显而易见，但对亚里士多德来说，鲸也许与青蛙，甚至是蘑菇拥有（不管多远的）亲缘关系的说法背后的原理却是无法接受的。但，请试想这种新方法的优雅之处，生物的“界”的老定义——动物界、植物界、微生物界——得以保留，同时也比它们原本的描述性功能拥有了更多的意义。这三者现在代表着三棵不同的谱系树的根部，它们与人类祖先父系与母系的关系相似，代表了系谱系统中的根源。正如莎士比亚的《罗密欧与朱丽叶》，如果你属于蒙太古家族，那么你就和所有蒙太古家族的亲戚一样，都姓蒙太古——而凯普莱特家族也有他们自己一棵独立的谱系树。但与此同时，所有的这些大树都总地联系于一棵更大的“生命之树”，就算是拥有世仇的蒙太古家族与凯普莱特家族也必须承认，他们在某一点上也拥有相同的祖先。

将这一原则延展开来，我们会发现，地球上的所有生命都有一个共同的古老祖先。这一事实昭示了另一个重要的结论：任何两群生命体之间的严格界限都不存在了，我们甚至可以计算出人类和任何其他物种之间共享同一古老祖先的时间有多么久远。下文中的这棵谱系树可以给读者解答一些疑惑，比如人类和狼（以及其他一些被人们所熟知的生物）之间的共同祖先究竟需要追溯到多久之前。在人和狼的例子里，我们的共同祖先是一种小小的毛茸茸的哺乳动物（我们对其所知甚少），生活在与霸王龙同时期的地球上，而在它的后代中，有些进化成了食肉动物，有些则进化成为像我们一样的灵长类动物。如果想要找到人类和金鱼的共同祖先，我们就需要走得更远——远早于恐龙生活的时代。更远一点，人类和植物以及真菌的共同祖先已经迷失在目前已知最早的化石之前了。而在最早的动物找到自己生态位的时

54

候，昆虫与人类的祖先发生了分化，它们继而发展成各种各样的形态。

我们只能通过仔细地研究今天现存不同物种基因组之间的相似性与差异来估算这棵谱系树的走向，但在很多重要的时间点上仍存在很多的不确定，而更具科学性的研究将帮助我们专注于自己祖先身上发生的具体事件，以及这些事件发生的时间。人类和细菌（比如大肠杆菌）之间所共享的遗传特征需要追溯到生命起源之初，那个时候地球差不多刚刚冷却到适合复杂的化学物质形成的温度。处于这棵生命之树的最根部的，应该是我们的“最后的共同祖先”，或称 LUCA［这个 LUCA 和苏珊·薇格（Suzanne Vega）1987 年唱的那首名为“Luka”的歌不是一回事，虽然那首歌的歌词也非常恳切地唱道：别问我是什么（Just don't ask me what it was）］。*

不管是否曾经真实地存在过一个共同的祖先，还是曾经出现过某些更为复杂的东西（或许是某种多重类细菌生命体以共享基因组的形式利用同一套 DNA），但 LUCA 这个词里的“宇宙”（universal）却无疑充满了误导性。地球生命的祖先非常有可能是在地球上诞生的，所以我们也很难从它的身上去了解有关宇宙中其他生命的共同祖先的情况。生命即便像某些科学家所主张的那样诞生于火星之上，并被陨石带到了早期的地球，那这种生命也无疑仍然诞生于太阳系之内。

不过，生命之树根部具体情形的不确定性，丝毫不会影响到这棵树的优雅，而且，也确实不会削弱它在归类物种时的有效性。这棵谱系树给我们提供的分类方法是如此引人入胜，以至于在人类接受了这一理论之后，它就再也没有受到过质疑。但我们也必须质疑。因为，抛开所有行星之间互相传递生物物质的奇异现象不谈，我们可以确定，其他行星上的生命不与人类共享相同的祖先，也不与地球上的任

---

* LUCA 是“最终宇宙共同祖先”的英文 Last Universal Common Ancestor 首字母缩写。

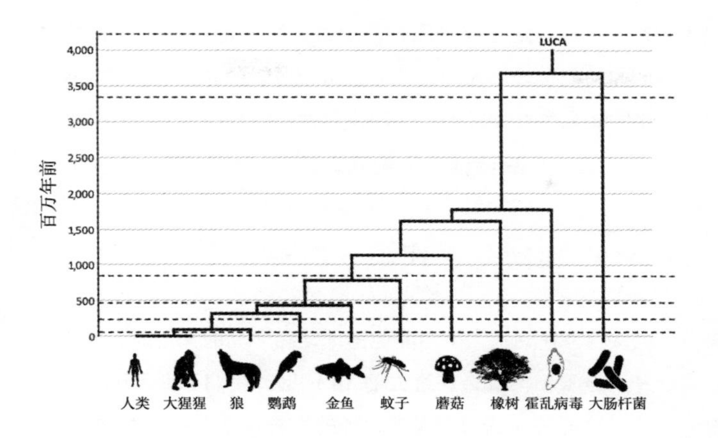

图片中的谱系树表示人类与其他常见物种在多久之前曾经拥有共同的祖先。在图片的最上方，大约40 亿年前，是所有地球生命的祖先LUCA，其下的每个分支都代表了不同的有机体群体进入各自不同的进化方向。图中的数字来源于http://www.timetree.org/，并在新的研究发现的基础上持续更新。请注意，一部分数字的不确定性相当大——且年代越早，误差越大，对于大肠杆菌来说，其误差可能至多在 ± 25 亿年之间。

何生物共享相同的祖先。无论外星生命与我们多么相似，以这样的完全基于遗传特征——而非形态或功能——的形式对生命进行归类的方法，将把外星生物排除在“动物”的概念之外。 55

这重要吗？或许重要。无数的科幻故事曾将外星物种描绘成动物的模样：电影《沙丘》（*Dune*）中的巨大沙虫、《黑衣人》（*Men in Black*）中的虫人埃德加（Edgar the Bug），还有《星球大战》（*Star Wars*）里的所有外星人（特别是楚巴卡和伊沃克人）。但无论它们的形象如何生动现实——或如何不真实——人类对长得像动物一样的外星生命在情绪上的反应，总是和人类对真正的动物的反应非常相似，这与我们是否与该种生物拥有古老的共同祖先没有关系。我们是否应该从技术上将外星生物划为动物的问题，在关乎道德与情感的问题面

前显得无足轻重：我们是否应该像对待动物一样对待外星人？或许，
56
当我们在考虑如何归类外星人的时候，更符合逻辑的做法是同时考虑一个物种在生物体和外在特征双方面的进化遗传特征，对于天体生物学的研究目的而言，这也是更实用的办法。

血统是否代表一切？

我们已经发现，在判别人类与其他地球动物之间的关系时，亲缘关系的远近并不是唯一标准。在过去的 10 年里，我们见证了雨后春笋般的一大批法律诉讼，试图给人类之外的生物赋予“人权”，其中最为有名的一桩，当属有人向纽约的一家法庭为两只黑猩猩寻求人身保护令，这两只名为海格力斯（Hercules）和里奥（Leo）的黑猩猩当时被用于纽约州立大学石溪分校（Stony Brook University）的研究工作。* 虽然我们的社会（以及法庭）看似还没有准备好给动物授予完全的人权（这个话题我也将在第 7 章进行更详细的讨论），但意在保护“动物”的“动物法律”（比如防止动物受到虐待和酷刑）却在持续地加强。不过，现在人类也面临着一个新的困境：我们应该如何决定哪种动物值得保护，而哪种动物又可以任由人类宰杀呢？石溪的案子为我们展露出人类对自己最亲近的动物亲戚拥有非常强大的共情——当绝大多数人看到黑猩猩遭受痛苦的时候，都会感觉不适，不仅因为黑猩猩在血缘上与人类紧密相关（我们的共同祖先仅距今约 600 万年），而且因为黑猩猩在其行为、表达，以及最重要的情感方面，都与人类非常相似。

不过，现在让我们考虑一下发生在海豚身上的故事，这种生物在

* https://www.nonhumanrights.org/blog/hercules-leo-project-chimpssanctuary/.

表面上与人类极为类似的行为招致了普遍的同情。2013 年，印度政府决定，海豚和鲸将不能以娱乐的目的进行圈养，请注意，在这件事情中，“许多科学家”都建议考虑海豚为“人类之外的人”。但是，海豚与人类的亲缘关系还没有老鼠与我们的关系近，但人类与老鼠之间的这种亲缘关系并没有帮助老鼠逃离被人类有计划地消灭的悲惨遭遇。而海豚身上所展现出来的与人类相似的行为特征，并不说明它与人类的关系，举个例子来说，海豚比吸血蝙蝠与人类的关系还要远一些，但后者却几乎没有得到过什么正面的报道。而事实上，吸血蝙蝠是一种社会性很强且具有利他行为的动物，它们会将自己的食物分给饥饿的同类（见第 7 章）。如果我们拨开表面的这些行为去更深层次地审视海豚，就同样会发现，海豚的大脑在很多方面都与蝙蝠的大脑更为相似，而与人类的大脑不同。有些人认为，海豚的智力肯定说明它们拥有与人类结构相似的大脑，但我们刚刚提到的事实恐怕会让他们感到吃惊，但这也在另外一方面提醒了我们，当我们考虑“像人”的外星生物时，它们是否也具有与人类结构相似的大脑呢?

57

海豚与蝙蝠的大脑结构类似，是因为这两种生物都拥有独特的声呐器官，可以发出的异常复杂的信号，所以也就同样需要能够处理这些复杂信号的神经结构。它们的视力都不是很好，不过在感知周围世界的时候，这两种动物会发出复杂的声响，并在收到回声之后对其进行处理。负责处理这种感觉信息的器官是小脑，在海豚和蝙蝠的脑袋里，小脑的体积比大脑皮层所占据的位置要大得多，而大脑皮层通常与智力水平相关。这一事实告诉我们，身体上的相似性——特别是大脑结构上的相似性——并不能真正说明我们与其他某种物种之间的相似性。

2010 年，欧盟启动了一套法律，对动物的实验使用做出了严格的限制。该法令适用于所有人类之外的脊椎动物——哺乳动物、鸟类、爬行动物、鱼类，以及两栖动物——但却没有限制非脊椎动物的使用，比如昆虫和爬虫，因为人们认为它们在认知层面上还没有发展出复杂到足以（以人类的理解去）“感知痛苦”的水平。但是，这套法律却将章鱼及其相关亲属动物列为例外，因为它们可以明显地显示出自己的智力水平和知觉能力（后者更为重要）。人们频繁地观察到，章鱼能够移开自己所处的水族箱的盖子，从地板上爬到另一个水族箱里，吃掉那里的鱼，再回到自己的箱子，重新盖好盖子。虽然欧盟的这一指导准则是基于人们对章鱼感知痛苦、无聊、恶心，以及恐惧的能力的猜测，但这似乎也可以看成是因为人类主观地认定了章鱼们的意识。虽然我们和章鱼的最后共同祖先生活在至少 8 亿年前，而人类和它们之间的亲缘关系并不比现存任何动物的关系更为遥远，但章鱼和它的亲戚们（统称为头足纲动物）还是成为了人类同情的对象。所以，当我们在定义动物如何“类人”的时候，亲缘关系上的远近亲疏完全不是唯一的因素，那么，是否存在某种定义，完全不以地球生命的谱系树为基准呢?

会动的动物

科学需要将我们周围的世界进行分类，所以科学为所有的动物所共有的特征提供了简单而明确的判别标准——这些标准，我们可以在中学和大学里学到。动物的第一个标准，也是最重要的标准，就是动物由各种不同的细胞组成，而且在几乎所有的动物身上，不同的细胞都有不同的功能。人类的身上有表皮细胞、血细胞——它们的形态不同，功能也不同。所以，单从这一定义，人们就足以将动物与诸如细菌和变形虫等微生物区分开来。不过，植物也有各种各样的细胞，但动物与植物却在另一个非常重要的方面存在显著的区别：动物不会自己生产食物。植物会利用阳光将简单的分子（比如水和二氧化碳）变成自己生存所需的化学物质，但动物必须自己出去寻找食物，而也正是这个“出去”的过程让动物在各种生命形态中显得与众不同。真菌，这种极具多样性的生命形式（真菌的种类几乎是植物种类的两倍）同样也无法自己生产食物，但真菌与动物的不同之处在于，动物摄取食物之后在体内完成消化和处理的过程，而真菌则在体外对食物进行消化，它们会在其他形式的生命体上分泌某些化学物质，对其进行分解，并最终摄食自己所需的营养物质。而真菌唯一真正移动的过程是它们作为孢子随风飘散的时候，一旦这些孢子找到适合的位置，就会在自己降落的表面上分解身下的食物。

对于动物和地球上的所有其他生命形式而言，这是一种非常显而易见的区别，因为这种解释与人类的直觉十分一致：动物会动。虽然英语中 animal（动物）一词来源于拉丁文的 animus，即任何活着的或呼吸的东西［译注：原书中作者在此处指出另一例：re-animation，由词根 animate（活）和前缀 re-（再次、重新）派生而来，意味“使复活”］，但人们总会倾向于认为“活的”（animated）东西意思就是“会动的”东西，或者会根据自己所处的环境采取行动、做出反应的东西。所以，虽然更为科学的说法是“动物是多细胞的，无法自己产生食物，但会在自己体内将结构被破坏的物质进行消化的生命体”，但人们还是倾向于将这个概念简化，最终得出与亚里士多德一样的答案：“动物会动”。

不过，现实世界总是充满了例外：某些动物只在自己的繁殖形态下移动，比如珊瑚虫。这种动物会在水中四处漂散，直到找到适合生长的地方，落地之后，它们会在此处终其一生。在这种情况下，珊瑚虫的这种“运动”其实非常像真菌孢子或植物种子的传播。但我们也不应为例外而感到害怕，而生命的分类也永远不会简单直接。因为生命的光谱本身就不是粒子性的，非黑即白的区别自身就是一种例外，而非普遍的规则。所以，我在此处想要把眼光集中到一个更为困难的问题上，我们能否充满信心地表示：人类对动物的定义代表了一种真

60 正的、界限明显的对生命体的分类，而非仅仅是一个反映了地球上近40亿年来特定且特殊的生命历史的巧合？简而言之，其他行星上的动物，会动吗？

动物会动，植物不会动。这个简单的道理会放之四海而皆准吗？这种说法看似充满了直觉上的天真，因为它也许只适用于地球，而不能普遍地应用于整个宇宙。也许我在使用“动物”这个词的时候过于宽松，也许我说的只是“某些我能认出来的东西”，比如浴缸里的那只蜘蛛。被我称为“外星动物”的东西也许长着叶子，也许能进行光合作用，也许像是《银河护卫者》（*Guardians of the Galaxy*）系列中树精格鲁克（Groot）形象的手办。但我坚信——也正如我即将为读者所描述——移动的能力是我将要讨论的生命发展中所有其他方面的基础，不会动，就谈不上协作、社交，以及最为重要的：智慧。

对“会动”与“不会动”的区别的思考是有意义的，这种思辨并不是一时兴起所致的小心思。但为了回答这个“动与不动”的问题，我们必须回到地球动物进化的最初阶段，那是5亿到10亿年前的事情，那时的地球上生活着我们与章鱼、蚊子的共同祖先。

伊迪卡拉的后花园

直到20世纪50年代，古生物学家一般还都认为复杂生命起源于大约5.4亿年前的那个被称为寒武纪大爆发的年代。我们很难找到那个时代之前的动物化石，但在那之后，各种各样的复杂化石如雨后春笋般“爆发”出来，显示出动物生命的各种形态，其中许多种都与今天的动物共享某些基础性的特征，比如对称的体形、附肢、眼睛等。今天现存的几乎所有基本动物种类（软体动物、甲壳类动物、蠕61 虫，甚至是原始的脊椎动物）都在5.4亿年前到4.9亿年前存在化石。那么，在寒武纪大爆发之前，又生活着怎样的生命呢？

这些保存精美的化石有时甚至需要用显微镜才能看清楚，而在那些动物曾经生存的年代之后，人类发现了一个关键但仍然模糊的时间窗口，透过这个窗口，我们得以一见动物的起源。这段处于 6.3 亿到 5.4 亿年前的时期被称为“伊迪卡拉时期”（Ediacaran，这个单词源于发现这些古老化石的澳大利亚山丘），而关于它们某些方面性质的假设极具革命性。伊迪卡拉时期的动物似乎没有任何形式的甲壳——这也是它们的化石非常稀少的原因之一——而且它们的身体结构也与自寒武纪到今天的绝大多数动物非常不同。这一奇异而充满外星风格的生物群在距今 5.4 亿年前突然消失，没有留下任何可供人类研究的后代，它们究竟因何消失得干干净净，至今仍是一个谜。

有一种解释是，在上古的那个时期，地球上几乎没有任何掠食现象。正如滕尼森（Tennyson）的观察，伊迪卡拉生物生存在大自然还未发展到“红色爪牙”的时期，那是一个没有冲突、和平又安详的世界，所有生物都获取太阳的能量。这些生物也许是自己进行光合作用，也许是与生存在它们体内的微藻类存在某种共生关系——就像现代的珊瑚一样，动物在非动物生物的帮助之下从阳光中获取能量。但不管是哪种情况，它们觅食的方法都显得非常和谐，没有互相之间的猎杀和撕咬，以至于美国古生物学家马克·麦克梅纳明将这个没有掠食者的安详世界称为“伊迪卡拉的伊甸园”。*

现在，就请读者和我一起，以这一时刻作为终点，回溯生命进化的历史。** 最初，在某个不为人知的时间点，生命出现了，我们不知 62

---

* 马克 .A.S. 麦克梅纳明（Mark A. S. McMenamin）著《伊迪卡拉的伊甸园：发现最初的复杂生命》（*The Garden of Ediacara: Discovering the First Complex Life*）。

** 在理查德·福提（Richard Fortey）所著《生命简史》（*Life: An Unauthorised Biography*）一书中，虽然没有具体解释生命起源本身，但作者还是为地球生命的历史描绘了一个缤纷且可读性很强的画面。而约翰·梅纳德·史密斯和伊尔思·萨斯玛丽（Eörs Szathmáry）所著《生命的起源：从生命的诞生到语言的缘起》（*The Origins of Life: From the Birth of Life to the Origins of Language*）一书则更为翔实，但也需要读者拥有更多相关知识。

道生命出现的具体事件是什么，也不知道它如何发生，甚至不知道它是先发生在某个地方再扩散到世界各处，还是在世界各处同时发生。但最有可能的情况是，某些小型的、可以自我复制的分子结构（类似于现代的 RNA）开始在地球表面的温热水塘中传播。未几，这些基因物质被装进由脂质组成的泡泡里，而这些脂质的泡泡可以保护基因物质免受环境变化的干扰，我们将这种生命形式称为最初的细胞。可能在一开始的时候，曾经出现过很多种不同的原始细胞，不过也可能只出现过一种，但最终，其中一种生命体（也可能是一群）胜过了其他的生命形式，成为地球上后来出现的所有生命的唯一共同祖先：LUCA，我们最后的共同祖先。

在 LUCA 的后代不断散播、分化的过程中，它们都面临着相似的挑战：首先的问题是从何处获取能量。没有能量，生命就将消逝，无法继续存在。地球本身的热量是第一种能量来源，这些热量被海洋之下的火山运动送往地面，而来自太阳的光是另外一种。在那个时候，确实没有第三种能量来源了。但是，阳光遍布地球的各个角落，而水下火山只存在于特定的一些区域，所以这些生命体进化出了某些特定的化学物质和器官，用以捕获阳光，维持生命。如果你足够幸运，能够找到一片偏僻的海滩，阳光充足且不必和别人争抢阳光，那你就能像那些古老生物一样毫无压力地享受属于你一个人的日光浴，但对进化而言，缺乏竞争却不是好事——因为在这种环境里，创新没有好处，也没有什么真正的问题需要解决。某些有机体在繁殖方面经营得比其他种类更好，但所有的生命都过着非常简单且没有压力的生活，它们的生命形式也非常简单。生命起源于大约 38 亿年前，但在最初的 32 亿年里，所有生物都只以阳光为食。进化的过程相当缓慢，但进化仍然在发生，伊迪卡拉的伊甸园中包含了种类颇为繁复的各种生命形式，在我看来，每一种都在用自己的方法利用着那种和平而无尽的环境。

上图为生活在伊迪卡拉伊甸园中生物的艺术化呈现。其中的某些生物可能是动物，也可能不是。但从它们缺乏起保护作用的脊椎、甲壳，以及没有能帮助自己移动逃脱的肢体这一特征看来，当时的生活应该充满了轻松自在的闲适。

我们尚不清楚伊迪卡拉时代的化石是不是动物。而这种不确定性在谱系树上的集中反映却是对动物的定义问题。在那个时代，曾经存在着一个特殊的生命体，它是所有现代动物的共同祖先（而且它恰好也是现代真菌类的祖先，很奇怪）。这个生物是单细胞的，用一条“尾巴”推动自己前进（就像精细胞一样），它有一个奇妙的名字，叫作“后鞭毛生物”（opisthokont）——作为后世所有动物的祖先，这个名字名副其实。后鞭毛生物出现在大约 13 亿年前，比伊迪卡拉时代要早得多得多。所以它会不会同时也是我们在伊迪卡拉的岩石中所见的这些化石生物的祖先呢？如果答案是肯定的，那么用谱系树理论来解释，伊迪卡拉生物就应该是动物。但如果后鞭毛生物属于单独的另外一支，那么就应该存在另外的某种生物，作为动物与伊迪卡拉生物共同的祖先。

64

但无论这些伊迪卡拉生物如何演进，它们的外观与动物并不十分相似。它们就静静地坐在那里，沐浴着阳光，即使能够运动，似乎也不会很迅捷。从伊迪卡拉伊甸园年代之后的化石身上，人们找到了很多证据，这些证据显示，那个时代之后的动物能将自己掘进沙中、掩埋起来，或是快速逃跑到海床之下，但所有这些剧烈活动的迹象在伊迪卡拉时代都毫无痕迹。那是一个平静的时代——平静到这些现代动物的祖先缺乏任何形式的生气，而这种生气正是我们认为会动的生物才能被看作是动物的理由。

没有证据能够保证发生在那一段时间里的进化历史与其他行星上生命早期的发展历程之间存在任何形式的相似性。但到目前为止，却也没有任何迹象表明，这样的过程仅仅发生在地球上。对维持生命而言，阳光——或者其他行星上等同于太阳辐射的光照——非常可能是最为可靠、最具力量的能量来源，物种利用这种能量的方法可能有各种各样的进化方式。但至少，很多行星上的多样的生命都会在一开始经历一段相似的历程，即完全依赖来自自己恒星所发出的、取之不尽用之不竭的光。

离开伊甸园

突然间，一切都改变了。或许是海滩上突然挤满了前来享受免费日光浴的生物，也或许——也是更有可能的情况——气候的突然变化导致天下再也没有无尽的免费午餐。某种生物开始从既非阳光，也非水下火山的渠道获取能量：它们摄食并消化其他活的生命体。在圣经的故事里，亚当和夏娃，以及生活在伊甸园里的所有其他生物全都是素食者，它们过着无忧无虑的生活，直到被逐出伊甸园的那一天，而在地球生命的进化历史上也发生过这样一幕。* 掠食现象一旦出现，进化就进入了“困难模式”，没有进化出掠食功能的生物变成了午

65

* 《创世记》(*Genesis*) 1-29：神说：“看哪，我将遍地上一切结种子的菜蔬，和一切树上所结有核的果子，全赐给你们作食物。”

餐——真正意义上的午餐。所有的各种防御性和进攻性的特征也都开始出现：起保护作用的脊椎和甲壳、撕咬用的牙齿、觅食用的眼睛——或者你也可以用眼睛发现谁想把你变成午餐。在几千万年的时间之内，伊迪卡拉的伊甸园不复存在。在物种进化出鲜红的血液之前，大自然就已经充满了爪牙，而这些生物也因此成为真正的动物，它们或是奔跑，或是游弋，再或是掘洞藏身，与之形成鲜明对比的是当时的植物，后者倔强地保持着静止，继续吸收太阳的光照，使尽浑身解数忍受着其他生物的无情啃咬。

在某种意义上，地球生命的这段历史非常特殊，但在另外的意义上，这段历史又极具普遍性。诚然，我们不能期待在另一颗行星上也看到与地球寒武纪大爆发完全相同的事件次序发生，但这一过程中的某些特征是相同的。进化需要压力，需要竞争，需要资源的稀缺性，在一个田园诗般的花园里，人类现今可以看到的生命多样性不太可能产生。我们可以确定，在整个宇宙中，生命都至少需要两个要素：能量和空间。生命需要能量是因为物理学的法则已经清楚地定义：如果没有持续的能量摄入，系统就将湮灭，变得无序，但生命却是有序的；生命对空间的需要则更为直白，两个生命一定会比一个生命占用的空间更大，而繁殖正是自然选择的核心——自然选择的机制是我们现在所知唯一可以从自然中自发产生复杂性的系统。一切最终都会指向对能量与空间的竞争，而动物——以运动的方式竞争这些稀缺资源的生物——就不可避免地产生了。 *66*

宇宙动物

摆在所有地球动物面前的，是一套普遍存在的问题：吃，避免被吃，找到生存的空间，以及繁殖。对于我们在地球上见到的这些问题，地外行星上的生命形式是否找到了其他的解决办法？直接给出过多的假设，找到总结性答案的方法可能会犯错，但我认为，宇宙中的所有动物都不可避免地面临着同样的问题。我大学本科时的一位老师，剑桥大学的古生物学家西蒙·康威·莫里斯曾是最早一批翔实地描述了年代最为久远的动物化石的科学家之一，他坚定地认为，在相同的问题面前，进化经常会产生相似的答案。* 蝙蝠和鸟类的翅膀在结构上截然不同，但都是翅膀，脊椎动物的眼睛与昆虫的眼睛也存在很大差异，但与之成为鲜明对比的是，亲缘关系上与昆虫距离人类同样遥远的头足类动物却进化出了与人类非常相似的视觉结构，而这两种眼睛结构的进化过程彼此完全独立。

根据西蒙·康威·莫里斯的推测，如果存在某个地外行星，寓居着某种长得像昆虫一样的拥有高等智慧的生物，也长有分辨率很低的复眼，那么随着它们的科技进步，当它们发展出天文学的时候，最终也会建造出望远镜，而这种望远镜的原理与人类在地球上建造望远镜时所依据的原理应该是一样的。那么，那些外星昆虫高等智慧生命会不会理解到单一棱镜折射出的画面要比它们的复眼看到的事物更加精准呢？如果它们的科学家足够优秀，它们也能足够谦逊地假设出，在某个其他的行星上（比如地球），某种动物发展出了单一棱镜的眼睛结构，而非像它们一样的复眼。虽然这些外星的天文学家在很多方面都会与人类存在极大的差异，但与人类一样，它们在理解物理规律的时候，同样会受到自身条件的限制，而在所有的星球上，这种源自生物层面的局限性都会不可避免地导致生命在理解物理原理时的局限性。如果外星的复眼科学家能推测出地球上长着具有棱镜结构眼球的生物，那我们又何尝不能对与我们迥异的外星动物加以大胆的推测呢？

生物进化的方向与结果千变万化，关于动物能进化成什么样子，

---

* 参见西蒙·康威·莫里斯著《生命的答案》。

宇宙中存在着无尽的可能，人类在地球上所见到的所有生物的样貌只是这一光谱中的一小部分而已，但也许，宇宙的进化光谱并没有我们想象的那么宽广。我们在推广自己基于地球经验的结论时总是小心翼翼地避免将其扩展到合理范畴的之外，但同时，在设想外星生物的进化方向时，我们也必须注意，将过于奇异的答案强加到外星生物身上也不合适。正如地球给我们展示的那样，并非所有的进化可能都会成为现实，因为进化过程在解决问题时给出的某些方法或许本身就不太合适，这些不合适的方法有些是不切实际，有些是效率低下，或者干脆在物理上就不具可能性，比如说，生物学中有个为人熟知的事实：地球动物没有进化出轮子。莫里斯说："我们生活在一个有限的世界里，并不是所有的可能都会实现。"

既然如此，在生存竞争（与进化过程）愈演愈烈之际，运动的能力或许就是生命体收集能量时唯一的切实可行的解决方案，我们也能合理地期待，在其他存在复杂生命的星球上找到拥有运动能力的生物。但话说回来，其他有生命的行星的环境可能与地球存在着超出想象的极大差别——比如说由液态甲烷构成的大海（如土卫六泰坦，Titan），或是天空中升起钻石构成的月亮（如天王星和海王星上的景观）。我们能否确定地认为，不管物理条件如何，在那些世界中会动的生命体都是动物吗？这个问题的答案几乎是完全肯定的，因为无论行星上的物理差异有多大，最基础的过程都是一样的。自然选择是人类与宇宙中所有生命共有的传统，而自然选择为"如何运动"这一问题给出的答案当然要根据每颗行星不同的特征以不同的解答。 68

如果进化确实让所有行星上的生命都朝向运动的方向发展，从而更好地与彼此竞争，那么，对于我们关于"动物是什么"的问题，这

种说法会有帮助吗？在一定程度上，答案是肯定的。人类究竟是应该以生物的外表，还是按照遗传特征给动物进行分类是一个困难的问题，而这个问题没有简单直接的答案。在检讨自己对这个问题的回答时，我们应该保留一定的谦卑。但是，如果你想知道为什么我会和浴缸里的蜘蛛说话，我又为什么想和外星动物交谈，背后的原因并不是我们拥有相同的祖先，而是因为我们拥有相同的性质——让我们同属动物的性质。

终有一天，我们很有可能会发现一个仍然沐浴在伊迪卡拉伊甸园光辉之中的地外行星，但即使是在那样的地方，运动、抗争、熙攘奔忙的种子也早已埋下。本书下一章的主题，正是关于统治运动规律的法则。

IV

运动——小步快跑与空间滑翔

Movement—Scuttling and Gliding Across Space

对于那些有很多条腿还爬得很快的生物，人类有一种出于直觉的恐惧，编剧们熟知这个套路，所以，当你在科幻作品中看到外星生物挥动着很多条腿追逐猎物，或是用某种古怪的连接方式进行运动的场景也就不足为奇。我们害怕掠食者的追捕，这是有充分的理由的。为了生存，我们必须运动，而我们的猎物和敌人也必须学会运动。但在运动的这种本质之外，我们能对其他行星上可能存在的动物运动的不同方式说些什么呢？乍看起来，理解外星生物如何运动只是一个相对简单的任务，因为运动本质上是个物理问题，而物理学的规律是普遍通用的：力、加速度、扭矩、摩擦，凡此种种，在任何一个恒星系中的任何一颗行星上都是一样的。但对于运动这一包罗万象的话题而言，我们仍有许多不明之处。或许在这个宇宙中的某个角落还存在着某种人类未曾想过的运动方式，也或许，某些行星的物理环境过于特殊，以至于我们甚至都没有考虑过那种环境中的动物将采取何种运动方式。

这也就是为什么在讨论外星生物运动的话题时，我们不能仅以运动的物理条件作为出发点，而必须以进化论为中心。动物世界中之所以存在着运动，其原因完全来自进化的压力。运动是被逼无奈，而非自愿选择。物理条件必然在一定程度上影响着运动的形式（而在某些情形下，我们能否或是否应该运动则全然仰仗物理条件所赐），但是，对于所有运动的动物来说，运动本身都起源于运动的必须性。地球动物展现出极具多样性的运动机制，所以我们就会倾向于认为它们发展 *70*

出运动能力的理由一定也是多样化的，但事实并非如此。

动物因何运动?

动物的运动当然是为了觅食，为了避免自己成为其他动物的食物。但从更宏观的角度上说，我们可以把运动的因素归纳入以下三种普遍稀缺的资源：能量、空间、时间。

在地球上，人类所掌握的有化石记录的最古老的生命形式通常被认为是静止不动的。这种古老化石形成于至少 30 亿年前，与现代被称作“层叠石”（stromatolite）的结构非常相似，一般认为，这种化石是由某种与之相似的生物产生的，那是一种非常简单的细菌古生物，它们吸收太阳的能量，一层一层地生长，最终随着细菌层的不断累积而露出水面。这些细菌“运动”的概念与动物的运动并不一样，它们以整群的方式向上生长，随着砂石和无生命有机质的不断累积，其能量来源——太阳——将被遮挡。所以，就算是对古细菌而言，为了寻找能量而进行的运动也是必要的，正如树木向上的生长，避免自身所需的阳光被竞争者遮蔽。

人类尚未确切地认知到外星世界掌握能量来源的方式，换言之，至少我们获取能量的方法与外星生物不尽相同。如在土卫二（Enceladus）上，其地下海洋无法受到太阳的光照，却拥有充足的能量，部分来源于其星球内核元素的放射性衰变，另一部分则来自潮汐的摩擦——来自土星巨大的引力将这颗卫星上的岩石与液态水来回拉扯。在这种环境中，生命也有很大的可能性存在，而一旦有生命存在，它们就一定需要找到自己的方式去寻找并驾驭这些不为人类所熟知的能量来源。

71

生命需要能量，而如果能量的分布不均匀，生命就必须动身寻找自己所需的能量。当然，阳光能照到地球表面的绝大多数地方，所以

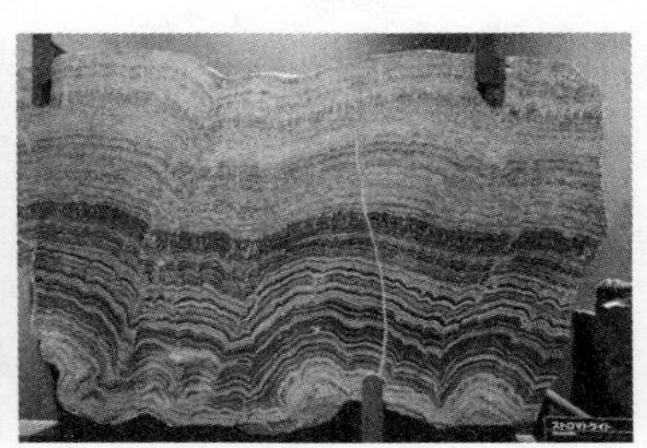

左：生长在澳大利亚的现代层叠石。
右：层叠石化石纵切面，显示出细菌层的叠放次序。

进行光合作用的有机体不必四处移动，而是需要向上生长。不过，如果所有的生命都竞争同一种能量来源（太阳），那么这个时候，其他的能量策略在进化的角度上就会开始变得有利。如果某种生物等着细菌把太阳能收集好之后再把细菌一口吃掉，那么它就不用再与他人竞争阳光。在地球上，某种类似的过程似乎紧随着最古老的生命痕迹之后发生，而在其他任何存在生命的行星上，我们都可以合理地认为，一定也发生着利用其他生命体能量的摄食行为。

我们尚不清楚最一开始食用古老层状细菌的生物究竟是什么，但可以确定的是，在这些非常古老的层状细菌化石上，一些蜿蜒曲折的痕迹让我们不无合理地推测，曾经存在某些动物，在这些细菌的表面大快朵颐，吃出了一条“路”。很多年来，人们认为古细菌表面的那些奇怪的痕迹是某种古老的动物在爬行时留下的，后者在层状细菌的活体表面上经过，吃掉了所经之处的细菌。这种动物或许存在，但我们没有找到这种动物本身的化石，科学家认为，那是另一种神秘的软体伊迪卡拉生物，没有甲壳和骨骼，像鼻涕虫一样，所以也没留下任何永久的记录。它甚至可能是现代动物的古老祖先。但近来，科学家们在加勒比海巴哈马附近的砂质海床上发现了一种极为相似的痕迹，沿着这些痕迹，科学家追踪到一项令人瞠目的发现：一种巨大的单细

72

胞变形虫，样子就像一个超大的葡萄。不管这种变形虫与古老化石上吃掉细菌层的那种生命体是否相似，它都明确地告诉我们，不一定只有动物才能运动，而且，在最古老、最简单的生命体身上也发现了运动的痕迹。

这个时候，简单的几何学道理开始发挥作用。一旦某种东西开始食用静止的能量来源，这种东西就必须学会运动。如果捕食者的进食速度比它的食物的生长速度更快，那么捕食者就必须持续地搜寻更多的食物，不然就会饿死。而即使是食物的生长速度更快，捕食者能获得很多的食物，产生很多的后代——子子孙孙无穷匮也——那么它迟早，也必然，与它的后代展开竞争，并最终导致食物的衰竭。它们中的某些个体必须离开家庭，寻找自己的生路。这是进化理论中一条残酷而简单的规律：能量是有限的，有限的能量驱动着有机生命体向寻找新能量的方向进化。运动必然出现。外星生物必然运动。

如果到现在，你仍对“运动不可避免”这一论断持怀疑态度，那么请试想另一种有限的资源：在整个宇宙中，空间都是有限的。随着生命体的不断繁殖，新的个体不断出现，它们都拥有物质性——会占用一定的物理空间。即使是植物也会“移动”，植物会将自己的后代播散到其他地方。如果谁都不动，就没有更多的空间供新的个体存在，而进化也将终结。生命将成为永恒不变、永生不死的个体，但它们也永远无法发展出新的特性、新的能力或新的特征。

所以，无论生长于何处，生命体都必须移动，找到属于自己的空间和能量。但最终，在地球上，我们所见的如此多样的运动策略，其背后的驱动力一直是生物对能量的寻觅。这一过程也势必发生在其他行星上。空间不会自己离开你所处的位置，但能量会跑掉，我们已经见到伊迪卡拉时代的动物——或多或少地——如何彼此平和地生活在貌似和谐的环境中，而彼时的掠食现象尚未构成足以导致进化的威胁，生命没有因为掠食的存在而发展出用以保护自己的盔甲，比如甲壳和硬质的脊椎。这种无害的环境是否会永久持续下去，科学家们尚无定论，或许某些环境上的诱因导致了互相捕食的进化开端，这种环境的变迁有可能是海水温度或氧气含量的变化，从而让某种动物咬了另一种动物一口。

掌握着游泳、撕咬、叮蛰或隐匿自己能力的复杂动物的进化，需要某种非常特定的环境是不无可能的。* 但如果从另一个角度去解读，我们也会发现，这种进化过程的滥觞亦不可避免——如果时间足够长的话（可能非常长）——但最终，猎人和猎物必须进化。** 这种观点背后的其中一个论点是，田园诗般美好的伊迪卡拉伊甸园似乎并不稳定，很像是一枚侧立着的硬币，诚然，这枚硬币或许可以一直这么立着，但只需要非常微弱的扰动就能让它倒下——也不会再立起来了。用进化论的方式说，这是一个严酷的选择：如果某个东西过来捉你，那你就会被吃掉，而这个时候，拥有某种逃跑的能力就会非常有利。

在猎物用以逃离掠食者的进化驱力和掠食者捕捉其猎物的进化驱力之间，存在着一环凶险的联结，人们经常将其称为“军备竞赛”。比猎豹跑得更快的羚羊可以活下去，但猎豹却会饿死。所以掠食者必须变得更快，而羚羊此时就置身于巨大的压力之下，它也必须跑得更快，如此往复。什么时候是个头呢？在某个地外行星上，是否存在超音速运动的掠食者和猎物？也许这一过程将永无尽头——动物会一直变快直到光速吗？不，当然不能。 74

不管是在地球上，还是在宇宙的其他地方，自然选择都有一条最基本的原则，即永远存在成本与收益的权衡交换。在你增强自己某些方面能力的时候，势必削弱另外一些方面的能力。从最简单的层面上

---

* 参见彼得 .D. 沃尔德（Peter D. Ward）与唐纳德・布朗利（Donald Brownlee）著《珍贵的地球：复杂生命在宇宙中因何稀有》（*Rare Earth: Why Complex Life is Uncommon in the Universe*）。

** 参见德克・舒尔茨 - 马库赫（Dirk Schulze-Makuch）与威廉・拜恩斯（William Bains）著《宇宙动物园：许多世界中的复杂生命》（*The Cosmic Zoo: Complex Life on Many Worlds*）。

说，能量是有限的，有限的能量或被用于驱动自身更快的速度，或被用于产生更多的后代。你可以想象，在某个世界中，猎豹和羚羊使用自己所有的能量让自己跑得更快，而这时，二者之中的某一个选择跑得稍慢一点，但却用这部分节省下来的能量产生了更多的后代，那么此时它就获得了更大的优势。最终，生物在其他方面的条件总会对过剩的特征加以限制。而如果对这些过剩的特征加以观察，我们就会发现，其变化完全是因为生物在这种特征上付出的成本与获得的收益之间的平衡产生了严重的偏斜。举例而言，如果某种动物能将自己加速到一个现象级的超高速度，其原因不外乎下列二者之一：要么是因为加速所需的能量非常廉价易得，要么就是因为掠食者的威胁大到不可思议。

另一个世界是否可能存在某种进化出超音速的羚羊呢？这是一个有趣的思想实验，同时也为我们展示出自然选择的另一个重要特征，即在进化的每一个台阶上，生物必须获得切实的收益。进化出超音速运动的能力存在着非常大的问题，因为不管在何种介质中（在地球上一般是空气或水中），当运动的速度接近音速时，就会产生激波，后者会耗散掉物体在加速过程中使用的相当一大部分能量。所以，在你的速度超越音速之前，运动的效率会变得非常低下——你的很大一部分努力都转换成了激波，而非速度。虽然人类的工程师解决了这个问题，而且发现一旦突破音障，你之前的所有努力都是值得的［这也是1947年查克·耶格尔（Chuck Yeager）在X-I超音速火箭飞机上取得的突破］，但自然选择中并不存在这个“一旦”。自然选择没有先见之明。如果动物在接近音速的水平上得不到任何收益，那么它们也就没有理由进化成更快的动物。

在地球上，空气中的音速约为340米/秒——这比猎豹最高速度的十倍还要快，也是游隼（地球上最快的动物）俯冲速度的三倍还多。但相比起水中而言，在空气中高速运动显然更容易，旗鱼30米/

75

秒的速度可以媲美猎豹，但声音在水中的传播速度是1500米/秒，所以地球海洋生物在追赶音速的道路上还有很长的一段路要走。液体或气体的密度越大，阻力也就越大，而动物进化出超音速的可能性也就越小。即使是在其他的行星上，生物或许生活于其他的液体之中（比如甲烷液体），但超音速生命存在的可能性似乎也很小。在气体中使用喷气助推的方法——我们所知的唯一一种能够超越音速的加速方法——可能也是唯一一种可以让动物达到超音速运动的进化路径。但它们仍面临着进化过程中每一步都必须获得切实收益的问题，在每次提高自己速度的时候动物都必须获得回报，否则，生命就无法向超音速进化。

成为会动的动物

想要足够自信地掌握一份完整的，关于其他行星上的动物运动的所有不同方式的名册，我们就必须以非常系统化的方式进行这一工作。我们可以用地球上的例子来观察动物在对环境的适应过程中，当它们面临某些特定问题时，是如何克服这些挑战并进化的。对于那些我们在地球上所见的运动方式而言——而这些方式也很可能涵盖了运动绝大多数的可能性——我们可以研究这些机制的进化过程，研究引起动物获得并使用某种能力背后的环境因素，以及研究为何这些动物进化成了现在的样子而没有继续进化。这对我们的研究来说是非常优秀的指引，为我们点明地外行星上可能情况的方向，以及在何种条件下，某种运动方式因何相较其他运动方式更为有利。幸运的是，限制运动的条件都非常简单，而且也被物理的规律所束缚，后者在宇宙中的任何一颗行星上都是相同的。

牛顿告诉我们，没有力就没有加速度。而这一简单的事实存在于所有动物运动的原理背后。如果无法施加一个力，就没办法开始运 76

动。当你看见鸭子在结冰的池塘上奋力地挥动着脚蹼但只能原地打滑，就很容易明白这个道理，但在你看到它挥动翅膀飞上天空时，其背后的原理就不那么显而易见了，因为这个挥动翅膀的动作看起来似乎并没有作用在任何东西上，准确地说，缺乏受力的对象。但事实上，在固体表面的运动与在某种稀疏介质（比如空气和水）中运动的对比，正是我们赖以区分不同的运动方式的线索。

首先，让我们确定几个定义和几个基础的区别。空间要么被某些物质填充，要么就是空着的。我们先把真空中的运动放在一边，专心考虑你可能在充满何种物质的空间中运动的问题。你可能会想在某些固体中运动，就像鼹鼠或蚯蚓一样——我们稍后再讨论这个问题，因为鼹鼠和蚯蚓是否真的是在“固体”中运动并不完全像看起来那样直截了当。但如果，充盈在空间中的物质不是固体，那么它就一定是流动状态的，而绝大多数运动都发生在流体之中，原因显而易见，流体中的运动比固体中更为简单。此处，“流体”这个词指所有可以流动的物质——当你在流体中运动的时候，流体会围绕着你运动，而这一特征也让运动更为简单直接。液体和气体都是流体，虽然平时流动这个词一般都是用来描述液体，而非气体，但气体显然也会围绕着运动的物体而运动，这一点对我们讨论的目的而言也非常重要。

液体和气体之间存在两个重要的区别。首先，液体通常（但并不总是）比气体更具黏性，也比气体密度更大。液体中的运动受到的阻力更大，这可以是一种缺点（运动会变慢），也可以是一种优点（液体给运动者提供了更多施力的对象）。试想一下，在水中游泳多么简单，而在空气中仅靠挥动你的两条胳膊，需要用多大的力气才能把自己向前推进！第二个区别是，气体一般会充满盛放它的容器，而液体则倾向于在容器的底部积累。这种情况也有例外，但背后的原理却十分重要，由于在绝大多数时候液体受到重力的作用会保持在容器的底部，所以液体总有一个位于顶面的表层，在地球上，位于海洋之上的

77

大气界面在生命的进化历程中的作用至关重要。

如果你是某种生活在流体中的动物，比如说在水里，那么你的生活状态有三种可能性：漂着、沉下去，或者你的浮力恰好能让自己不沉不浮地保持处于这种液体中的稳定位置。如果你的密度比你所处的液体的密度更大，你总是会沉下去，如果你无法对自己的状态做些什么，那么最终会沉到液体的底部。在这种情况下，你面临的问题是如何在液体和固体之间的交界面运动，而这也是蟹、海星等其他所有生活在海床上的生物所面临的问题。面临相同情况的还包括所有人类日常能见到的生活在地面上的动物，狗、猫、人，等等，我们的运动区域是固体（地面）和流体（空气）之间的界面。

当然，这一切的前提是，重力是这颗行星上最主要的力。我们有足够好的理由相信，重力主宰了大部分行星上动物的生活：在物理学的范畴内，重力是唯一一种能在正常的距离之下正常作用的力。可以想象，在某些拥有强磁场的小行星上（其重力的作用很小）生活着很多铁基生物，这些物体可能会被向各个方向吸引。在这种行星上，“向下”并不一定意味着“朝向行星的中心”（如地球上，重力把生物固定在地表），而是在某地方，生物会被磁场向上吸引到某些位置，而在另外的一些地方则会被吸引至别处——那里没有绝对的上和下的概念。但是，在我们假设中的这些铁基生物所寓居的星球上，所需的固定其位置的磁场可能过于强烈，以至于也许会把任何复杂的分子撕扯开来。对于这些奇怪的可能性，我们可以尽可能地敞开想象力，但无论如何，这些想法无法影响我们对引力星球的考虑。 78

某些动物会沉下去，但它们主观上并不想沉没。最明显的例子就是鸟类。当鸟类飞行时，它们在流体中运动，而且并不会沉到地面上，但这种飞翔的状态并不是它们的自然状态——如果鸟类停止保持自身的飞行，它们终将落回地面。有很多种海洋生物也面临着相同的问题——不过，因为这些动物的密度并没有比水大很多，而且水的黏性也比空气大很多，所以就算它们停止保持漂浮的状态，当它们沉入水底的时候，其后果远没有鸟类从空中摔落时那么严重。举例来说，章鱼一般会在海床上用触手爬行运动，但当它们需要游泳的时候，就会用喷水的反推作用在水中迅速移动，离开海床底面。

请注意，绝大多数能够脱离重力飞行的物种都只在少数情况下起飞——因为相比起服从物理规律，老老实实地在自己所处的流体底面移动，飞行需要更多的能量。所有见过乌鸦懒洋洋地站在地面上觅食的人都知道，乌鸦对飞到天上去这件事是多么不情愿。但事实情况也并不是总这样。某些动物（大多是微生物）终其一生都尽力保持漂浮状态，它们会将体表微小的毛发当成桨，持续挥动，克服无休止的重力作用。微小的体形意味着那些微生物保持漂浮状态时所需的能量相对要少得多，而且，相对于沉没在水底的淤泥之中，漂浮在水体中的生活给它们带来的好处让它们付出的所有努力都是值得的。在比地球更小、重力也更弱的行星上，我们或许可以发现更多、体形更大的动物漂浮在水体之中生活。

某些动物的密度比它们所生活的流体的密度更小，所以它们会一直保持漂浮状态。在地球上，保有这种特征的动物大多是呼吸空气的海洋生物，比如海豹，对于这些动物而言，如果它们上浮时所需的能量比下潜时所需的更少，情况就会更为有利。它们的世界是上下颠倒的，如果这些海洋生物停止游动，它们就会“回落（上浮）”到水面，
79 其运动就如同鸟类需要努力保持飞翔一样，只不过海豹的“飞翔”是努力潜入海底。

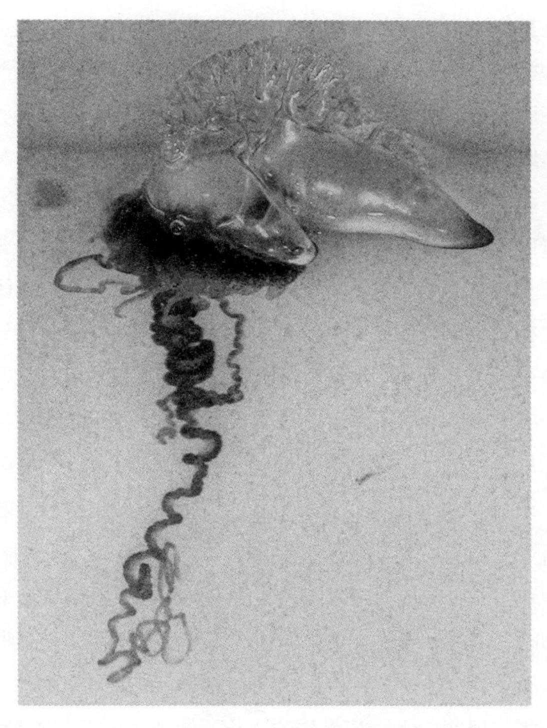

僧帽水母（Portuguese man o'war）长着一个充满气体的囊状器官，它们利用这个器官漂浮在海面之上。僧帽水母缺乏独立运动的能力，只能随波逐流，用带蜇刺的触手捕猎。

80

对于不呼吸空气的动物来说，漂浮在水面上就如同鸟类落在地面上一样不便。但某些不呼吸空气的动物还是保持着终生漂浮的状态。灰六鳃鲨（bluntnose sixgill shark，译注：又译“钝头六鳃鲨”，一种生活在深海的大型鲨鱼）的身体似乎比水更轻，人们推测它们的这种特征是用来从下方悄无声息地上浮以接近猎物。但还是有一些不呼吸空气的动物进化成了漂浮状态，因为它们可以从这种位于水面和空气之间的生活中获得好处，而僧帽水母就是一个最著名的例子。这种长得像海蜇一样的生物用充满空气的囊让自己一直漂浮在海面上，捕食聚集在那里的小鱼和浮游生物。但僧帽水母只能漂浮，它没有离开水面下潜的能力，就像大象被困在空气和地面这两种物质之间一样，但与大象不同的是，僧帽水母没有在这一界面上独立运动的能力。

很多海洋生物——人们所知的主要是各种鱼类——其身体的密度都是浮力中性的。浮力中性意味着它们与周遭的流体的密度是永远一样的，所以既不会沉下去，也不会浮起来。它们通常用体内某种充满油脂的特殊组织控制身体密度，而这种油脂比环境中的流体密度更小，或者它们也可以用某些特化的充满气体的器官中和自己的体重。这些动物在运动方面几乎是最为自由的。它们可以前后移动，只受自己所处环境中流体的摩擦和阻力限制。但这还不是最让人印象深刻的能力，一旦开始运动，围绕这些动物身体的水就开始在其周边流动，它们可以改变水流的方向（比如用鳍划水），从而产生更多的运动：向上、向下、来回转圈，等等。在流体中向前的运动为它们打开了向任何方向运动的可能性，同时也能转圈、转向。人类观察者对这些流体在动物的运用之下所展现出来的性质感到十分茫然，而这些流体的动力学运动极其强劲，其背后的原理也为我们解释了空中和水中的动物所展示出的那些令人眼花缭乱的飞行（游泳）技巧，不管是蝙蝠，还是椋鸟的鸟群，抑或是从鳀鱼到斑马鱼的所有鱼类，以及海豚，等等，所有拥有操控水和空气的能力的动物。

在某种流体中，一旦浮力中性的动物开始运动，它就会对这种流体流向的微弱变化变得极其敏感，而运动也会变得不稳定。这个时候，用以维持稳定运动的器官——比如鱼鳍——就必然得到进化。这些器官反过来则可以轻易地被用以改变流体的流向，同时增加动物对自身运动的操控性。只在地球动物的身上发现这些不可思议的、用来81操纵流体动力学运动的器官是几乎不可能的，地外行星上也很有可能充满了——不一定非得是鱼——像鱼一样运动的动物。

不同流体环境中运动

浮力中性与单一流体中的运动

如果你生活的环境中充满了单一流体——不管是水、空气还是液态甲烷——在运动的时候，你都需要对某种非固体的物质施力。某些挥动肢体或者游泳的动作都至少会产生一些力，而这也确实是大多数动物所采取的办法，通过向后推动流体，可以产生向前的推力，其原理与喷气式引擎相似。但动物在流体中游动的具体机制的复杂程度其实超出人的想象，而且人们也惊奇地发现，这些原理尚未得到完全的解读。举个例子来说，想象一下在泳池里的人，如果他向后打水，就会产生一个向前的力，但推完水之后呢？他必须把手移动回原来的位置以便再次做出打水的动作，可是，这个移动的动作又会产生一个向后的推力，而这个推力与刚才的推力互相抵消，他只能保持原地不动。当然，人很快就学会了蛙泳，通过改变手的形状，减少手部回到身体前方时产生的向后的推力，或者人也可以采取自由泳的姿势，手回到身体前方时在空气中挥动，而不是在水中，从而避免产生向后的推力。

动物在飞行和游泳的时候采取了相似的技巧，改变产力机制（翅膀、鳍等器官）的参数，从而避免往复运动中产生的力相互抵消，不过这种改变给动物运动带来的收益微乎其微。有个非常有名（但并不正确）的说法是，根据物理学的法则推测，大黄蜂飞不起来，可是尽管大黄蜂对物理定律一无所知，它们还是飞得很欢快。事实上，单单通过挥动翅膀，绝大多数昆虫、鸟类和鱼类都飞（游）不起来。可真实情况是它们却是都能飞（游），因为它们在运动的过程中会采取各种微小的流体动力学方法增加自己所能产生的力。举例而言，绝大多数运用流体动力学运动方式的动物都会利用涡流，（就是你在泳池中

82

蜂鸟和鱼类向前推进的运动都是由旋转的流体（空气和水）所产生的微小涡流所驱动，这种涡流会产生反向的推力，从而将动物向前推进。

83

划水时看到的那些小漩涡，）而这些涡流正是动物在产生动力的动作中制造的副产品。涡流由快速运动的流体构成，而如果能捕捉到这些涡流，它们就会提供额外的推力。很多鱼类在游动的时候会左右对称地摇摆尾部（不像人类蛙泳划水的动作），这种摇摆往复中没有改变任何运动参数，那它又是如何产生持续向前的推力呢？答案也隐含在涡流之中，但人类理解涡流还是非常浅近的事情，最近关于鱼类尾部水分子运动的影像学发展为人类揭示了涡流对动物运动的极大重要性。* 鱼类尾巴左右摇摆的快速挥动在水中产生了旋转的圆圈，就像烟圈一样，改变了鱼的运动方向并将其向前推进。

外星世界的生物运动于流体（液体或气体）中似乎也是可能的情

* 关于此种作用的倾向，请参见马特·威尔金森（Matt Wilkinson）著《无休止的动物》（*Restless Creatures*）第 4 章详细的描述。

况，但产生足够强大的净推力对任何流体的性质而言都是基本的挑战。任何流体中都会产生涡流——大黄蜂也没有任何除涡流以外的方式能让自己飞起来——自然选择就如同流体中的涡流一样，在任何其他的行星上都会抵达相似的解决办法。外星的蜂和地球的蜂一样，飞起来都会嗡嗡响。

除了鸟类和昆虫的翅膀、鱼类的鳍这些明显呈桨状运动的器官，在流体中运动还有其他的方法。正如上面所提到的，微生物可以用包裹在周身的细微毛发［称为“纤毛”（cilia）］通过有节律的挥动在水中助推自己前进。在绝大多数情况下，这种使用纤毛运动的方法只适用于体形微小的生物，但栉水母（一种最为古老的生命形态，且与真正的水母的亲缘关系相对不近）却可以不可思议地利用涟漪波动式的舞动纤毛在水中以非常温和的速率推动自己前进（1~2 厘米 / 秒）。

另一种更具有戏剧性的运动方式是鱿鱼、章鱼和长得像化石一样的鹦鹉螺等动物所采用的喷射式助推。这些动物通过向后方高速喷射水流产生一个短暂的、向后的力，从而将自己推向前进。这种反推式的喷射可以用于逃离掠食者，鹦鹉螺会经常使用这种喷射式的运动，而鱿鱼和章鱼却只把这种运动方式作为最后的撒手锏——因为相比起鱼类和鸟类所使用的划动运动方式而言，喷射式运动的效率似乎没那么高。再者，类似鱿鱼射式的运动也被鱿鱼的另外一门亲戚所采用，那就是菊石，它们在远在 3 亿年前的一段时间里普遍采纳了这种方法。在适当的情况之下，在其他星球上，喷射流体的运动方式看似是完全合理的移动方法。

85

流体几乎不会保持静止。最为要紧的是，流体中的温度差——有时是由上方的阳光照射导致升温，有时是下方的炽热岩石加热——导致了流体密度和压力的差异，从而在流体内部产生了自发的流动。动物可以放弃自身的运动，让流动带着它们流向任何地方，而很多很多种浮游生物以及其他的一些海洋生物正是这样做的。但流体介质本身

古代菊石的重构图。

的固有运动也有另外的效果：流动可以以令人惊讶的方式被利用于产生向其他方向的力，所以动物可以用自身很小的运动动作产生强大的运动结果。

正如我们所知，鸟类比空气重，所以鸟类自然倾向于坠落，而坠落的后果对鸟类而言是毁灭性的。但鸟类可以通过将自己的翅膀调整至恰好的角度，利用气流产生向上的力——升力——平衡掉自己的体重。通过这种方式，鸟类像水里的鱼一样魔术般地变成了浮力中性的动物，而这种由气流产生的升力和人类发明的飞行器保持空中姿态的力是一样的。如果你还不太明白飞机引擎为什么朝向后方而不是朝向下方（正如大多数人的困惑一样），你可以想象，飞机通过向前的运动使空气流过机翼，而这一流动过程为飞机产生了足够的升力。

在一定程度上，滑行状态下保持飘浮的姿态限制了鸟类飞行的灵活性，因为这种利用气流的方法不允许它们自由选择飞行的方向。但正如空气的流动可以产生向上的力一样，鸟类也可以变换翅膀的形状，产生向左或者向右的力，这一过程与滑翔机飞行员可以在某种程度上控制飞行器的方向一样。鱼类和昆虫将自己的体形进化得相当长，在利用流过鳍和翅膀的流体产生力的时候也使用了大量的能量，但信天翁却能利用不间断的海风保持飘浮的状态，还能利用风移动。

此处，我的观点一直是强调流体中运动的困难性——不是因为地球上各种流体运动介质的性质，而是对于所有流体介质而言，其无定型、易流动的特殊性质让动物在其中的运动无所抓握。但在另一方面，生活在流体中的好处也非常卓越：在流体中运动的障碍要比在固体中小得多。因此，动物在利用流体介质进行运动的时候发现了各种各样的方法。昆虫会在空中飞翔（虽然飞得不高也不快，但相对于它们弱小的身体而言，已经令人叹为观止），海豚会在水中旋转、转弯，水母则懒洋洋地划着水，而菊石则曾经在海洋中借助喷水的动力游弋。虽然我们尚不能断定动物是否已经将每一种在流体中运动的方法都开发出来，但地球上的流体运动介质（主要是水和空气）却似乎并没有什么特别之处，只适用于水和空气的运动策略并不存在。虽然人类尚不能排除在其他的世界上存在其他新奇的运动技术的可能性，但我们至少可以自信地说，在地球上见到的这些流体介质运动技巧在其他的行星上也可能看得到。

相比起空气或其他的气体而言，在水中（或其他液体中）保持浮力中性的状态显然要简单得多，空气的密度比水小差不多1000倍，所以液体和气体之间存在着某些非常重要的差别。几乎没有什么固体的物质能在空气中飘浮，而且我们也已经了解，人类探索大气的难度要比动物探索海洋大得多。但在理论上，我们还是可以想象出一种身上长有气囊的飘浮在空中的动物，气囊中充满多种细菌和其他微生物在代谢作用中产生的氢气。通过这种运动方式，周游世界可能都会变得异常容易。这种动物可以以空气中的“大气浮游生物”为食，其摄食方式与生活在海洋中的蓝鲸相似，后者会采食大量的磷虾。但与同

86

样飞行在空气中的燕子和蝙蝠所不同的是，相比起后两者在捕食的过程中为了追逐同样能够飞行的猎物所花费的大量能量，这种不用费力就可以飘在空中的“空中鲸鱼”并不需要在摄食方面浪费力气，它们吃掉自己所过之处的微生物就可以了。

这种想象中的生物赖以飘浮的器官被称为“福廷囊”（Fortean bladder）*（或者更直接地被称为“空鳔”**）。但这样的生物在地球上并不存在。可是，在其他的世界上，福廷囊是否也不存在？抑或普遍存在着？人类利用氢气探索天空的时代在兴登堡飞艇的爆炸中结束了，但对于动物而言，这种毁灭性的爆炸的危险是否是它们未能在福廷囊的进化道路上继续前进的原因？我们虽然不知道这个问题的答案，但动物没能采取这种方式继续进化一定也另有理由，而它的答案其实蕴含在“黏度”这个概念的背后。在水中，即使小型生物的密度比水更大，但它们也几乎不会下沉，水流和旋涡倾向于将它们混入其中并保持悬浮的状态，就算是用柔弱无力的鞭毛在水中划动，也足够让它们的微小身躯保持在水中某个相对固定的位置。但在空中，情况就不一样了，在稀薄如地球大气一般的流体介质中，即使是微生物也必须拼尽全力才能保持飘浮，仅靠鞭毛的挥动完全不够。只有空气的流动——固然一般很强劲——才能让生物体保持空中的飘浮状态。事实上，在地球上，在两层楼的高度上就已经没有任何空气浮游生物了，所以也就不存在足够养活空中飘浮的鲸鱼的食物。但其他的行星环境可能对福廷囊或空中鲸鱼的存在更为友好。在某种更为稠密的大气中——比如类似木星这种巨型气态行星——微型生命体可以在空中停留很长时间，长到足够满足整条食物链和整个生态系统完成围绕其所展开的进化。但是，这样的思想实验又会将我们引领至新的问题。

* 参见西蒙·康威·莫里斯著《生命的答案》。

** 参见卡尔·萨根著《宇宙》（*Cosmos: The Story of Cosmic Evolution, Science and Civilisation*）。

小型行星的引力作用更弱，那上面的物体更容易脱离大气进入太空。火星的引力是地球上的三分之一，而火星大气的密度也比地球大气稀薄 200 倍。目前，人类对类木气态行星上的大气行为的理解还甚为有限，但从我们可以观察到的情况来说，其大气运动却甚为剧烈，并不适宜生命的进化。

有些人推测，金星大气的云里可能存在着微小的生命，正如我在本书第 2 章中所提及。但对于一整个生态系统的发展而言，如果空中浮游生物以及以之为食的空中鲸鱼的进化想要发生，生命体就必然需要在进化得更大的过程中保证自己不坠落。生活在液体中的动物在不断随着进化变得体形更大的时候，保持浮力中性还比较简单，但在气体中，生命体越变越大就必然伴随着其飘浮器官（比如充满氢气的囊）相应的变化。这种情况不太可能发生，但也绝不是全无可能。不过，如果在那种地方真的存在生命，我们也更应该在地球的海洋中以食浮游生物的动物为类比，而非地球大气中的生物。

固体与流体间界面上的运动

我们人类是被困在地面上的。与我们一起被困在地面上的还有毛毛虫和大象，但我们过得还不错。但人类的另外一些亲戚，比如猎豹和鸵鸟，似乎成了这一界面上的运动专家。动物在固体表面上的运动 88 方式大概是地球上最为重要的一种运动形式，因为最初的细胞，或最初的生命有很大的可能性就是诞生在固体和液体的交界面上。* 人类掌握确凿证据的最初生命形式，也就是上文曾经提及的叠层石，就是在固体的表面形成的，而且那些曾经在叠层石上以之为食、大快朵颐

* 在生命的起源方面，有一个重要的理论是说，其化学反应需发生在裸露的岩石矿物质表面上，且浸润含盐的液体。生命体富含脂质的成分在矿物质表面聚集、起泡的情形，类似于比萨饼烘烤过程中表面芝士熔化起泡的过程，所以这一理论假设也被形象地成称为“原生质比萨饼”。

的单细胞生物也是在那一固体表面上运动的，其上覆盖着某种液体。毋庸置疑，最古老的生命形式肯定与这种运动方式有着非常紧密的联系。重力会把所有的物体向下拽，而向下的最终目的就是地表，地外行星基本也会存在地表结构，所以在那里的生命又该如何在固体的表面上移动?

相比起在液体中悬浮而言，站在固体表面的时候，产生一个向前推动自身的力要容易得多。但是物理学的规律却把你再一次扔进了一个恶毒的矛盾中：如果想把自己沿着固体表面推向前进，就必须存在摩擦力，但摩擦力会减慢你的速度。任何试过滑冰的人都会对这样的情形感到熟悉，熟练的滑冰者可以以非常快的速度运动，但对于初学者而言，我们能做的只有在冰面上无助且不受控制地朝各个方向不停摔倒，完全无法控制自己的行动。地球上最先学会运动的动物可能与单细胞的变形虫类似，它们在固体表面移动的时候，先会伸出自己身体的一部分，然后用这部分细胞将自己身体的其余部分拽过去。在这种运动方式中，最关键的问题在于，整个机体细胞在运动的全程中与运动表面保持接触。滑行的机会不多，但与之相矛盾的是，这种运动也必须浪费很多用于克服摩擦阻力的能量。你在家里就可以轻易地做这个实验：平躺在地摊上，试着向前伸出身体再把身体其余的部分拽过去，在整个过程中身体的任何部分都不能离开地毯。这种运动很89难，而且缓慢。如果想要把身体从这种摩擦力中解放出来，同时又能利用摩擦力制造牵引的效果，就意味着你必须与地面保持较小的接触，具体说，就是用腿把自己的身体与地面隔离开来。

腿，可以说是一种现象级的适应结果，我们很难想象一个完全没有进化出腿的世界。有腿的动物可以用这个器官将自身与地面的摩擦最小化，却又同时保有利用地面推动自己的能力。在所有生活在地表——不管是陆地还是海床——的地球动物中，只有很少一部分（特别是像蜗牛和鼻涕虫一类的软体动物）至今仍然保持着不用腿运动的方法，但绝大部分地表动物全都用腿把自己与摩擦力巨大的表面提升开来。而软体动物也充分开发了不必要用腿才能运动的生态位——它们用一种独特的分泌黏液的方法解决了摩擦力的问题——但蜗牛却也是出了名的慢吞吞。虽然外星或许存在着与鼻涕虫处于相同生态位的生物，但这种生命形式应该也不太可能成为主流。在几乎任何环境中，有腿的生物都会比黏液生物更具速度上的优势。蛇虽然也没有腿，但它们却进化自有腿的蜥蜴祖先，而且蛇也适应了钻入地下的生活。所以，腿绝对是在固体与流体之间界面生存的生命形式所演化出的适应结果，如果一种生物生活在地下或者漂浮在水中，腿就变成了多余而碍事的累赘。

腿在节肢动物身上尤为显著，其中最为人们所熟知的情形就是昆虫、蜘蛛和螃蟹。而在脊椎鱼类身上，还存在着另一种由非常独立的进化过程发展出的腿，这些鱼类将自己的鳍（用以在水中推进自己运动的器官）进化成了鳍肢（用以在地面上将自己的身体与地面隔开）。诸如肩章鲨等很多鱼类至今都保留着在海床上用鳍肢行进的方法。* 但在这两种腿的进化结果中，最关键的区别是人类的腿与蜘蛛腿之间完全不同的结构。节肢动物有坚硬的外骨骼，柔软的身体被保护在腿部结构的内部，而脊椎动物的骨骼则被包裹在外部柔软的肉体组织中。为了解决在地表上运动的问题，这两种进化路径运用完全不同的机制，却在功能上殊途同归。哪种更好呢？哪种都没有比另一种更好，或者说，这个问题根本不重要。每一种进化上的创新都是基于——且限于——生物祖先身体结构的细节。脊椎动物的腿之所以长成现在的样子，是因为鱼类拥有内骨骼，而非只有这样才能让猎豹达到 100 千米 / 时的最高速度。而我们所见节肢动物的腿现在的这种结构是因为外骨骼可以很好地保证陆地上的生物不致过于干燥，而它们 *90*

* 参见马特·威尔金森著《无休止的生物：10 种运动状态下的生命故事》。

肩章鲨利用长长的、像腿一样的鳍在海床上行走。这样的鱼鳍正是人类腿部结构的祖先，与蜘蛛或甲虫的腿部非常不同。

保证自己身体不致干燥的能力正是节肢动物成功存活到今天的关键因素。

这一事实给我们带来的重要启示，是地外行星的生命也很有可能有腿这一器官——但并不一定是我们所熟知的腿的样子，它们的腿的结构也将受到它们的进化历史的限制。如果外星生命所寓居的世界也拥有固 - 液界面（且不仅是在无尽的深海里）的话，那么腿似乎就必然存在。但它们的腿应该从一系列其他不同的起点进化而来，最终也形成一系列不同的行走解决方案。

除了节肢动物和脊椎动物的腿，人类还在地球上发现了另外两种行走的办法（当然，除去这四种以外，还有一些其他的腿部结构，比如章鱼的腿，但那些器官的主要功能是为了抓取和操纵食物以及其他的物体，而非将动物的身体与地面分离）。天鹅绒虫 [velvet worm，虽然被称为“虫”，但它们事实上并不是蠕虫（worm 类昆虫的亲戚）] 的身体两侧各有一排特化的肉芽形状的足，与节肢动物或脊椎动物不同的是，这些足状肢体的结构中没有任何坚硬的组成部分，而是一些充满液体的凸起，这种动物的运动是通过交替伸展这些足配合身体不同部位的伸缩完成的。它们的运动动作非常像蠕虫，但与蠕虫不同的是，蠕虫会将身体全部贴在地面上，但天鹅绒虫只有足部下方与地面接触，这就让它们的运动变得安静无声，也让它们变成了有效的掠食者。这种行走的方法在地球上已经存在了很长的时间，而天鹅绒虫的古老祖先也很有可能是人类曾经见过的最为奇异的化石之一。怪诞虫（Hallucigenia）生活在距今五亿年前的地球上，其保存精巧的化石十分难以辨认，其身体上方的成排脊刺和身体下方的足过于相似，以至于人们曾经一度错误地将它们复原成肚皮朝上的样子。* 但无论如何，我们都确凿地知道，这种貌似异型的生物确实曾经在古老的海床上用它们异乎寻常的腿爬行而过。

地球生物的第四种腿是棘皮动物的腿——海星、海胆等——它们的腿的创新性结构比怪诞虫还要奇异。海星和亲戚们长有一层有微孔的坚硬外壳，通过收缩肌肉和控制微孔内水门的开闭，棘皮动物可以升高体内不同部位的水压，从而将体内的某些组织通过外壳上的小孔挤出体外，形成短小而粗壮的足，这些肢体被称为“管足”。为数众多的管足可以将棘皮动物的身体从海床上抬升起来，再通过进一步伸展和收缩身体不同部位的管足，就可以达到在海床上行动的目的。有趣的是，棘皮动物的管足在运动方面并不协调，完全不像我们在其他用腿运动的动物身上所见的情形（马、甲虫，甚至是天鹅绒虫），不

* 参见斯蒂芬 .J. 古尔德著《奇妙的生命》。

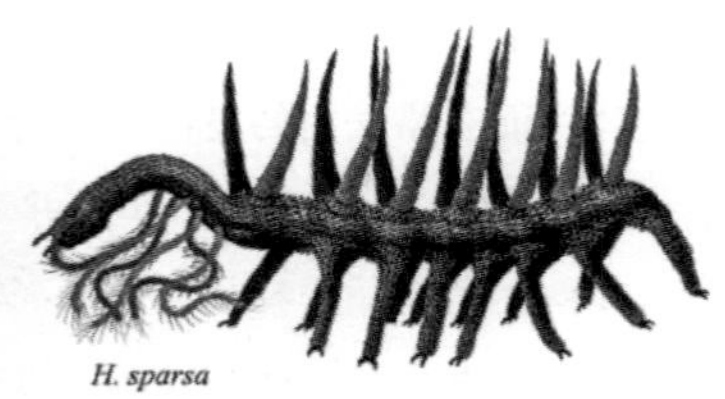

左：现代天鹅绒虫，长着肉芽状充满液体的足。
右：已灭绝的怪诞虫的艺术化呈现，被认为曾使用与天鹅绒虫相似的方法在海床上行走。

过，棘皮动物身上看似混乱无序的这些运动器官仍然能够帮助它们前往自己想去的地方。这种“腿”对我们来说是一种重要的提醒，人类熟知的那些动物在进化过程中找到的传统方法（经常也是发生在人类身上的情形）其实只代表了所有可能性中的一小部分。想要设想出外星生态系统的状态，我们远不用不着边际地展开幻想，只需要对地球上已经存在的进化结果的多样性更近距离地看上一眼就已足够。

那么，在何种行星上可能会大规模地生存着使用与人类不同的腿部结构的生物呢？棘皮动物的运动方式令人印象深刻，但它们却走得很慢——海胆一天一般只能挪动几厘米远。所以，充满动作迅捷的掠食者的世界不太可能产生种类多样的使用管足运动的生物。诚然，绝大多数海胆都长满了尖锐的刺，所以对于游速更快（指受限于流体介质而言的相对速度）的鱼类或者章鱼以及其他（生活在海床上的）掠食者而言，它们也不是什么好食物。拥有为数众多的管足的潜在好处之一是能够在崎岖不平的表面上运动，在海星通过有裂隙的岩石表面时，其管足可以很好地“蹬踏”在任何形状的表面上，这是一种非常出众的能力。尖锐的刺状表面或许会刺穿大型的足部结构，但像管足这种又小又多的运动器官却可以帮助海星在碎玻璃上安全通过。

更重要的是，对于摩擦力非常低的表面而言，大量的腿和管足也能派上很好的用场。在滑溜溜的表面上，一条腿只能得到非常小的受

海盘车海星（sunflower sea star，又译葵花海星）的管足。

力，提供很少的动力，但很多条细小的腿却能将足够多的力集合起来，让移动成为可能。如果在光滑表面上再加上黏度非常大的流体介质，那么相比起我们假设中海胆一样的外星人而言，以腿为运动基础的传统动物在运动方面就处于非常显著的下风了。这种运动就好像试着在倒上油的不粘锅里走路，液体越是黏稠，动物在尝试加速时需要向后施加的力就越大。

94

将上面的分析总结起来，我们发现，腿在几乎任何拥有运动表面的生态系统中都必不可少。腿能减少摩擦，从而增加动物的运动速度，而速度在动物掠食和躲避掠食者的时候都是核心问题。有限的资源、时间（在此处体现为速度）的重要性，就如同空间和能量。但是，生态系统中究竟会发展出怎样的腿部结构却取决于两件事情：固体表面的性质（光滑或崎岖、摩擦力的高低），以及固体运动表面上的流体（黏度的大小）。幸运的是，在地球上，我们拥有足够多样的进化结果，在我们思考几乎无法想象的各种外星世界的情况时，至少给人类提供了潜在机制的解释。

地下生命

最后，我们必须考虑那些穿行于固态地面中的生物。在固体中运动乍听起来似乎不太可能，而在某种意义上，这种运动确实也无法实现，因为固体不能像液体一样围绕着你流动。但对于鼹鼠和蚯蚓，以及其他一些在海床中掘洞藏身的动物来说，它们还是成功地在这种介质中生存了下来，并在貌似固态的环境里得以运动。不过，与那些动物微小的体形相比，它们的运动环境其实并不是真正的固体，而是空隙间充满了各种流体的固态颗粒的集合。地下动物大多以将前方的固态颗粒推到两侧的方法进行运动，或者是摄取前方的颗粒再将颗粒放置在身体之后——有时是吃掉并消化其前方的固态颗粒，再从身体后方排泄出来。达尔文本人就对蚯蚓的一切感到着迷，他仔细地观察了蚯蚓的运动机制：

蚯蚓掘洞的方法——有两种方式，分别是将土壤向两边推开，或者吞掉前方的土壤。在第一种方法中，蚯蚓会将自己身体前部的顶端缩小并向前插入任何细小的裂隙或空洞之中，然后（正如毕雷所说），蚯蚓再将咽部从体内推向头部尖锐部分，其结果是身体的前部膨大，将土壤向四周推开。*

95

蚯蚓通过用身体前部与四周土壤的牢牢接触，将自己身体后面的部分拉向前进，而就同蚯蚓有节奏的蠕动动作一样，其他地下动物，比如鼹鼠，会用自己大大的爪子把土壤推到隧道边上实现前进。这种运动的方法只有在土壤并非真正固体，且充斥着大量空气的情况下才

* 查尔斯·达尔文（Charles Darwin）著《腐殖土的产生与蚯蚓的作用，并对蚯蚓习性的观察》（*The Formation of Vegetable Mould, Through the Action of Worms, with Observations on Their Habits*）。

能实现。在很少的情况下，确实有些动物是生长在货真价实的固体岩石中的，它们要么用某种方法把岩石磋磨下去——比如不幸被命名为“无聊贝”（boring clam）的海笋，[*] 或者用酸性物质溶解岩石的另一种海洋双壳贝类，“海枣”（date mussel）短石蜊（Lithophaga）。

不过，一个全部由地下生物组成的生态系统恐怕还是难以想象的。人类相信——在暂时的把握之下——液体对于生命的存在至关重要。化学反应很少发生在固体或气体中，所以生命也必须拥有某种液体的环境。就算某个行星上拥有为数众多的地下生命，它们也很有可能是先在液体环境中进化、分化而来的。而地球上的地下生命数量有限，它们中的绝大部分也保留着与液体世界必然的联系，猫鼬会跑到地上来找吃的，贝类也会从沙中伸出虹吸管汲取海水。如果发达的外星地下生态系统真的存在，那将是我们的一大惊喜，但或许正是由于地球上地下生命的稀少导致了研究的匮乏，所以对外星世界的地下生命的猜测，可能超出了我们的想象。

96

可怕的对称性：形状与运动

到现在为止，我们的讨论一直围绕着一个地球上最重要的运动策略之一展开，但却没有真正触及这个最为主要的问题。有时候，这个特征过于普遍，以至于人类习以为常地认为世界本应就是这个样子，不再多想。这一特征为地球上几乎所有的生命所共享，我们对它的熟悉程度甚至导致人类都没有停下来思考过：在地外行星上，是否也发生着同样的状况？但之前我们一系列对大量独立运动的管足的讨论，将我们引领到下一个问题，也是所有问题中最为重要的：外星生物到底是像海星一样朝向身体的各个方向生长，且不辨方向地可以朝任意

[*] 又称穿石贝、凿石贝，一种可以用幼体外壳的锯齿摩擦岩石，逐渐钻入岩石内部生活的软体动物。

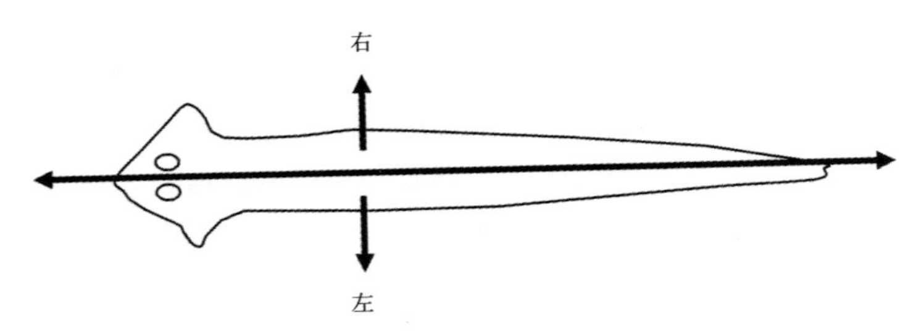

现代真涡虫，可能与最早进行直线运动的生物相似，涡虫拥有拉长的身体，可以向前缓慢移动，这样一来它就自动分出了左侧和右侧。

方向行进？还是像人类一样长着对称的身体，具有“左”和“右”的分别，于是也具有运动方向上的“前进”和“后退”的区别呢？

除了人们能够明显注意到的海绵、水母、栉水母和珊瑚等动物之外，在几乎所有现代动物身上，左右的分别都普遍存在——而拥有对称体形的物种数量占到了现今存活的所有物种数量的 99% 以上。人类将这种外观称为沿身体中线两侧对称。这种身体生长的方式对于地球上的动物在运动方面的进化的重要性不管多么强调都不为过。如果需要将身体的一部分抬起，沿着前方放到更远的位置以达到运动的效果（就像一条尺蠖在光滑的表面上爬行一样），那么两侧对称的身体结构是非常有利的。“沿着前方”就意味着你的身体在某个轴向上拥有长度，所以在这个轴的两侧就自然区分出了“左”和“右”。最初能够蠕动前进的生物很有可能与现代的扁虫（真涡虫，planarian）相似。

两侧对称对动物的运动的好处是巨大的，以至于几乎没有什么现在仍存在的动物不使用这种策略。拥有“前”和“后”的区别意味着动物天生拥有前进的方向，而运动的器官（比如腿）就可以根据这一方向特化。左右对称的结构还使附肢摇摆运动（就像催眠时摇动的钟摆一样）产生动力的作用变得尤为有效。

97

海洋中的蝠鲼和鱿鱼上下起伏地挥舞着它们的鳍，陆地上的千足虫无数细小的脚就像海浪一样波动着把它长长的身躯推向前进。在运动速度和对能量的利用效用上，任何缺乏这种对称性的动物都无法与生长着左右对称附肢的动物相媲美，无论这些附肢是腿，还是两片简单的皮肤。

但是，理解这一规则之中的例外也是绝对有必要的，其意义对于决定地外行星上可能存在的情形非常重要，以及判断其他行星上是否存在着与人类身边所见的物理构成全然不同的生命。在地球上，不属于两侧对称的少数物种大多是珊瑚和水母，其中珊瑚完全不会运动，而水母则总是懒洋洋地在开阔的洋面上游来游去，以浮游生物和其他小型生物为食。水母因何没有进化出有利于运动的对称体形的原因尚不十分明确，但它们确实面临着危险且（相对）迅速的掠食者的威胁，比如海龟。而那你或许会想，如果水母能用左右摇摆的方式游得快一点，那它们从海龟口中逃生的概率可能就会大一些。但很显然，在水母占据的生态位中，更复杂的运动方式在逃离掠食者的能力方面给它们带来的好处，并没有比保持现在这种简单的身体结构和生活方式带来的好处更多。对于生命的多样性而言，其中一种主要的内驱因素是，如果大多数个体都是一样的，那么成为不同的那个一般代表着这种特异性中存在着本身的优势。

98

有趣的是，有些两侧对称的物种在进化过程中丢掉了自己的对称体形，回归更简单的身体构造，主要可能是因为它们所生活的环境中的某些因素发生了改变，使其身体结构上的某些特征更具优势。在这种情况下，我们能了解到很多关于其他行星上的环境条件是否适合对称身体结构生物存活的知识。而我们所说的这些主动放弃对称体形的动物，正是我们的老朋友，长着管足的棘皮动物，转而进化成了放射状的星形对称形态。我们知道，海星和海胆在起源之初其实是两侧对称的动物，因为它们体形微小的幼体在游动的时候看起来应该具有左侧和右侧的区别。但当它们的幼体找到一个合适的地方安身之后，就会转变为成体的形态，其身体的一侧弃置不用，逐渐长成圆形或星形。这是为什么呢?

答案或许与它们的管足有关。在某种管足更具优势的环境中——或许是不规则、尖锐的地形，或许是地表摩擦力很低且流体黏度很大的水底——两侧对称的体形就不那么重要了。在众多独立的足支撑着它们的身体的时候，方向性似乎失去了意义。我怀疑，棘皮动物与它们在地外行星上占据同等生态位的动物一样，都在用自己成千上万只微小的管足在沙上小心地移动着，用自己的方式寻找到足够的牵引力量让自己得以运动，而在同样环境中拥有对称体形的动物，虽然移动迅速，但却总是滑倒摔跤。

外星人呢？土卫六和土卫二上的运动

到现在为止，我们已经详尽分析了运动的进化因素，那么我们又该如何对外星生物的运动状态做出预测并评估这些预测呢？在太阳系中有两颗卫星，其上富含大量可能蕴藏着生命的水体，而它们也就成了最有可能支持外星生命的环境。在土星的卫星恩科拉多斯（Enceladus，中文通称土卫二）表面厚达 30 千米的冰层覆盖之下存在咸水构成的海洋。最近来自卡西尼空间探测器的测量分析显示，这个海洋在土卫二表面的冰层之下包裹着整个星球的内核，最深处可能深达 30 千米（举个例子比较一下，在地球上，马里亚纳海沟最深处达 11 千米，但绝大部分海洋的深度都在 3 千米至 4 千米之间）。在土卫二上，其海床表面与冰盖外层的压力与温度一定相差巨大，应该不会有生命体可以自由通行于这一整个跨度之内。

土卫二上的生命要么生存在海洋与上层冰盖之间的界面上，要么生存在海洋之下的海床，或者在海洋中游弋。在最后一种情况中，地球上进化出的种种运动策略——用桨状肢体划水、用喷水推动身体，或用鞭毛的摆动产生运动——似乎就没有理由不在土卫二上同样完美地发挥着作用。但在水和冰之间的界面上就有可能存在着另外一种生命系统。与地球上动物进化时所处的海床不同，土卫二上的固体表面处于液体海上的上方，而处于这一生态位的生物则需要保持自己身体的正浮力，从而保证可以停留在冰面上，不致掉落水中。所以对它们来说，浮力很有可能取代重力的作用，成为借以保持其体态的“体重”。

这样的一整个生态系统可能在很多角度上都与海床上的生态系统类似，只是方向相反。而在土卫二冰层之下与海水的交界面上，地球海床上发展出的所有复杂系统都可以倒过来存在于其上。那里相当于螃蟹的外星生物会轻快地跑过冰层的下方，蠕虫和其他软体动物会在冰层中掘洞保护自己，掠食者的眼睛长在脸的上方，在水中游来游去，寻找着附着在冰层上的生物，找准机会，扑上去抓。即使是在地球上，冰山在水下的冰面也能给藻类和以藻类为食的动物提供一个简单的生态系统环境。不过，这种生态系统的主要问题是死去的动物几 100 乎都要沉没到海底（因为固体比水重），这样一来，生态系统中为固液界面生物提供食物的一项非常主要的来源就消失了。在地球上，死去的浮游生物的尸体会像下雨一样落在海床上，而在土卫二的冰 - 海交界的生态系统中，死去的动物会从地表“向上升起”，最终消失于无尽的深海之中！

土星的另一颗卫星泰坦（土卫六，Titan）的表面上有湖泊和河流，雨水冲刷着山峰，并最终流向大海。但是那里的温度太低，液态水无法存在——其表面温度低达零下 180 摄氏度。所以泰坦上的液体是在地球常温状态下处于气态的碳氢化合物，比如甲烷和乙烷。来自卡西尼探测器的雷达测绘表明，虽然泰坦表面的某些湖泊并不像土卫二的冰下海洋那么深不可测，但其中的某些湖泊也可以深达 160 米，几乎与苏格兰的尼斯湖相仿。如果在那些湖泊里存在生命，那么它们的生化基础将于地球生命的生化基础截然不同，几乎无法准确表述。

但是，那些可能存在的生命在运动方面所采用的机制，却可能与尼斯湖中生活着的动物们别无二致。关于泰坦表面湖泊的液体性质，我们还所知甚少，但人们认为其最主要的组分应该是液态甲烷，后者的流动性是水的六倍左右。所以在富含甲烷液体的湖中，动物们所采取的运动策略应该更像我们在地球上见到的空中运动，而不是水中的运动。以桨状肢体为基础的运动有效性会大为降低，而在这种流动性极强的液体中，使用鞭毛维持身体运动状态的方法甚至都不够将那些小体形的生命体悬浮在液态甲烷的水体中。

同时，人们仔细观察了来自泰坦水体表面的反射，发现最大的波纹也不过几厘米。或许泰坦上几乎没有风，也或许那些湖水比我们想象的要厚重、黏稠得多。加州理工学院的喷气推进实验室模拟了泰坦的环境，并提出了一种可能的天气状况，在那颗星球上，苯类化合物可能会像雪花一样落到湖里并融入湖水，产生一种黏稠的饱和溶液，就像位于以色列的死海里的盐分一样。在那种环境下，也许鞭毛或者喷射推进式运动更为有利，而那种液体汤汁一样浓稠的状态则适宜沉重的脚步，甚至是挖洞前进的方法，更进一步说，还有可能进化出管足。但就算不同运动机制之间的相对优势不同，运动的技术说来说去却总还是那么几个。

101

※

我们不能确定地说，我们在地球上对运动策略所做的调查已经完全包含了宇宙中所有可能存在的运动策略，但通过从运动的物理性质入手，我们已经见到了差不多每一种人类在地球上能够想得到、用得上的运动机制。如果某个地外行星上的某一项物理环境特征与地球相似，那么我们就能确定地说，至少那颗行星上的某些外星生物的运动方式对我们来说，可能会非常熟悉。一定存在着某些非常奇怪的行星，上面有某种以非常奇怪的方式进行运动的生物，但对于绝大多数外星世界来说，它们都会受到与地球相似的限制，其生命也会发展出相似的解决办法。运动的机制过于直截了当，物理的规律也过于同质，以至于太过奇异的运动策略很难得以进化。宇宙中的其他生命基本会与地球生命采取相同的运动方法。

当然，外星生物可能在身体上与我们身边所能见到的生命大相径庭。也许他们能毫不费力的在岩石中穿行，因为他们本身就不是固态的。气态外星生命？或许吧。我们不能完全否定这种可能，但这种猜想仍被认为是不太可能的，因为生命的本质理应存在于集中于某一空间的能量，而非是四散而稀薄的。就算气态外星生命是一种可能，我
102
们也能有把握地断定，相对于像我们一样以生物膜包被为基础的生物而言，这种生命形态是稀有的，存在固定形态的生命会从一套简单的运动策略中选取最为合适的方法，正如地球生命的进化选择。

所以，我们可以确定地说，大多数外星动物也应该是两侧对称的。其中很多生活在固体和流体之间界面上的动物会长着腿，而那些腿看上去也很可能与我们所见的结构类似；生活在像空气一样稀薄的流体中的外星生物会像气球一样悬浮在其中，或利用气流产生升力，防止坠落；而那些生活在稠密流体（比如水）中的生物可能是浮力中性的，但也会通过挥动桨状的肢体，或摆动身体，或像鹦鹉螺一样喷射流体产生向前的运动。对于任何一个地外行星而言，我们只需要稍稍看一眼生活在其上的生物采取何种方式运动，就能在一瞬间了解它
103
的地形地貌，这是一种多么非凡的能力。

V

交流渠道

Communication Channels

在森林里走一圈，你会发现自己被动物环绕：叽叽喳喳的叫声，沙沙作响的声音，或是猛然一声的尖鸣。你不得不注意到身旁无数生物各自发出的声响，但也可以借助其他很多种不同的方式感知到它们的存在：你能看见山中的小鸟翘着尾巴在地面上跳来跳去，能感觉到树丛中的蚊蚋叮咬着你的皮肤，也许还能闻到一窝狐狸的味道——或者更有可能的是——闻到附近马道上某些新落的马粪的味道。众所周知，我们拥有不止一种感官——视觉、听觉、嗅觉、触觉和味觉——但我们却很少思考这些不同的感官如何为我们提供各种互补的、关于外部世界的信息，尤其是关于其他动物忙于各自生计的信息。在这些符号——通过各种感官——所传达给我们（或者其他动物）的信息中，有些直接反映了动物们的意图和行动，而另外一些则只是动物日常行为的副产品，比如蜜蜂翅膀所发出的嗡嗡声，或是松鼠从山毛榉树上越过的时候碰落的一阵坚果。

事实上，在各种动物的存在和活动中，所显示出的种种迹象在某种意义上也是交流。这些迹象随着动物一起进化，越来越适合用于发出信号。这些交流发生在各种不同的感官渠道之上，比如声音和光线，而这些感官渠道则被我们称为交流方式（modality）。在通常情况下，动物的同一行为会在不同的交流方式上产生各自的信号*，比如

104

* 严格地讲，科学家们使用“信号”（signals）一词特指进化成用于交流目的的事物，而兔子掘洞的声音可以被称为“迹象”（cue）。但这种科学用词与日常的语义相悖，所以我选择更简单的通常用法，以“信号”一词指代动物所发出的所有有效信息。

兔子在河岸上掘洞发出的刮擦声，就好像池塘中的波纹一样，向四面八方传去，同时以视觉、听觉和（以人类的鼻子察觉不到的）嗅觉等方式传播开来。

不同的交流方式

我们为什么拥有这么多感官？对于人类（以及其他动物）来说，能够同时看到、听到发生在自己身旁的事情真的有那么重要吗？运用多重方式感知世界和彼此交流，确实给生活在不断变化的环境中的动物提供了很多好处，极大地提升了生存的可靠性。比如在某个风雨交加的白天，倾盆的雨点会发出巨大的响声，但在漆黑的夜里，声音可能是动物感知环境的唯一方法。这就是多重交流方式给动物带来的稳健性（multimodal robustness），通过不同渠道发出信息可以降低信息丢失的可能性。

除此之外，相比起只用一种交流方式，使用多重方式进行交流有时也能帮动物传达出更为丰富的信息，这一效用被称为“多重强化”（multimodal enhancement）。你的狗可以通过吠声传达出很多信息，而事实上已经有研究表明，人类其实能够敏锐地分辨出犬吠声中的微小差异，区分出友善、愤怒和孤独的叫声，即使没有任何其他迹象的提示，这些区别也能被人类察觉。但如果把犬吠声和狗的身体语言——狗的姿态、尾巴的摇摆或绷直、视线方向、耳朵的竖立或放松等这些信息——放在一起，人就会得到大量额外的关于狗的内心状态的细节认知，使我们深刻地理解到狗的感受，尽管人类和狗的语言并不清晰地共通。狗，与它们的亲戚狼一样，进化出了一套复杂的多重交流方式，它们用这种信号交流网络给自己的伙伴（不管是犬科动物同类还是人类）提供了很多细节的信息，包含其所处的社会环境和个体之间的行为互动的发展可能：她会攻击吗？她会逃跑吗？她是否会与我交配?

所以，这个世界充满了通过各种不同的物理方式传递的信号，而其中视觉和听觉的信息对人类来说最为显见。人类的语言进化成声学信号是否是一种巧合？人类使用声音进行交流的行为是否不同寻常？或者，是不是因为声音本身就存在着某种特别之处，所以它才成为最不可避免的一种信号交流方式？我们被声学信号所围绕是否只是出于地球的环境所造成的特殊情况？再或者，是不是因为声波具有某些特殊性质，所以它才特别适合被用于交流——甚至是被加工成语言呢？我们可否期待外星人也用能说出来的语言交流？如果答案是肯定的，这又会给我们提供关于它们星球怎样的信息？而如果答案是否定的，对于它们行星上的情况来说，又是哪种交流方式更适合被进化呢？

当然，我们可以利用有趣的思想实验大胆地推测自己的想法，或许可以用我们在科幻作品中找到的某些创造性的外星物种作为基础，比如《星际迷航》(*Star Trek*) 中瓦肯人 (Vulcan) 使用的心灵感应，或者电影《降临》(*Arrival*) 中的外星生物“七肢桶”(heptapods) 使用的圆环型文字。不过我们可以更进一步，用物理学的规律去考虑信号传播方式的问题。不管是地球还是瓦肯星，信号传播所遵循的物理规律是一样的，所以，如果了解外星生物所在的特定环境属性，我们就能判断出哪种信号传播方式更适合其生物的交流。而回到最基本的原理，我们可以问出这样的问题：对于交流来说，绝对的本质是什么?

或许，我们可以用这样的方式从最简单的角度给“交流”下一个定义：有用的信息由某一个体产生，然后被传递给另一个体，被其解码。这是完成交流行为最基本的要求，也是普遍适用的原则，即使是发生在最为异域、最不可想的世界中的最为奇特、最出乎意料的交流形式也遵循这一原则。在此基本原则的指导之下，科学家摒弃了心灵感应这一交流形式——并非因为心灵感应没有用，而是因为我们认

106

为，心灵层面上的信号无法产生、无法传递、也无法被解码。而如果我们能找到某种方法，足以解释心灵感应满足以上物理规律的话，那么心灵感应也当然值得研究。我会在本章的晚些时候回到这个令人难以放手的问题。

信号包含有用的信息，这是个尤为有趣的概念。在传达大量有用信息的时候，某些交流方式会比另外一些更为适宜。现在请设想这样的一个情形，在一间安静的教室里，你静静地坐着，不能出声，和老师交流时唯一可以使用的方式就是举手——只能举手，不能说话，也不能在黑板上写字（当然更不能用手语），虽然老师或许可以从学生那里获得有限的信息（比如提出“是或否”的问题，让学生举手表决），但可以想见，这种“开关式”的二元信号交流机制确实不太高效。如果想要知道哪种交流方式能够支持语言的最终进化，我们可以提出一个简单粗暴的经验法则问题：“我能用这种方式写首诗吗？”通过在教室举手的方法作诗显然不太可行。而能够支撑复杂交流，最终完成语言进化的交流方式，必然是丰富且微妙的，而也必须在其信号中包含大量的信息。

某些信号传播的机制只在很小的范围内起效，比如触觉。对很多动物而言，触觉非常重要，在灵长类动物和鸟类建立社会联结的时候，互相梳理毛发和羽毛是很好的方法，而人类自己也可以通过彼此触碰的方式感受到非常细化的信息——紧密的、随意的，或是充满爱意的触碰，等等。在黑暗的环境中，老鼠和鼹鼠的胡须让它们仅仅通过触觉就能找到路，但这些都是非常短距离的交流方式——你必须紧挨着另一个人（或者动物）才能理解彼此的交流，这种特殊性产生了巨大的限制，所以触觉很难被用以有效地交流复杂的信号。在这一章的内容中，大多数的笔墨也集中在那些能在更广的范围、更远的距离上沟通信号的交流方法。不过，有趣的是，至少有一种触觉信号确实是长距离的。海豹的触须能感知水流的微弱震动，所以能够在远距离

107

侦测到其他动物的运动。但像这种，动物在液体环境中对振动的感知能力，确实与声音的传播和感知具有非常多的相似性。而我们也很有必要记住，在地球上被我们认作“听”的行为，在外星人的行星上很有可能通过非常不同的方式实现——比如外星海豹用它们敏感的触须“听取”信息。

现在，让我们来考虑一群必须合作才能生存下去的狼的问题。环境是严酷的，食物十分难以获得，唯一能给它们提供能量的方式是偶尔的大型动物捕猎行动，为数不多的狩猎每一次都可以维持狼群一个月以上的生活。为了猎取比自身更大的动物，狼群必须通力协作，而协作就意味着必须采用某种形式的沟通。对于我们的研究来说，狼群非常有趣，因为它们的交流与人类祖先有很多共通之处：它们都必须通过合作才能找到资源，保护自己免受其他动物的威胁，同时它们也都具有高度的智慧，拥有社会能力，能够生存在由个体组成的群体之中，最后，它们都善于啸叫。狼之间的交流的本质——同时也是人类祖先之间交流的本质——必须适应其生活方式的要求。

其交流必须快速——如果在它们发出的信号抵达预期的接收者之前，狩猎的机会就已经逝去，那么这种交流就没有意义；如果其交流也可以被精准地定位——即你能分辨是谁在说话——那么交流的实用性也会增强；信号的接收不过于依赖接收者的位置似乎也是一项重要的因素——比如说，就算藏在一丛树木后面，我们也能听到声音，但对于视觉信号来说，如果超出接收者的视线，信息就没办法被看到。此处我不想过多总结，也不愿对发生在地外行星上的交流做出比我们应做的更多的假设，但是，如果某种信号拥有进化和获得更多复杂度的能力，那么某些物理性质就会表现出更多的重要性，而这些物理性质只蕴藏于某些特定的交流方式之中，其他的交流方式则缺乏这些性质。

在上面所有的这些分析之后，现在再回头想想，交流方式一共有多少种？其中又有哪些种可以被我们直接在地球上加以观察？似乎对于每种我们能想到的交流方式来说，地球动物都进化出了相应的能力，其中有一些交流方式是我们所熟知的——用声音、光线，或者味道——也有一些是十分奇特的，比如某些鱼类用特定的电场进行交流，很多动物甚至还会感知磁场，虽然到目前为止，在人类已知的范围内，没有哪种动物会使用磁场直接交流。电磁波的交流也没有被地球动物选择，但电磁波交流与磁场交流都不能被排除在外星生物交流方式的可能性之外。现在，让我们踏上本次令人炫目的动物交流方式之旅，思考这些交流方式就“交流的本质”为我们提供了哪些信息，对于生活在其他行星上的动物而言，又有哪些交流方式是可供它们选择的呢？

声音：人类交谈的方式

声音是人类彼此交流的方式。是的，我写下这些文字的时候，它们通过视觉的信号传达给你，但书写文字发生在语言出现的千百万年之后。* 动物的交流也在全方位地被人类以声音的形式体验着，这些声音可以使我们对（外星和地球）动物的交流方式的期待更添一抹色彩。

当然，我们认为动物发出声音，其中有一部分原因是因为，在很多时候，我们没办法直接看到动物。在你听到鸽子咕咕叫或者蟋蟀发出的啾啾声时，如果不花时间仔细寻找，你有很大可能看不到它们。这并不是巧合。声音有一个非常重要的性质，促使其无可争议地（在地球上）成为了所有交流方式中占最主导位置的一种：声音可以绕过

109

* 当您读到这些文字的时候，它们也是先以语音的形式出现在您的脑海里才能被您理解，不信的话，闭上眼睛，听听是谁在脑海中重复着这句话。

物体传播。不管鸽子是藏在树叶后面，还是蟋蟀藏在草丛里，它们发出的声音都被我们所察觉。光线会被绝大多数固态的物体所阻挡，但声音却可以绕过它们继续传播。其物理原理不可谓不重要，但总的来说，这两种信号的波的波长是决定性的因素：声波的波长通常在一米左右，但光波的波长却只有大约千万分之一米长，这就意味着，在其传输路径上，声波几乎不会被小的物体干扰，可以绕过树叶、草丛和树干，其方式与人类在树林中绕过障碍物通行的方式差不太多。但在光波传播路径的微观结构上，相对其波长而言，处处都是庞然大物，每个分子都是一座难以逾越的大山。

不过，可能会存在某个行星，其上生物的大小与地球迥异，那么很显然，上面那种画面般的比喻就会完全失效。假设一个比轴承滚珠还要光滑的星球，其上生存的复杂生命以微生物的形式存在，我们可以考虑，其声学交流的优势可能就不那么显著。但对于绝大多数我们能够想象的生态系统而言，光信号的优势绝对比声音信号小。不过，声音也有一个非常重要的缺陷，就是其传播必须依靠某种物理介质，比如空气、水，或者土壤。但与此同时，光线却可以在宇宙的真空中穿行，即使是在绝对寂静的月球上，光依然存在。与之相似的是，在大气非常稀薄的行星上——比如火星——声音也几乎不会传播，虽然火星上的大气曾经一度非常浓密，但在今天的火星上，生物绝无办法有效地利用声音交流，即使你尖叫，别人也听不见。

声音的第二个优势在于其快速的传播。虽然不及光的传播速度（远不及），但对于地球生命的大小和生活距离而言，声音已经足够快了，其与视觉信号的传播速度没有显著的区别。当某声学信号以 110 340m/s 的速度传播时，它从某一动物到达另一动物的时间几乎可以忽略不计。很少会有哪种动物彼此交流的距离超过数公里（在这个距离上声音会延迟几秒钟到达），而它们也无法收到对方立刻的回应——不过它们的对话对象太过遥远，做什么都不会产生直接后果，就算是地球上最快的动物也依旧比自己发出的声音慢得多。有时，声音信号传播的延迟可能会变得巨大，如海洋中的鲸歌会传播数百公里，但在这种环境中，声音在水中的传播比在空气中快得多，延迟也只有几分钟而已。

不管何种介质，声音在复杂社会性动物的复杂交流的进化中都占有绝对重要的地位。自然瞬息万变：一头北美驯鹿突然转向的时候，整个鹿群都必须了解需要跟随的方向，而猎豹准备扑向你的同伴的时候，你也必须马上发出警告。复杂交流在解决这些难题时提供了帮助，而这些问题也总是在分秒毫厘之间起到关键的作用。当然，我们可以推测，在某个世界上，声音的速度很慢，从而使声音的交流失去价值；也可以设想一个声音传播得极快的世界，如果那里的生命节奏比较慢，声音的速度反而又显得过快，比如某个存在于某种黏稠的沥青状液体中的生态系统，其掠食者接近你的速度比蜗牛还要慢，但声音的速度又过快，所以利用声音交流就变成了对能量的浪费，某些传播更慢的信号反而可以满足相同的功能，又不至于过多利用能量。我们必须注意，在我们做出种种假设的时候，需要考虑极端的情况，但我们同时也应该明白，在很多地外行星环境上，声音仍然是交流的极为有用的一种方式。

声音的另一大优势是它可以用非常高效、集成的方式传递大量信息——我们称之为较大的频带宽度（bandwidth）。举个例子来说，相比起我们假设的坐在教室里举手表达自己意见的方式而言，举手只能传达“是 / 否”的信息，但声音在传达复杂信息方面显然更为擅长，在地球的大小和地球动物的体量规模上，就算许多频率不同的声音被混杂在同一声学信号之中，相对而言，各种不同的声音频率仍然容易区分，比如说，在一间挤满了人的屋子里，每个人都在与自己的同伴讲话，但你还是能准确地听懂对方与你的交谈。

这里介绍一个非常简单，但技术性很高的实验，你也可以自己尝试。声音信号可以被转化为视觉图像，这种图形被称为“声谱图”（spectrogram）*，有很多网站都有这种转码功能。找个早晨，出去聆听鸟儿的歌唱，用手机录制一分钟的录音，然后把这段录音文件上传到转码网站，你会得到一张类似下图的图片，由左至右代表时间的方向，从下（低音）向上（高音）代表声音的频率（音高），颜色更深的区域表示这一音域内的声音出现得比较多——你可以把它理解成类似某种乐谱的表达。下图所示的录音片段记录了英格兰某处的清晨鸟鸣，这里有至少四种不同的鸟类鸣叫。从这张声谱图上，我们可以看到，每种鸣叫都具有各自鲜明的特点和形状，那是不同鸟类在发出各自独特的叫声时，调整自己发音频率的细小差别。每种叫声都互有重叠，但同时又清晰可辨——这就是所谓的“频带宽度较大”。

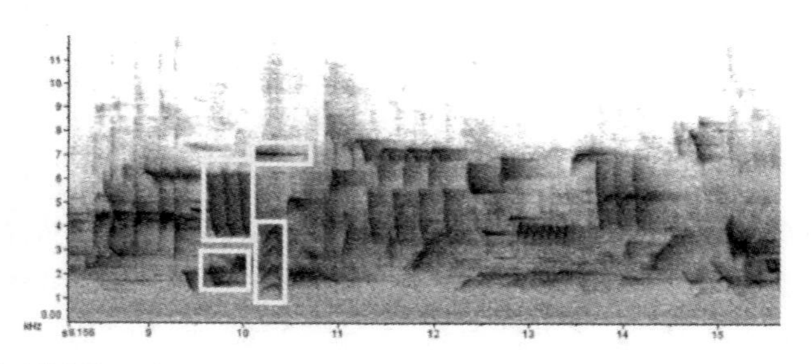

清晨鸟鸣的声谱图，横坐标由左至右代表时间，纵坐标代表音高。很多鸟类的鸣叫声彼此重叠，但音高不同，所以还是可以被清晰地区分出来（如方框所示）。

所以，在地球上，如果动物需要在较大的空间跨度里快速交流大量的信息，那么声音显然是一种优秀的交流方式。但同时，鉴于动物事实上没有语言，所以我们也不禁会产生这样的疑问：动物是否真的利用了这种信息中的所有潜在价值？人类的声学感官是否存在某些特

* 只需在网上搜索“在线声谱图”（online spectrogram），或下载免费的声谱转码工具，如康乃尔大学提供的 Raven Lite 软件。

殊的特质，而动物们则没有这种特质呢？这种特质是否仅存在于人类的物理特性之中，所以我们能真正利用声音的力量，产生自己的语言，而鸟类、蝙蝠和海豚却只能徘徊于这种得天独厚的优势的门外呢？我们会在第 9 章中更具体地谈论这一问题。 112

但有趣的是，这些问题的答案似乎是否定的。有很多其他的因素影响着位于某一生态位的特定物种是否能进化出语言，但产生与（更为重要的）解码语音的基础物理机制却似乎是被广泛的动物种类所共享的。绝大多数脊椎动物，特别是鸟类和哺乳动物，都在耳中长有一个复杂的器官——“音频分析器”耳蜗——这个器官可以将出现在统一声学信号中的频率不同的声音区分开来，其原理与声谱图中的作用原理非常相似。

虽然人类侦测和区别复杂声音变化的能力非常卓越——想想你如何在吵闹的房间中精准辨别子女或者朋友的声音——但并不只有我们拥有这样特殊的能力，在动物界，人类并非独一无二，帝企鹅能从上万只同类组成的群体中听出自己幼雏的呼唤！在听觉方面，人类过人之处在于排序音高的能力，我们可以在乐谱上按照音高的升降把音符 113 排列出来，但却无法凭直觉将光按照色谱顺序分门别类，* 其背后的原因仍然是适用于全宇宙的物理法则。在声波的作用下，人类耳蜗中细小的纤毛受到震动，不同频率的声波会震动不同的纤毛，从而让我们精准地感知不同的音高。但光波的波长太短，既无法绕过树丛，也无法震动纤毛——事实上任何比原子大的东西都没办法被光波震动。所以，只要信号无须穿越真空（声音也无法穿过真空），那么对任何交流而言，声学模式似乎都是一种非常靠谱的交流渠道，而且与某一行星上生物的特定进化历史无关。所以当我们最终发现外星人时，就算它们在所有的方面都展现出十足的“外星”特质，但我们也无须对它

* 这一现象由知名生物学家霍尔丹于 1927 年在其论文《可能的世界》中提出。

们同样用声音“讲话”的行为感到意外。

虽然如此，我们仍面临一种特别的困境。我们已经见到，声学交流方式展现出决定性的优势。具有高度智慧的海豚用声音交流，狼群用声音交流其协作，各种鸣禽也具有高超的发声技巧，但是相比起这些动物而言，与人类拥有最近亲缘关系的类人猿却完全不擅长用嘴发声。大猩猩几乎是哑巴，可人类又是怎么变得那么善于利用声音呢？科学家们曾经试图教黑猩猩和倭黑猩猩发出人类的语音，但这似乎超出了它们的发声能力。是否有可能，在远古时期，我们与类人猿的共同祖先曾经使用某种原始的声学信号，这种交流在人类身上进化成了语言，但在其他灵长类动物的进化过程中却慢慢消失了呢？人类与现代黑猩猩的亲缘关系很近，我们的共同祖先生活的年代其实并不遥远，大约 600 万年前而已。再向前，人类、现代黑猩猩与现代大猩猩共享同一祖先，但这个共同祖先生存的年代就稍远一些，大约在 1000 万年之前。但人类和狼与海豚的共同祖先却生活在很久很久之前，可能是 9500 万年前——那时恐龙还行走在地球之上——而人类与鸟类在进化历程上远在 3.2 亿年前就已经分家了，那时我们的祖先刚刚从海洋爬上陆地不久。所以人类很难确定地说自己语言技能中的声学基础是从与狼和海豚共同祖先那里继承来的，更不用说和鸟类的共同祖先了。反过来，更有可能的情况是，人类使用声音交流的能力从我们长得像黑猩猩的祖先那里迅速进化而来，并在这一方面与仍然居住在树上的哑巴兄弟们分道扬镳，最终与另外一些亲缘关系不那么近的动物在发声能力上产生了趋同进化。在地球上，发声能力的趋同进化比比皆是，而其他行星上也很有可能存在着类似的进化轨迹。

114

光：用“看见”来交流

相比起声音的交流，人类生活在 600 万年前的祖先主要使用视觉符号和信号交流的可能性要大得多。*在人类饲养的大型人猿身上进行的某些实验显示，它们在各种手势语言的学习上表现出了特别的天赋，尽管有相当多的讨论怀疑这些符号语言是否是真正的“语言”，但对于人类这些最近的亲戚来说，在交流方式上，它们无疑首要使用的是视觉。人们能教会黑猩猩非常复杂的一系列手势，表达许多概念，涵盖范围很广，而这种学习能力似乎也比机械的死记硬背表现出了更多的意义，黑猩猩们甚至发展出一种特殊的习惯，如果身边没有其他动物的话，它们会用手势彼此交流。可是，在人类新近的发明之外，我们又为什么没见过任何其他动物使用发展成熟的视觉语言呢？ 115 我们的祖先又是为什么抛弃了它们的视觉交流，转而使用声音媒介呢?

视觉信号系统在动物界的使用极为广泛：雄性鸟类会在其潜在的配偶面前展示多彩的羽毛，蝴蝶在翅膀上长着用以吓退掠食者的巨大“眼斑”，雄性山魈的口鼻部位是奇异而鲜艳的红蓝配色，而另外一些例如臭鼬和瓢虫之类的动物用其抢眼的身体图案警告着敌人“我是危险的”。蜜蜂在空中摇摆的舞蹈则更为复杂，这种运动能给它们同巢的同伴们提供关于食物方位的信息。视觉信号交流的广泛应用或许诞生于视觉本身，因为首先拥有“看见”的能力对动物来说极为有利。能感知光线的细菌其实非常普遍，而它们的历史也惊人地古老——它们存在的年代过于久远，以至于人类无法准确地判定感光能力最先出现的时间。但对现代动物眼睛结构中感光蛋白质的研究表明，动物视觉的产生就发生在大约七亿年前，那时动物本身才刚出现不久，甚至是人类与水母的共同祖先都可能拥有视觉能力。所以，对于视觉的演化来说，它有充分的时间学会一整套信号交流方法。

作为一种交流的途径，光也有很多优势。与声音一样，光的传播

* 参见特库姆赛·菲奇（W. Tecumseh Fitch）著《语言进化》（*The Evolution of Language*）。

速度很快（虽然光速比声音快很多，但就算是在其他行星上，两者传播速度之间的差异也很难对动物的交流造成实质性的影响）。眼睛进化的原因有很多，但最重要的理由还是发现食物和躲避天敌，所以感光机制在视觉信号交流进化之前就已经发展成熟。同时光也具有不同的颜色（光波频率不同），给视觉信号增添了额外的信息层次，这与声学交流中不同频率信号相叠加的情形类似。最后，光沿直线传播，116所以感光器官（在人类身上即眼睛）可以分辨距离相差不远的光源，也就是说，人可以分出大拇指指尖和指根的区别。这样一来，视觉信号的内容信息又多出一个额外的层级：辨认拇指向上和向下的能力。相比而言，声音的传播更像一种朝向所有方向的波，所以通过分辨声源在脑海中构建空间方位就非常困难，而相比起人类视觉在空间感受上的准确性而言，即使是那些能够非常精确地侦测声源的动物——比如利用听觉找到藏身地下的猎物的猫头鹰，或者扎进雪堆里捕捉啮齿动物的北极狐——其分辨信号源位置的能力仍然十分原始，但人类却可以利用眼睛毫不费力地辨认这页书上的每一个字。

不过视觉交流的优势基本就是这么多，而它的劣势也很显著。由于光的波长大大短于声波，所以光线总是沿直线传播，但正如人类所看到的那样，这种短波的信号会被任何物体阻挡。不管是人还是动物，都看不到到墙、树木、土壤，或云层背后的物体，而这种限制与生活的行星环境无关，任何行星上的动物都没办法用眼睛看到障碍物之后的物体。如果我们紧挨着另一个人与其直接交流，那么光线的信息就会非常有用，但是，一旦交流者之间的距离开始拉长，它们之间就有可能出现障碍物，视线被挡住之后，视觉的交流就无法继续。同时，光线还会发生散射，这种现象几乎无法避免，即使是像空气一样透明的介质也会发生光的散射，在水中的散射情况则尤甚。就算是在最原生态、透明如水晶一般的大海里，光线的传播还是会受到海水盐度变化、水流，以及水中悬浮的微生物等条件的干扰，在海面以下几

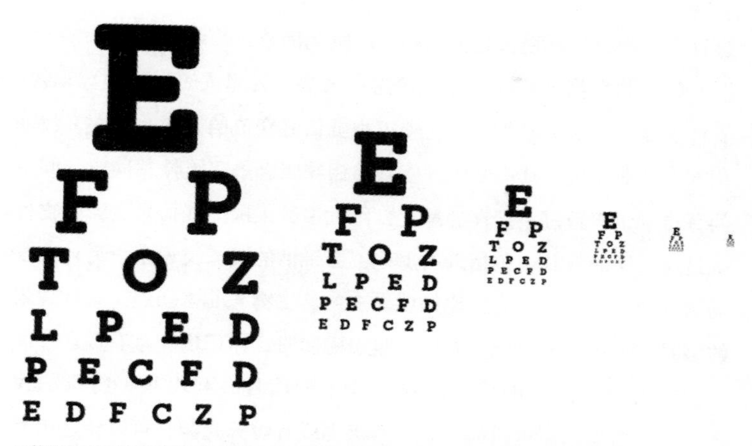

虽然所有的信号传播都会随着距离的拉长而衰减，但视觉信号受距离的影响尤为显著，在任何可能影响能见度的障碍之外，视觉信号的几何学限制正如上图中这几张逐渐变小的图像所示，距离远就意味着解读信号难度的增加。

米深的地方通常就已经目不辨物。地球大气的颜色还算是相对透明，但在其他的行星上情况就没那么幸运了。木星和土星的低温造成了许多结晶的氨云，再加上其他的化学物质，这两颗行星的大气很大可能在几乎所有的海拔上都不透明。我们无法对地外行星的大气情况做出很好的预测，但也没有理由假设它们能像地球上一样美丽、干净。

而就算足够幸运，在一个拥有完全澄清的大气的星球上，没有树 117 或者其他的障碍物，生活在那里的动物使用光线进行交流还是会受到另一种劣势的影响。随着信号传播距离的不断增加，信号差异的辨认难度也会逐渐变大，同样是大拇指指尖和指根的区别，距离越远就越难以识别，这不仅是因为光线的散射，同时也是由于几何学上的考虑。你无法在若干米之外的地方清晰阅读这本书上的内容，因为对你的视觉系统来说，这页书上视觉信号的解析度太小。就算你能看见这个光源，也很难辨认出其中的信息，而这一点，不管是在地球上，还是许多其他外星环境，是完全相同的限制因素。

如果想要抵消掉视觉交流的这些劣势，外星人（以及地球动物）有什么变通方法吗？当然，在使用视觉信号交流的时候，绝大多数动物都会彼此靠近，从而降低视线被障碍物阻挡的可能性，同时空间上的分辨率也不致过小。在地球上，绝大多数采取光线信号交流的物种就是这么做的，其中包括人类那些不会说话的灵长类近亲。另外有些动物则会发出自己的光，比如萤火虫，其生物光非常强烈。这种耀眼的信号在很远之外就能看到，在吸引配偶时，作用也非常有效。

118

但这种方法只能传达出最为简单的信号。利用某种特别的模式——类似莫尔斯电码的方式——点亮或者熄灭光源，可以传达出复杂度更高的信号，这种“开关式”的信号编码像是狼蛛有节奏地敲击地面，或者更格卢鼠交流时所使用的各种花样，动物可以通过这些信号编码分辨对方的种类，甚至辨认出对方是哪一个特殊的个体。但是动物采取这些方法编码信息的时候，能够在信号中容纳的信息的复杂度也很有限。在莫尔斯电码中，如果某一位信号（不管是“嘀”还是“嗒”）丢失了，那么整段信号都会被污染，因此采用脉冲式信号交流的动物都会尽量保持信息的简短，比如用闪光的速率代表发出信号的雄性的吸引力。总的来说，对于复杂交流来说，光信号交流似乎是一种很有限的方式。

不过，我们有必要在此处特别地提起一类动物，即章鱼、鱿鱼、乌贼等头足类动物，其中很多种类都拥有一种特化的皮肤细胞，称为“色素细胞”（chromatophore），在动物发达的神经系统的支配之下，这种细胞可以主动变换颜色。有趣的是，虽然头足类动物拥有至今为止所有无脊椎动物中最复杂的大脑组织，但色素细胞变换颜色的指令却并不完全来自它们的大脑，而是由它们身上某些变色感应器发出，这种“变色感应器”的功能和作用类似于人类身上的“神经反射”。在很多情况下，乌贼所使用的各种令人目眩的图案颜色构成都非常复杂，且转变速度很快，人们很难不将这些身体图案与颜色和最基本的复杂语言联想到一起。但事实上，我们已经非常确定，这些迷幻的变色行为本质上并非语言，而是用来表达一些非常基本的信息，向其他乌贼传达自己的情绪状态，或者——更为迷幻地——迷惑猎物，并在最终扑向猎物之前将它们催眠。

119

不过，乌贼是否拥有“变色语言”并不是我们想讨论的要点。以皮肤为画布，乌贼所展示出的卷曲、搏动的复杂视觉信号清楚地向我们展示出一种视觉交流的可能性：视觉交流中可以包含大量的信息。如果在某些外星人的星球上，视觉交流的其他缺点可以被规避，那么基于复杂彩色图案的视觉交流无疑是一种非常可能的进化方向（或许在它们的星球上，陆地上没有树和其他的障碍物遮挡视线）。

但无论是所有这些关于复杂视觉信号交流的讨论，还是乌贼用迷惑性的彩色旋涡图案展示出的信息，都没有触及视觉交流的另一个问题，另一个更为普遍、但却也更少被人们意识到的问题：在我们并不严格的指称中，什么才是“身体语言”（body language，或称“身势语”）？我们与其他人类每天都会使用身体语言进行交流，但却很少意识到这一点，无数“自助类”书籍为我们讲解如何操控自己的身体语言，从而给别人传达自信、主动，或者更具吸引力的气质，所以这样看来，对于我们如何向他人发出视觉信号的问题，似乎在某种程度上确实存在着有意识的控制。

但如果我们仔细回想一下自己与宠物的交流，就不难发现这些细微的视觉线索的力量。狗已经与人类共同进化了上万年的时间，而它们也特别地与我们达成了某种特殊的默契，这种默契存在于彼此之间，心照不宣。如果你养过狗，就会不可避免地感知到狗的情绪：开心、悲伤、兴奋、饥饿、沮丧等。在特定声音交流之外，所有的这些情绪都通过身体语言来传达：狗尾巴的位置和动作，耳朵的方向，还有它们想要获得些什么东西的时候，眼神中流露出来的巨大的伤心。

但有一种情况却需要注意。你和一条不太熟悉的狗互动时（特别是你自己也没有养狗经历的时候），人与狗之间那种出奇高效且复杂的交流渠道似乎就断掉了。除非你平时特别热衷于观察狗的行为，那么当你在街上遇到一只不熟悉的动物时，没人敢保证你能理解它的想法，在很大程度上，它也无法解读你的意图。我们人类与同伴之间的感情联系是非常个人化的，身体语言信号的含义首先会受限于个人的性格和独有的习惯，所以只能在某种程度上加以归纳，不能以通用的信号形式进行运用，其与为大众所接受的词汇含义相去甚远，视觉符号可能包含的信息过多，而在传达相同意义的时候，又可能同时存在许多不同的方式。承载真实的语言的时候，虽然视觉交流本身并无天生的缺陷，但就地球的环境，以及地球上进化出的各种动物而言，其稳定性和可靠性都不足以支撑其完成进一步的进化。在其他的行星上，如果缺少植被的覆盖，也有比较稀薄的大气的话（比如火星），那么这两种条件都会使声音交流的有效性下降，清澈透明的大气或许更有助于动物发展出复杂的视觉语言。

嗅觉：最古老的交流方式

作为人类，我们已经对听觉和视觉的信号非常熟悉，也不用费心就能想象出一种生活着使用声音和视觉信号进行交流的生物的外星世界。但在地球上，声音和光线都不是最古老的交流方式，而最为原始和古老的交流渠道事实上经常被人们完全忽略，我们也很难想象生物的这种交流方式进化成为一种语言。这种交流方式就是气味。动物经常使用嗅觉。而如果我们把嗅觉的定义扩展到其自然的边界——即感知我们周遭环境中的化学物质——那么就连细菌都会“闻”东西。相比起在水中盲目地游走，在具备了追踪身边水中可以充当食物的化学物质的浓度的能力之后，最为原始的生命形式获得了非常大的优势，而它们的这种能力也最终进化成“跟着鼻子走”的行为方式（不过那个时候它们还不具备真正意义上的鼻子）。

和视觉的发展一样，一旦生命体发展出感知环境中某种重要信息（光线、食物）的机制与能力，那么这种能力就会被用于发出信号，而这也是在地球生命进化历史非常早期的时候切实发生的事情。就连同一生物个体体内不同细胞之间的互动也是通过化学信号完成的，所以，“化学交流”在最广泛的意义之下，至少可以被追溯至多细胞生物的起源时期，可能远在 35 亿年前。今天，化学信号沟通几乎在所有的动物生命身上都是普遍存在的。可是，在真正“语言”的概念层面上，又为何不存在一种化学的语言呢？为什么我们不能用气味写诗？地球上并无复杂的化学交流，这一令人吃惊的事实是否只是我们自身环境与进化历史上的一种巧合，还是说，在任何一颗我们能够到达的行星上，都会遇到与地球相似的情况，无缘见到以气味为笔的文豪？

以气味为基础的语言听上去或许有些可笑，因为你可能会认为世界上特异的气味——也就是所谓的化合物——的数量并没有那么多，也不足以支持我们所使用的语言中种类繁杂的各种概念。但是这种想法可能并不正确。在保守估计的水平下，特异性气味的可能组合的数量都是非常庞大的。对于人类那并不怎么灵敏的鼻子来说，我们尚可侦测到大约 400 种不同的化学物质，狗则可以闻出 800 种，而老鼠可以察觉到至多 1200 种不同的刺激源。这就意味着我们拥有——至少在理论上拥有——侦测约 12120 种不同的化合物的能力，而这一数字比整个宇宙中所有原子的数量总和还要多得多。*虽然这个数字 122 并不一定代表我们可以精准地识别出所有这些可能存在的化学气味组

* 我们鼻子里有 400 种不同的气味探测器，每种都可以被表达为“开”或者“关”，即闻得到和闻不到，这样一来，就产生了 2^{400} 种（或约 2.5×10^{120} 种）不同的排列组合，而整个宇宙中原子的数量总和大约只有 10^{82} 个。

合中的每一种，但退一万步说，对于人类语言所使用的信息量级而言，化学交流的方式至少在理论上拥有必要的复杂度，在传达相应概念的时候不致“词穷”。

相信你还记得耳蜗如何将声音分解成不同的频率组分，人类鼻子中 400 种不同的气味感受器的工作方式与之相似，它们会向大脑中的嗅球（olfactory bulb）发送不同的信号，再被集合起来形成我们所感知到的“气味”。当我们观察到耳蜗和嗅球工作方式的相似之处时，就会发现，在生物神经系统的层面上，气味语言一定是可能存在的。昆虫自然是地球上使用复杂化学交流方式的冠军。它们用嗅觉吸引配偶，识别同伴，标记食物方向，还会在入侵者闯入时发出警告的信号。很多时候，即使是识别出相对较少量的活跃化学物质——可能只有 20 个分子——我们都可以看到，亲缘关系接近的不同种类的昆虫仍然会用稍有不同的方式对这些化合物加以整合，从而防止自己种群的信号与其他种群发生混淆。

不过，正如我们其他的各种交流方式一样，如果想要成为一种复杂交流的备选方案，化学感官也必须满足一定的物理条件。光线和声音都很快，但化学信号却并不快。萤火虫的闪光可以即时抵达信号接收者的眼睛，蟋蟀的鸣叫或许需要一两秒钟的延迟，但在任何超过若干厘米的尺度上，化学物质自发出器官向外扩散的速度都要比声或光慢上千百倍。虽然“气味的速度”几乎无法量化，但一般来说，气味分子被动扩散的速度比风中的气味传播速度要慢得多。所以，人们有时认为气味传播速度的绝对上限就是风的速度：一般来说是差不多 123 10 米 / 秒，相比之下，声音的速度是 340 米 / 秒。如果向你发送化学信号的生物站在马路的另一侧，而你则站在风里等待这个信号，那么如果你足够幸运，在呼啸的大风（蒲福风级中的 6 级“强风”，风速 13 米 / 秒）的助力下，你可以在一两秒钟之后收到这个信号，但如果是在一个无风晴朗的夏晚（蒲福风级中的 0 级“静稳”，风速 0.3

米／秒），收到这个信号可能就要等一两分钟。当然，在某个风向规律、风速强劲、风力可靠的行星上，化学信号或许可以成为一种迅捷的交流方式。但不幸的是，这种方式可能只是出人意料的单向交流，如果你想顶着大风给对方回复气味信息，那我就只能祝你好运了！

简单地使用风力加速化学信号的交流还会带来其他问题。缓慢吹过光滑表面的空气一般沿直线前进，此时的气味可以从信息的发出者被风直接吹到接收者那里；但如果风的速度越来越快，而地表的状况又崎岖不平，空气就会被吹散成许多微小的旋涡或涡流，并最终衰变成一团混乱的气流，吹向各个方向。为了给气味信号增加复杂度，使用化学信号进行交流的生物或许会在不同的方位上小心地组织出各种不同的气味，而任何类似这种精细微妙的气味组合都会被大风造成的乱流完全打乱，最终混在一起，就像烤蛋糕用的面糊里混进一滴食用色素一样，让人无从分辨。在化学语言进化的历程中，如何在扩散气味的同时保证这些化学物质各自独立、不致混杂，或许是一个关键的限制条件。如果某种外星生物的科技文明建立在化学交流之上，那么它们势必用气味书写科学书籍，而这种记录文化的方式必受限于极短的沟通距离，因为只有在这一尺度之上其信息才不致混为一团无序的信号，而它们的体形也势必极其微小。

124

电：生命的语言

现在，我们必须跳出自己的舒适区，看一看人类所熟知的视觉、听觉、嗅觉之外的世界。有这样一种交流方式，它对人类来说过于“外星”，几乎是一种近似科幻的感官，以至于我们很难理解动物们该如何用它去感知和察觉周遭的世界。以电信号直接作为感官的动物中，最为著名的是生活在非洲和南美洲的不可思议的电鱼们。如果说有哪种地球上的动物能给人类提供一种全然不同的外星交流方式的可能性，非这些鱼类莫属。对人类而言，它们的感官完全超出了我们的感受极限。

电对地球上的生命来说是一种绝对的基础。所有的生命都需要储存能量，并将这些能量运转于体内各器官之间。在地球上，绝无例外，生命体内能量的运转都是靠细胞之间正负电荷的运动完成的。电荷会彼此施力，同性相斥，异性相吸，所以在电场中移动电荷就需要能量的帮助，这一过程就如同在重力场中移动某一具有质量的物体——好比把一辆汽车推上山坡。我们可以大胆地想象，在某个外星世界，可能会进化出某种生命使用某种其他的场来储存能量——也许是重力场——但以人类目前所掌握的物理知识而言，其他的场的利用似乎非常困难：重力对于质量较小的物体而言并不显著。

无论如何，在地球上，生命就意味着电。所有的生命都会发电，而侦测电场的能力也迟早会被某种生物进化出来，它们利用电场狩猎其他生命，以之为食。电觉（electroreception），也就是感知电场的知觉，在很多不同种类的鱼类身上都广泛地存在着，其中就包括鲨鱼，但同时我们也在两栖动物的身上找到了这种感官，比如蝾螈，而更加奇异的是，人类还在某些哺乳动物身上发现了电觉，比如长着形如鸭嘴的吻部，生活在泥泞环境中的鸭嘴兽，它们能感受到周围生物在浑水中散发出的电信号，从而狩取猎物。

125

由于这种掠食者本身体内就充满了水分，在它们交流时通过发送有意的电流信号的行为就似乎显得非常鲁莽。但尽管如此，某些特定的鱼类，特别是南美洲的长刀鱼（knifefish）和非洲的锥颌象鼻鱼（elephantfish），还是在体内进化出了特化的发电器官，这种器官可以在这些鱼类周围的水中产生复合且变化的电场。这些鱼类体内有一种特化的细胞，称为“发电细胞”（electrocyte），就像一摞纽扣电池一样，每个发电细胞都能产生微弱的电压，但当这些发电细胞彼此相连的时候，就能发出很强的电信号。这种发电细胞由肌细胞演化而

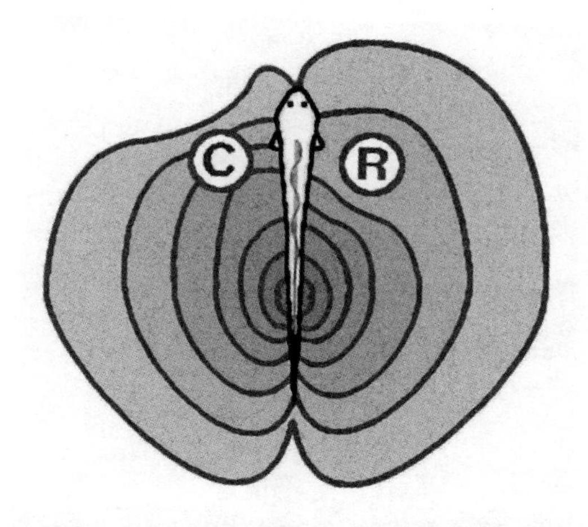

鱼类的主动电感。图中以曲线标识的电磁场在周围不同种类的物体的干扰之下产生了不同的扭曲变化：导电的点（C 点）和绝缘的点（R 点）处，电场受到的干扰是不同的。鱼类将这些干扰造成的扭曲在大脑中转化为周围世界的地图。

来——而肌细胞是地球动物身上点活动最为强烈的一种——这些鱼类对自己的发电行为的控制能力非常优秀，就像你能够自如灵活地控制自己的肌肉一样，通过咽喉和舌头的动作，你可以自如地完成语言的发声。从自然的角度上看，有些鱼类，像鲨鱼和它们的其他敌人，也进化出了电信号的接收器官：能够侦测环境中电场的特化细胞。

电鱼产生的电场有两个用途。其一，通过侦测有生命物体和无生命物体在其电场中产生的扰动，这些鱼类可以用电场感知自身周边的环境。比如说，当它们接近一块石头的时候，它们身边电场的强度就会发生轻微的变化，这个时候，电鱼的大脑就会感受到环境变化的信息，就如同我们通过光感看到物体的感知一样。通过电场的变形就能“看到”这个世界，是多么奇妙的一种体验啊！这种感官的经验是我们作为人类无法直接理解的，但我们或许可以设计一种机制，将电场的扭曲转化为视觉的信号，从而模拟电鱼感知世界的方式，亦足以极

各种电鱼波形各异的电流脉冲信号。复杂的波样至少可以让信号的接收者了解信号发出者的类别，但在理论上，这种电信号可以蕴含大量的信息。

视听之娱。

不过，我们最为感兴趣的，还是电鱼使用电场进行交流的方式。虽然非洲和美洲的这些生物在编码各自的电场信号时采取了略微不同的方式，但它们最基础的原理却是相通的：这些鱼类有意识地让电场产生变化，或者说，它们“调制”了自己的电场，从而产生特异性的图案。不同种类的鱼类可以区别出电流脉冲和电波纹样的微弱区别，它们可以分出电场发出者的性别，甚至可以感知到信号源的社会地位或者统领身份。在丛林里那黑暗混浊的泥水中，视觉几乎是无用的，而这种复杂的电信号交流机制，对感知周边世界和与同类交流而言，

126

都是非常理想的一种方式。

当然，电信号可以达到的复杂程度足以支撑一种复杂的语言。电场传播速度快，且信号的发出者也能很容易被他人定位，这一点已经不会令你感到讶异，因为我们已经知道，鱼类同样会利用自己的电场在不主动发生位移的环境中为自己导航。最后，电流的波形（在理论上）可以被调制成各种不同的波长——虽然我们尚不清楚鱼类是否会这样做——从而保证自己发出的信号不被环境中的障碍物所阻挡，所以，电信号可以在各种范围之上进行有效的交流，其广度比电鱼所需要的交流范围（几米之内）要远得多。

127

总而言之，电信号的交流几乎是一种可以进化成语言的理想方式。不过据目前所知，没有任何一种电鱼掌握语言，而且更加令人担心的是，那两类电鱼是这个行星上唯一拥有复杂电信号交流机制的动物。这种类似传心术的电信号交流为什么没有广泛分布，又为何没有进化得更为复杂呢？在地球上，这种交流机制没有并未产生出更为广大的适应，那是否也就意味着外星生物也不太可能用电信号交谈呢？

128

像电鱼一样拥有复杂电信号系统的生物之所以在地球上甚为少见，主要有两个原因。首先，电信号的交流机制从进化和维持的角度上说成本高昂，产生有力的电信号需要大量的能量，而且动物的大脑中有很大一部分也必须特异地进化，才能解码和译释那些被身体上的电信号感受器官接收的复杂信息序列。简而言之，电信号交流只有在非常大进化压力的情况下才会被选择进化，也就是说，只有在该种动物别无选择的时候才会发生。在相似的情况下，蝙蝠进化出了回声定位系统——也是一种非常有用的方法——因为在蝙蝠所占据的生态位中，穴居与夜行的习性导致它们找不到更好的办法。所以，电鱼其实就像是你花钱请来修理汽车的专业技工，他们手里有那些可以用来解决专业问题的工具，而这些工具对你来说虽然也很有用，但并不值得自己花钱买。

短吻针鼹，一种卵生的哺乳动物，其覆盖着黏液的吻部可以用来侦测蚂蚁和白蚁发出的电信号，并以之为食。

电信号交流并未在地球上广泛分布的第二个原因是物理学的限制。电场的存在是有条件的，导电性不能太强（所以在金属中的效果不好），绝缘性也不能太强（所以空气里也不是好选择）。虽然在地球上并不存在很多金属环境，但我们确实有很多空气，而不在水中生活的动物就没有办法像电鱼一样维持静态电场，从而有效地侦测身边的物体。正如我们在其他各种交流方式的讨论中所见，进化过程会在相对简单的解决方案之上逐步构建更为复杂的方法，比如建立在视觉之上的光线交流，建立在听觉之上的声学交流，以及建立在化学物质侦测之上的嗅味觉交流。在陆地上，电信号无法被侦测，所以也就无法进化出以其为基础的交流方式。有趣的是，有些陆生动物确实也使用电信号的感官，比如针鼹（echidna），这种动物就进化出了非常特别的电觉机制，它们感电的吻部覆盖有丰富的导电黏液，但这种例子也许数量太少，其与交流方式的进化也还太过遥远。所以，在我们的这颗行星上，电信号的交流方式既不实际（在陆地上），也无必要（在可以使用其他感官进行交流的水中）。那么，电信号的交流会在什么样的星球上进化出来呢？想必那颗行星上的海洋漆黑一片；而在我们

129

的太阳系中就存在着至少两个那样的世界（土卫六和土卫二），所以，适合电信号交流方式进化的环境在我们的宇宙中应该也不罕见。

※

对于可以被用来传达复杂信息的交流而言，我们无法保证已经考虑到所有可能的方式，有些交流方式，比如用磁场发送信息，我们在地球上从没见哪种动物用过，所以对那些交流方式的进化驱力，我们也确实没什么可讨论的。但另外的一些交流方式，哲学家或科幻作家们已经在纸上给它们做出了很有说服力的理论假定。在弗雷德·霍伊尔的小说《黑云》中，那种星际生物会使用流动的离子态气体在散布在空间各处、相聚上百万公里的“器官”之间传送信息。这种推测——或者说，至少是富于成果的猜想——并不十分容易，但这种推测却在合理性上面临着某些困难。

130

正如我们在这一章的内容中所见，在我们生活的这个行星上，丰富的进化多样性不仅已经发掘了那些对人类而言显而易见可以作为语言的交流方式，也几乎利用了每一种地球环境能够支持的交流策略。而就算外星环境与地球截然不同，大气、温度、压力，甚至是地表构成的每一种元素和分子都不一样，但在研究了地球动物适应环境的方式之后，我们至少可以用地球上的观察去推测外星人可能使用——或者可能不使用——哪种交流方式。

在某个黑暗的地下世界——可能就像土卫二的地下海洋——完全看不到任何光线，而在那里，无眼的生物们则可能会进化出极为强大而丰富的声学交流方式；而在与之截然相反的稀薄的火星大气中，声学交流全然不是优秀的选择。

正如我们在之前的章节中的讨论，在地球这所进化的试验场上，当动物遇到的各种问题的时候，在符合物理规则的条件下，可能它们选择且实际可行的解决办法数量有限。而在宇宙中的其他地方，黑暗中的生命也只能像蝙蝠或者海豚一样发出探路的回声，生活在澄清天空中的动物同样会向彼此展示绚丽的色彩。如果某颗地外行星与地球的物理条件高度类似，那么当我们漫步于那颗行星表面时，冲击我们感官的各种外界刺激，就有可能与我们在地球上的森林中穿行时的感受十分相似。

131

VI

所谓的智力

Intelligence (Whatever That Is)

有时我的狗会冲我眨眼睛。它就坐在那里，静静地看着我，然后冲我做出一个“眨眼”的动作。我暗中四下观察，看看旁边有没有别人，然后也反过来冲着它眨眨眼。它冲我眨眼了，我又该做什么呢？如果它只是本能地眨了一下眼——像个遵守既定规则的机器人一样——那么即使我用眨眼回应，自己也不会损失什么。可如果它冲我眨眼是有意识的呢？它会不会也是一个具有意识和智慧的生命，同样明白我冲它眨眼的意义所在？它是不是想告诉我：“我比你想的更有智力，我就是想确认一下你是不是也了解。现在，如果你和我在一个频道上，发现了我们之间的秘密，就冲我眨眨眼睛。”

我们中的绝大多数人都不会真的相信，人类的动物伙伴能够拥有上面那一整套想法，大多数人也认为动物的智力——如果它们有智力的话——比不上人类的智力。当然，人类的成就，无论在个人还是整体文明层面上，都是我们卓越智力的证明，而其他动物刚好缺乏相似的种种成就，但这是否证明了人类与动物在认知能力上可量化的差异呢？我们聪明，而动物们……不那么聪明？

上千年来，人类一直痴迷于关于动物智力的问题，我们一直试图了解动物智力与人类智力之间究竟存在着何种不同。* 但如果真的存

---

* 请参见本书“延伸阅读”部分中弗朗斯·德·瓦尔（Frans de Waal）、格雷戈里·伯恩斯（Gregory Berns）和贾斯汀·格雷格（Justin Gregg）等人的著作，他们的书都具有很高的可读性，对动物智力的问题也提出了很多大开脑洞的看法。

在某种智力的基础，这种基础性的存在究竟又是什么呢？在地球——以及其他的行星上——到底是怎样的一种存在，能让我们看一眼就断定：“对，这种生物就是有智力的。”这种特征可能是某种特定的行为，也可能是某种特定的能力，再或者，我们又是否可以用某种特定的大脑结构，或者大脑运行程式的某种编码方式去定义智力的存在？

132

不过，我接下来想要阐述的话题想必读者已经不会感到意外，最让人感兴趣的关于智力的普遍特征，还是其进化的过程。因为当我们最终见到外星邻居时，用来判别彼此之间能否找到共同点的依据，正是我们都曾经历的进化机制。

为了给智力寻找令人信服的定义，人类经历了漫长修远的上下求索，过程中曾有一些试图将智力量化的尝试，但都直截了当地存在着可疑之处。人类有一种所谓客观的智力测量方法，但其“客观性”只存在于理论推测的层面，借由这种方法，人们宣称某些人比另外一些人拥有更高的智力（尤其是在贬低某些自己不喜欢的族群时，更是会使用这种方法），也以此提出了人类相比于其他动物更为独特的说法。但在这本书里，我们并不急于寻找智力的定义，而是希望发现一种总体的框架，为我们阐明智力在其他行星上可能的进化进程，以及这种进程是否与地球上智力的进化过程相类似。科技化的外星人是否拥有某种人类能够了解的智力？还是说人类与外星人拥有智力的方式是不同的，但都同样可以教会每种智慧生命建造射电望远镜的方法？我们想要寻找的是“类人”的智力吗？这种智力又是否刚好是我们想要找到的真正的“智力”？贾斯汀·格雷格曾在《海豚真的聪明吗？》一书中写道，从人类的直觉出发，我们认为苍蝇没有智力，黑猩猩聪明，但其实这种智力定义方法是在“测量该种生物的行为与成年人类之间的相似性”。这种以人类为中心的智力定义方法，是否会导致我们最终步入一条死胡同，无法听懂外星人与我们的对谈，乃至完全将其忽略呢？

在这个世界上，人类的智力确实显得非比寻常。什么造就了爱因斯坦或者莫扎特的问题虽然令人着迷，但至今尚无答案。不过，我们确实需要扬弃许多细节，扬弃那些关于人类和人类特别的智力的细节，回归进化行为的本质。我们想知道的，是爱因斯坦、莫扎特与我们每一个人都共同享有的普遍特性，以及这一共同点又如何从无到有地在我们的祖先身上进化出来，在它们进化出这一特性之前，又曾经拥有怎样的智力，也是我们想要了解的。为了将人类的智力置于合理的条件之下，我们必须注意到，地球上除人类以外的千百万种动物每一种都拥有属于它们自己的智力。如果认为35亿年来的地球生命进化历程只是为了诞生出人类智力这一个果实，未免过于狭隘而可悲。可是，我们又能否找到一种分析智力的方法，不仅同时适用于从海绵到人的所有生物，其所描述的过程又同时具有足够的概括性，可以涵盖其他行星上的动物呢？如果我们连地球上不同物种之间的智力差异都无从比较，那么当我们面对来自其他行星上的智慧生命时，又怎能辨别它们的智力中是否包含那种放之四海而皆准的真正特征呢？

但在考虑智力是什么之前，我们应该先暂停一下，想一想智力的存在是为什么。智力对于解决问题拥有基础性的意义，这一点非常有用，因为解决自己所面临的困难的能力对动物来说似乎是进化过程更为青睐的倾向。这个世界——以及每个世界——都充满了各式各样的困难：能量有限、空间有限、时间有限。所以，构思出如何有效利用这些有限的资源，本身就是一个问题，而如果你拥有解决这些问题的能力，那么就自然会比其他的个体拥有更多的优势。

举个例子来说，变形虫在其生活环境中运动时，会感受到周围不同方向上营养物质的浓度，并朝向营养密集度最高的方向移动，如果左边聚集了更多的食物，那么变形虫就向左边蠕动，而如果右边食物的味道更浓，就向右边爬。对很多人来说，这种简单的行为可能已经在某种程度上扩展了“智力”的定义范围。当然，在变形虫爬动的过程中，它们并不会“思考”，变形虫体内没有任何大脑一类的机制可以帮助它们完成思考的过程。但变形虫的行为确实存在着某种不可否认的精巧操作。对于比变形虫更为简单的生物来说，其生存所遵循的原则可能更为直接：“向前进，吃掉路上所有的东西——别转弯。”但变形虫却在这一原则上取得了进步，“向前进”或许并非最优的方向，食物也有可能出现在身后。这个世界终究是不可预测的。我们的单细胞朋友 * 会在感觉到营养物质的密集度差异之后再决定移动的方向，而这种智力，连同动物界（也包括人类行为）中最具智慧的行为一起，都可以在不涉及“思考”或者“心理过程”等词汇的条件下得到诠释。

动物在运用其智力时，似乎有一大部分时间都花在对世界本质的预测上。那头狮子要攻击我吗？还是说它离我太远？白天越来越短了，我应该飞向南方过冬吗？那只雄性动物会不会成为我后代的好父亲？看起来，在这个不可预测的宇宙中，每一种智力都似乎不可避免地要被用以找到某种确定性，而人类则将智力的这一用途发挥到了极致：这枚空间探测器能否进入木星轨道？宇宙是否会持续膨胀，还是终有一天将会坍缩？我能否用核武器成功地威胁对方而不被对方拆穿我的虚张声势？在人类智力的众多定义中，有一个著名的说法，即我们有能力在自己的头脑中构建宇宙的模型，继而以其预测不同情况下可能发生的各种事件。** 人类可以使用“运行头脑的模拟”来检验真实问题的潜在解决方案，从而避免实际行动中可能发生的危险。当然，我们在这方面拥有非常特别的能力，而其他大多数动物可能都缺乏这种能力，不过，这种能力在其他动物身上是否完全不存在？还是说动物们只是在这种能力上不像人类那么擅长？我们的智力是否只是在程度上比其他动物发展得更进一步？还是说人类的智力和其他动物

* 指变形虫。——译者注

** 哲学家丹尼尔·丹尼特在其著作《各种头脑：意识的起源》（*Kinds of Minds: The Origins of Consciousness*）一书中为不同种类的预测能力构建了一幅清晰而实用的结构图。

的智力存在着根本性的差异？

在开始这一系列观察的时候，我们首先可以将自己和其他动物的智力看成一种预测的机器：大脑即是一名预测者。这样一来，智力进 135 化的具体过程就完全依赖于生物所要预测的事件。人类关心的问题，不外乎猎物是否会逃跑，或者自己能否逃过掠食者的追杀，所以在人类的世界里，充满了各种处于运动状态的视觉物体，而我们的大脑也进化成为外部世界物体运动的内在表达。对于电鱼来说——如前一章之讨论——其生活的环境与人类截然不同，所以在电鱼解读和预测世界的时候，它们的智力就会以完全不同的方式运行。电鱼身边的电场中的微弱扰动可能会被理解成物体的位置和运动，但如果人类想要理解电鱼感知世界的方式，那么，它们对物体之间“空间关系”的概念似乎就很可能与人类的空间概念完全不同。对于那些长着完全不同感觉器官的外星生物来说，我们对这个世界的感知，与它们的感知又将有多大的不同呢？

哲学家托马斯·内格尔（Thomas Nagel）在一篇著名的文章中提出了这样的看法：想象蝙蝠感知这个世界是不够的 *，在最好的情况下，我们只能理解人类对蝙蝠知觉经验的一种翻译，而蝙蝠经验中的“蝙蝠性”则完全超乎人类的感知能力。

这样的事实让我们感到繁难，因为它暗示着这个世界上可能存在着无数种智力，每一种都与其他的所有种类完全不同，在所有的意图和目的上，世界上的每两种智力之间都绝无相同之处。既然我们连蝙蝠拥有智力的方式都理解不了，那肯定也就无法寄希望于理解外星生物的智力。如果存在着这么一个世界，其生命的进化发生在黑暗的地下海洋之中，那么，在那颗行星上，其智慧生命所拥有的概念和理解 136 一定是我们完全无法想象的，正如人类意识中的日落和彩虹，也绝无

---

* 参见托马斯·内格尔著《成为蝙蝠是一种怎样的体验？》（*What is it like to be a bat?*）。

可能以人类的理解形式传达给它们。

幸运的是，过去五十年间，针对动物行为的研究为我们揭示了许多重要的线索，帮助我们理解人类与外星生物智力的共同点。动物的智力应该是多种不同感官知觉与预测技巧的集合，它们以此能力感受并判断外部世界。但这一过程又究竟是如何完成的呢?

多种智力？还是单一智力？

对外星智力的不确定性中，有很大一部分源于我们对地球智力本质的不确定性。关于这一点，科学家给出了至少两种可能性的解释：其一，智力是一种**一般性**的能力，即一种可以被无差别地用于解决各种不同问题的能力——比如，既可用于解方程式，又可以用来抓住一颗飞行中的网球；其二，智力是由多种不同的特定技能混合而成的——解方程式时用的是一种智力，而抓球时用的是另一种。如果智力是一般性的，那么我们所有人在完成所有任务的时候使用的都是同一种智力，只是某些人的智力会比别人更高；但如果是另一种情况，智力由不同的特定能力所组成，那么任何一种智力能力就都有可能在特定的物种身上完全缺失，甚至同一种群中的某些个体也会完全缺失其同类的所掌握的某些能力。自然界中，有些动物（以及人类）可以精准地抓住空中的网球，但却对数学问题束手无策，反过来，又有些人精通数学但抓不到球，这又意味着什么呢? 到目前为止，不管是抓球还是算数，我的狗都不会做，很明显，它的天分可能还隐藏在某些尚未被发觉的角落里。

上面的这个问题对于理解外星智力的本质至关重要。如果智力是一种一般性（且普世）的能力，只是在程度上有所区别，那么我们就很有希望看到外星生物拥有与人类十分相似的智力。但是，如果智力建立在不同的特定能力之上，而又与该种动物需要解决的特定问题紧密相关——比如射水鱼（archerfish），一种可以精准地从口中射出水弹，打掉水面之上的小虫的鱼——那么外星智力就很有可能建立在与我们完全不同的经验之上，以至于我们可能就（非常不幸地）没办法与外星生命互相理解，甚至无法认出对方的身上也有智力的存在。

在这个难题面前，科学家已沉吟许久：到底是动物们在进化中发展出了一系列用于解决其生活环境中特定问题的特定智力能力？还是说智力是一种一般性的属性，可以广泛使用，且包含了解决那些特定问题的能力呢？在关于智力本质的问题上提出这种二分法的假设，与我们所知的其他所有二分法定义一样，应该也是一个伪命题，但无论如何，这正反两方背后支持与反对的论据，都为我们极大地揭示出在智力的发展过程中可能的不同进化路径。

不同的物种进化出不同的能力，这一点似乎是显而易见的。水生或陆生、植食或肉食，凡此种种，在每个彼此迥异的生态位中，等待动物们解决的问题本身就全然不同，所以它们也都掌握了不同的“智力”，用于解决它们各自所面临的问题。乍看起来，这种解释似乎是无可争议的：虽然光线在水和空气的界面上会发生折射，但射水鱼（archerfish）还是能精准地击中虫子；通过运用其非凡的能力，蝙蝠可以在三维空间的飞行中判断昆虫的运动从而准确地抓住猎物；切叶蚁能构筑深达几米的洞穴，并在特殊的仓房中种植一种特别驯化的真菌作为食物。这些都是不同种类智力确凿的证据，也无法被视为单一智力的不同方向。

但是，如果从这一点出发，我们最终会从逻辑的角度上发现，其实，人类也并没有比水母更具智力，我们与其他生物的区别也不过是“聪明得不在一个频道上”而已。这种说法明显出离大多数人的直觉，因为我们至少可以确定，人类在若干方向上看起来更聪明，比如我们会使用逻辑去建立对这个世界的科学理解，创造独特的艺术与音乐，以及使用社会技能促进城市与国家的繁荣——这些城市与国家都由上

138

百万的人类个体所组成。可在另一方面，水母却只能勉强掌握“漂在海上”这个技能而已。但硬要宣称人类“一定”比水母更具智力，却会在一定程度上陷入循环论证：如果我们从一开始就假定智力是“我们人类拥有的东西”，那么就一定会胜于其他动物。所以如果想实现更客观的分析，一种可能的方法是先去寻找我们想要进化出的智力的类型，以及进化的理由，再去重新评估这种能力在我们生态系统中的分布状况。

这种所谓“不同物种之间智力的差异主要体现在程度之上，而非种类的区别”的“单一智力”的说法，很大程度上源于对人类心理学研究的观察，而动物们一直也都多多少少地被列为心理学观察的对象。心理学家们表示，在多种不同的智力测量方法之间貌似存在着某种相关关系。擅长数学的人一般也都善于学习语言和音乐。这（据心理学家称）暗示着这些“聪明”人的大脑里可能存在着某种共同之处。不过，自20世纪80年代以来，很多关于“一般智力”或者“一般智力因素”（G-factor）（最早可以追溯到20世纪初的一种研究）的原始研究都已经被推翻。* 试图在测试中控制受试者成长经历、社会经济背景，甚至是文化倾向的人类智力测验具有异常高的难度。就算做到最好，人类智力测验也只能承载着研究者们的天真幻想，被用以证实一种可能本不存在的科学假定目标，而在最恶劣的情况下，智力测验则会被恶毒地利用，制造人类的隔阂，助长种族主义。能否用单一数字构成的智力商数这个概念来概括一个人的智力水平本身就已经充满争议。在进化过程中，动物所需解决的困难与人类相异，使用的信息也不同，那么，把智商测试推广到动物身上又有什么意义呢？这种想法显然滑稽可笑。任何一个见过被关在罐子里的章鱼自己逃脱的视频的人，都会认为这种动物一定拥有智力，但没有任何一种智商

139

* 参见斯蒂芬.J. 古尔德著《人类的误测》（*The Mismeasure of Man*）。

测试可以触及这种智力的本质和涵盖范围，也没有哪种智商测试能告诉我们，章鱼的智力与人类的智力有多么相同，或是多么不同。

对于智力的进化，有一种来自单一智力说支持者的看法确实值得严肃的思考。很多智力行为其实只依靠某几种核心的能力，具体地说，就是学习能力、记忆能力，以及决策能力。这几种能力看似非常简单，但实际上它们对动物——以及人类——所要执行的各种智力任务而言都十分必要。我们知道，通过训练很多物种都可以“学会”某些特定的行为，比如训练老鼠在迷宫中找到正确的道路，训练鱼类识别面孔。同样的心理学技巧也可以应用于教宠物狗坐下，或者教一只鸡玩滑板。

众所周知，1897 年，伊万·巴甫洛夫观察到了狗的条件反射，他发现狗会对完全中性的信号——铃声——产生反射，其反射反应与狗得到真正的奖励*时一样。由于铃声的信号总与食物的投喂紧密联系在一起，所以巴甫洛夫的狗在听到铃响时就会开始分泌唾液，可是铃响本身并不是食物，所以听到铃响就流口水的行为既不可能出于狗的本能，也不可能源自狗的进化。可是这种学习行为又何尝没有进化上的意义呢？如果能用非食物的信号预测食物的出现，那么在进化的赛道上，这种动物就已经取得了先人一步的优势地位。

巴甫洛夫之后的若干年中，科学家们又发现了一些难以解释的行为，而这些行为似乎被所有动物共享：为了产生更理想的结果，动物 140 可以学会改变自己的行为——即使这种行为本身是中性的。“搜寻食物——找到食物”的行为和结果对狗来说是正常的，因为这是进化的适应。但你也可以通过奖励食物的方式教狗坐下，而这种通过学习坐下的行为而获取食物的过程是异常的，因为“坐下”与“搜寻食物”本身没有任何关系，而“坐下”的行为又是中性的。很明显，狗将自

* 肉。——译者注

己对“坐”这一指令的回应与食物的出现联系在了一起。狗学会了一种行动，也学会了这种获取食物的方法，其方法是灵活地改变自己。而这种灵活性似乎对智力来说是非常关键的一环。

令人感到惊讶的是，这种学习能力似乎在地球动物身上广泛存在。狗和猴子等其他哺乳动物会学习，鸟类也能通过观察其他鸟类的反应识别出掠食者的信息，就连鱼类都能通过其他鱼类成功取食的行为学习辨认喂食的方式。虽然昆虫的大脑极为简单原始，但它们也能学习。研究者最近教会了蜜蜂“踢足球”，只要它们能把一个小球弄进“球门”里，就能获得糖的奖励。地球动物身上这种无所不在而又种类繁复的学习能力——连同这种能力带来的进化优势——让它几乎成为智力的一种绝对的普遍特征，即学习将某些行动与某些特定结果联系起来的能力。如果外星动物在它们的行星上也进化出了解决问题的智力，那么它们就必然进化出了这种将行动和结果联系起来的能力。所以，这种被称为“联结学习”（associative learning）的现象也一定在宇宙各处普遍地发生着。

“学习”应该是判别智力是否存在的一项有力的依据。如果某种动物的行动只是单纯地遵循本能，那么我们一般就不会认为这种动物是智慧的。青蛙用舌头捕捉昆虫时的行为无疑很“聪明”，但在另一方面，这种行为也“仅仅”是在履行其本能而已。在学习某些新的技能和行为的时候，动物所展现出的灵活性与本能性的行为显然是不同的——而这种灵活性也被我们自然地认为是智力存在的一种先决条件。那么，这一标准是否是一种普适性的定义？对地球动物和外星生物而言，智力是否就是学习，且别无他物呢？

141

大多数进化生物学者都不认为我们已经抵达了这个问题的终点。自然状态下的动物行为和实验室中大相径庭，在巴甫洛夫，以及那些在20世纪上半叶继承了他的学说的研究者们枯燥乏味的实验室中，我们所看到的动物的图景与真实的世界非常不同。想到科学二字的时候，你想到的画面或许就是一群身着白大褂的科研工作者，手里拿着记录用的夹子，观察一群老鼠在迷宫里跑来跑去，但这幅画面也只是科学全景中的一角而已。为了在逻辑上探究行为最根本的属性，并排除所有可能存在的干扰与无关信息，科学家们制造出高度控制化的环境，并将动物置于其中，给它们创造种种非常特别的任务。科学实验永远是简化的现实，但这种简化有时却会导致错误。

动物的进化不是在大学实验室中发生的，它们的生命源自真实的外部世界，在那里，各种感官刺激洗刷着它们的大脑，而各种信息不仅缤纷杂乱，而且——更重要的是——互相冲突着。真实世界中的老鼠永远不需要在两条完全相同的道路中做出取舍，向左还是向右？老鼠的进化历程中从未产生过解决这个问题的需要。而在野外，研究动物行为的结论经常与心理学实验室中的结果相冲突，那些实验的有效性至今仍有争议。

在野外，各种动物的行为方式差异巨大，这在我们寻求智力的普遍共性的过程中非常重要。对于生活在东非丛林中的黑猩猩来说，它们所需要的心智技能与生活在南太平洋新喀里多尼亚岛上的乌鸦所用到的肯定非常不同，但它们都很聪明——都是地球上“最”聪明的动物之一——它们是否拥有相同种类的智力？野外动物行为的研究，给单一智力说提出了两个问题。 142

首先，面对诸如黑猩猩和新喀鸦之类的动物所展现出来的无与伦比的先进、复杂的行为，我们不禁会对“动物界中的所有智力都源自某种共有的能力”产生怀疑。1960 年，简·古达尔（Jane Goodall）为我们描述了黑猩猩们如何使用和调整木棍工具，进而从蚁穴中摄取白蚁为食。* 古达尔的这一发现撼动了人类曾经自诩的独特性的基

* 参见简·古达尔（Jane Goodall）著《透过一扇窗：我与贡贝黑猩猩们的 30 年》（*Through a Window: My Thirty Years with the Chimpanzees of Gombe*）。

石——我们曾经认为人类是唯一一种能够使用工具的物种！她的发现无疑打开了洪水的闸门。生活在南太平洋的法属新喀里多尼亚岛上，长相平平无奇的新喀鸦也会制作工具，它们会寻找合适的细枝，并用自己的喙将树枝折成合适的形状，从树干的小洞里钩出其中的昆虫。近来，新喀鸦又向人们展示出另一种新的、更惊人的技巧，它们不仅会制作工具，**还会用自己制作的工具制作新的工具**。在实验中（老实说，是在实验室环境下），这种鸟类用较短的小木棍找回长木棍，又用这些长木棍制作取食的工具。它们甚至还能在相似的木棍中挑选，分拣出能用的和不能用的，再根据它们所需解决的问题的性质，用喙将这些工具加工成各种形状。* 这就是说，我们不仅不是唯一会使用工具的动物，甚至连唯一会使用科技的动物也算不上。

毫无疑问，这就是智力。但是，使用工具的黑猩猩和乌鸦的共同祖先却生活在至少 3.2 亿年前——那时的地球陆地还被巨大的蕨类植物森林与巨型昆虫所统治，天空中飞行着的像蜻蜓一样的虫子翼展长达一米——而它们的这一共同祖先也是从鼩鼱到鲸鱼，乃至所有的现代爬行动物和鸟类的共同祖先。如果这些动物的智力来自同一个共同祖先，那么我们在其所有（至少是大多数）后代身上都应该发现这种智力。可是为什么并非所有的鸟类、哺乳动物和爬行动物都拥有那样的智力？在这种智力被黑猩猩和新喀鸦从远古祖先那里继承之后，它就在诸如蜥蜴、海龟、金丝雀、负鼠和角马等绝大多数动物身上凋零了，这可能吗？

当然不可能。唯一说得通的解释是黑猩猩和新喀鸦在后来的历史中分别进化出了各自异常的智力，同样的故事还发生在很多其他物种身上，包括能通过协作将鱼群驱赶到浅水区的海豚，会使用石头砸开坚果的僧帽猴，以及我们人类所有的问题解决能力。智力会针对某种

143

* 参见珍妮弗·阿克曼（Jennifer Ackerman）著《鸟类的天赋》（*The Genius of Birds*）。

动物所需解决的特定需要随时随地发生进化——它不仅是从初始之日继承而来的那一种特质而已。我们今天所见到的智力进化——在各种领域的各种问题面前，永不间断地持续进化——是一种令人注目的标志性过程，它暗示着在这个宇宙的不同星球上，外星动物也会进化出解决问题的智力。地球生物既不最为特殊，也不会更加聪明。

智力的这种趋同进化开启了一种新的可能性，即不同的物种的智力可能存在不同的机制。黑猩猩和新喀鸦展现出的令人印象深刻的技艺，并非继承自古老祖先又各自适应调整的单一智力，而是各自进化出的特定能力。这种能力源自各种动物不同的行为基础，或许是对各自感知能力的平衡，或许是构建各自不同的大脑结构。这一解释有力地吸引了进化论生物学家，因为在进化的角度上，各种不同的特殊能力比“一般的”能力（类似单一智力说）更能得到合理的解释。如果某种动物在某一方面可以特化得更出色，那它就没有将一般能力继续进化的理由。某一方面的专家在他们所擅长的领域总是比全面型人才更为优秀，这也是为什么脑外科手术需要请神经外科医生来做，而不是全科医生。所以，如果新喀鸦需要从树干里挑出虫子，它们就可能会在使用工具方面特别地进化，而这一特长也将更好地服务它们。如果新喀鸦面临的困难不是从树干里面挑虫子——获许是某些它们一生中都不会遇到的问题——那么再进化出这种能力就无疑是一种浪费。对于任何能力而言，如果不能促进该种动物，以及该种动物后代的存活和成功率，就没有进化的意义。 144

一般智力是智力本身的通用性质（不管是在地球上还是宇宙中其他的地方）的说法，还会催生第二个问题：在动物身上，我们发现了许多被认定是智力的行为，都非常明显地基于个别且特定的大脑机制。鸟类非常善于学习，不可否认，它们的鸣唱就是最鲜活的例子，但是鸟类学习的能力却体现在两类非常不同的技巧之上，而这两种技巧需要的是两种不同种类的智力。

多种鸣禽都具有天生的鸣唱能力，但如果在成长环境中没机会听到同类的鸣叫，它们自己也无法掌握正确的叫声。鸣禽必须学习它们鸣唱的方法，而这一点是切实的。有些种类的鸣禽拥有极佳的鸣唱能力，能够记住由上百个不同音符所组成的极为复杂的旋律。我在田纳西大学工作的时候，每次步行前往我任教院系的路上，都必须停下脚步听一听北方嘲鸫（northern mockingbird）那无与伦比的婉转歌喉。这种鸟能模仿几十，甚至上百种不同鸟类的鸣叫，雄性北方嘲鸫能先模仿几个小节的美洲知更鸟（American Robin）的叫声，然后转到冠蓝鸦（blue jay），再换成卡罗莱纳鹪鹩（Carolina wren）、五子雀（nuthatch），等等。这不是继承来的行为——每只雄性嘲鸫都是在成长的过程中通过学习它所听到的各种鸟鸣才掌握了这种技能。这无疑是一种令人钦佩的学习能力，也是一种优异的智力。

145

不过，多种鸟类拥有的记忆和学习技巧在本质上是**不同的**。很多生活在暑热冬寒的环境中的鸟会在合适的时候收集食物，并将这些食物隐藏或窖藏在不同的地方，保证自己在食物匮乏的那几个月里不致饥馑。生活在北美洲落基山脉的黑顶山雀不仅可以在不同的地点贮藏几千颗松仁，还能在之后的几周里将这些松仁一颗一颗地找回来，这种惊人的记忆能力已经远胜人类。通过对这些奇异的小动物体积微小的大脑进行研究，我们清楚地发现，无论它们的记忆能力如何运作，都一定与鸣唱学习的运作机制**不同**。

最起码，参与鸟类记忆食物贮藏地点的大脑区域与记忆鸣唱所用到的区域不同。鸣唱功能集中在鸟类大脑一个体积很小但高度特化的结构中，而在其他并无音乐天赋的物种的大脑里，我们也没有意外地发现这种结构——它们没有鸣唱的能力，所以不需要这个智力器官。与之相反，记忆储藏食物位置的能力对任何动物都有用，而且这一能力也似乎与一种名为“海马体”（hippocampus）的神经结构紧密相关，这一结构存在于所有脊椎动物的大脑，也包括人类，而在那些特别善于记忆贮藏食物位置的动物体内，海马体的体积显著增大。有人曾打趣道，为了记住英国首都的每一条街道，伦敦出租车司机的海马体应该比别人都大。拥有完全不同的大脑结构的外星人——很有可能没有海马体——应该也拥有自己特定的大脑结构，其中就包含为学习能力而特化的部位，其进化也是为了适应其特别的目的。

目前，生物学家发现，为这些非常具体的学习能力给出解释非常容易，这一点与一般智力的情况截然不同。比如黑顶山雀，能记住贮藏食物位置越多的个体熬过冬天的可能性就越大。智力为特定的目的服务，这一点不可避免且简单直接，而且也一定存在于其他星球之上。那么我们是否应该放弃一般智力的说法，转而认为每种动物的智力都只对应它们自己的生态位需求呢？也许，智力特征中普适性的定义就是一个谜，而我们也最好对它避而不谈？

146

一般智力的进化，是为集合各种不同特定的智力而服务，这是目前最具有说服力的说法，有些动物的行为与人类智力的表现方式类似，而它们——也像人类一样——在自己的生活环境中选择了许多不同的特征，并将这些特征以各自不同的方式加以处理，最终产出单一的结论。现在，科学家们越来越多地将智力视为一种具有层级的过程，每一个层级上都集中着各种不同的能力，而这些能力——比如记住贮藏食物的位置，或者鸣唱的方法——本身也都是对进化压力的回应。然而，在环境尤为不可预测的时候，所有的这些能力都可以同步参与平衡调整，从而产生一加一大于二的结果。

我认为这就是预测外星生命智力的最好办法。如果某颗地外行星的环境条件与地球类似，那我们就很可能看到外星动物拥有与地球动物相似的特别能力。在一颗季节分明的行星上，那里的生物也可能会贮藏食物；而在一颗难以获取食物的行星上，它们也会使用工具。但是，对于那些会被我们称为“智慧外星生物”，拥有能与我们取得联络的科技能力的外星生物来说，它们也会在进化的过程中集合所有特定的能力，并将这些能力应用于新的、独特的场景之中。如果某种生物能将“贮藏食物”和“制造工具”这两种技能结合起来——以及意识到这种结合能给它们在藏起食物和挑出虫子之外带来更大的收益——那它们最终也一定会造出宇宙飞船。

147

作为科学家和数学家的外星人

我们这些科研工作者习惯于将外星人也假定成科学家和数学家，而且是比人类科学更为先进，技巧更为高超的科学家和数学家。不然它们又怎能制造出宇宙飞船前往地球，或是制造出射电望远镜给我们发信息呢？虽然在流行科幻小说等文学作品中，外星科学家一般都是在人类倒霉蛋的身上做实验，而不是慷慨地与我们分享它们富饶的知识，但科幻作者应该也会赞同，外星文明具有比人类更高的智力。同时我也认识一些哲学家，他们坚定地相信外星人也是哲学家。这样说来，电工和水暖工们会不会也认为外星文明与地球文明一样需要电工和水暖技术呢？

在科学界，科学家们历来习惯于以自己的文化和社会背景影响其科学的方法与发现。不过，虽然我们尚不确定外星人有没有室内上下水和集中供暖系统，但科学和数学的法则却在我们和它们的世界里完全一样。我们能否理所当然地认为，外星文明会在这一点上与我们达成一致？不管是人类还是外星的数学家，它们是否会发现很多相同的道理，而外星数学家又是否会推导出与人类数学家一样的数学定理？如果答案是肯定的，那我们能否运用最基础的逻辑学、数学和科学，建立一个与外星物种共通的沟通渠道？就算我们在生物学的任何一个方向上都不与外星生物相同，这种想法又能否实现？

当然，早在科学家与哲学家严肃思考外星生物是否存在问题之初，上述想法就已经提出了。20 世纪 80 年代，天文学家卡尔·萨根

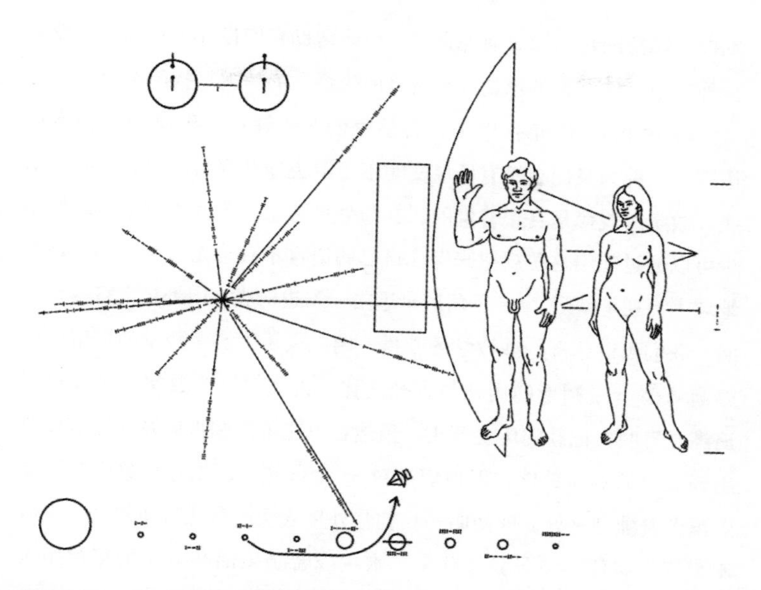

“先驱者”镀金铝板。刻有人类和地球的示意图像，卡尔·萨根希望这块铭牌上的信息能够被外星智慧生命所理解，前提是外星人理解“数字”的概念。

曾经富于表现力地用文字描述了外星生物的图景，在他的设想中，外星文明可能会使用数学的原则与我们建立联系，* 他本人［连同他的妻子琳达·萨根（Linda Sagan），以及弗兰克·德雷克（Frank Drake），地外智慧探索之父］共同设计了著名的“先驱者”镀金铝板（Pioneer plague）。20 世纪 70 年代初，这块铭牌随着两架肩负太阳系探索任务的小型空间探测器一起被发射升空，铭牌上不仅刻有两个人类图像的视觉表达，还刻有 14 颗易被发现的脉冲星独特的旋转周期的数学表达，以及这些脉冲星到太阳的距离。任何发现这块铭牌的文明都应该能够凭借这张“地图”上的信息定位太阳系的位置。所以，也许数学

148

* 卡尔·萨根著《接触》（*Contact*）。

不仅能够帮助我们搜寻地外智慧，也能帮助我们设计一种信号，发射到外太空，将“人类也是拥有智慧的生命”的信息广播给全宇宙。

自 20 世纪 60 年代以来，科学家们一直建议，数学是一种宇宙149语言，一种为我们和所有外星文明不可避免地共享着的语言。归根结底，数学的规律是真正普世的。在与外星智慧交流的尝试中，我们至少可以通过使用这些规律来保证自己的语言不致毫无意义。不管是在地球上，还是南门二*，三角形永远由三条边构成。向外星人宣告智慧时，我们可以选择一些数学的常量，用以表示人类对数学的理解，比如圆周率 π：圆形的周长与直径之比。人类对这个数字的了解可以追溯至有明文记载的历史源头，虽然古巴比伦人和古埃及人没有计算出圆周率的具体数值，但他们都对 π 十分熟悉。发送抽象的数学概念蕴含着独到之处，即使明知我们与外星人在语言或身体的形式上各不相同，居住环境各异（陆生、水生或者是生活在液态的甲烷中），生命规模大小不一（人类大小，或是小如跳蚤、大如树木），感官渠道也不一样（用声波、光波，还是用电场感受世界）——但我们还是可以毫无怀疑地保证，所有数学原则均通用于任何一种生物。因此，在另一物种接收到数学信号的时候，它们会立刻意识到，这种信号的发出者一定是来自宇宙某处的智慧生命。

但某些哲学家也表达了对“数学语言就是宇宙的终极通用语言”这一说法的疑问。** 一来，人类对数学的理解受限于自己的物理特性。我们过于习惯三维的世界，以至于很少考虑二维世界中数学家对这个宇宙的看法。生活在很小的星球上的蚂蚁大小的生物可能会发现人类的数学与它们非常不同，在那样的行星上，当蚂蚁围绕星球转圈时，

---

* 半人马座 α 星，离太阳系最近的恒星系统。——译者注

** 参见道格拉斯 .A. 瓦考克（Douglas A. Vakoch）著《发现地外生命的影响》（*The Impact of Discovering Life Beyond Earth*）一书中“与他人的交流”（*Communication with the other*）部分，史蒂文 .J. 迪克（Steven J. Dick）等编。

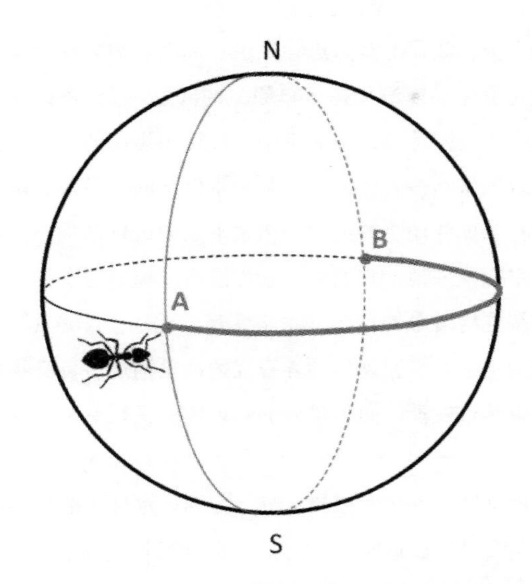

在不同的物理条件限制下，数学也会呈现出不同的形态。对上图中的蚂蚁来说它所处的星球的圆周长度（从A到A，沿球体最长轴一整圈）正好是“直径”（赤道从A到B）的两倍，所以在它的世界里 π=2。

它们感觉不到自己是在绕圈，而是会感到像人类在飞机里走路一样平坦——虽然我们站在人类的立场上，可以清晰地看到它实际上正在一个三维的球体表面爬行。如果你的世界只能行走于星球球体的表面（不许打洞！），在那里的圆周率 π 其实也并不是我们熟悉的 3.14159265……。我们在这颗“蚂蚁星球”的赤道上假定一个点，从该点出发，有一圆周同时穿过南极点和北极点，并与赤道在球体的另一边再次相交，那么当这个点上的蚂蚁沿着穿过南北极点的圆周爬一整圈，它走过的路径就是这个圆周的周长。但对这只蚂蚁来说，这个世界的“直径”是垂直于穿过南北极点的那个圆周的一条线，即沿赤道至最远的一点之间的距离。这一条沿着赤道的线的长度刚好是星球周长的一半。所以在那个世界里，π=2！

150

作为人类，我们的智力进化发生在非洲稀树大草原上，所需解决的问题也是发生在非洲稀树大草原上的问题。* 在人类伸出手去想抓住一只飞行中的网球时，我们不必先计算出运动的力学方程式，因为投掷和抓取飞来物体的能力是人类与生俱来的，是人类祖先在世代不停投掷标枪和抓住动物的过程中积累下来的进化结果。但对于生活在地下的盲眼鼹鼠来说，它们的概念里没有“抓”这个词，也确实很可能无法理解这种概念的存在，除非终有一天，一只鼹鼠数学家理解了爱因斯坦关于第一性原理运动方程式的抽象描述。自身物理体验之外的概念都很难被发现，而外星人的物理体验又很有可能与人类的体验不同。

151

一方面被物理环境所限制，另一方面，地球上的科学进化也限于科技条件的要求：建造更好的寺庙（需要墙面与地面的垂直），建造地下的水渠（需要足够支撑穹顶的拱券），建造投石机（需要计算出卵石的弹道轨迹），制造战斗机和原子弹，等等，这些科技发展都需要背后大批科学家与工程师的支持。在很大程度上，人类数学发现的进化轨迹被我们对建筑和战争的渴望所塑造，为了更宏伟的建筑，我们计算，为了拆掉这些建筑，我们再次计算。也许爱好和平的外星种族对弹道科技一无所知，而没有宗教的外星种族可能永远也不会发展出建造气势恢宏的庙宇所需要的科技。那些在人类的概念中基础而明显的数学原则，对于以不同的路径抵达其“智慧之国”的外星人来说，可能根本没有那么重要。

但计数的问题呢？举个例子说，是不是所有的智慧生命都要数数？如果它们连手指或者与手指类似的器官都没有呢？数学能力是如何在地球上得以进化的呢？在其他的行星上，它的进化历程又是否会与地球类似呢？

* 参见理查德·道金斯《盲眼钟表匠》。

数学能力的进化

区分“许多”和“很少”的能力明显可以给动物带来巨大的进化优势。如果你能朝向“很多”食物的方向前进，逃开有“很多”掠食者的方向，那就有很大的可能性活下来。几乎在所有的机体复杂度水平上，所有种类的动物都拥有分辨“多”和“少”的能力，所以这一点想必不会让你感到惊讶。但分辨“一大堆食物”和“一小堆食物”的能力并不是数学能力，动物可以简单地通过侦测味道的大小，或者判断某一物体在视域中的占比来分辨“多”和“少”，这些直通大脑的感官信号可以指引你前进的方向，但这些感觉并不是数学。

简单的感官响应与真正的数学能力之间的区别代表着进化意义上一个重要的台阶，前者只是对不同方向上气味薄厚的感知，后者才是对不同客体集合之间孰多孰少的真正理解。在实验室环境下，人们试图用不同的方法寻找动物身上是否存在真正的数学能力，并把数学能力与感官的灵敏性剥离开来。通过实验，我们发现，从鱼到鸽子，再到猴子，很多种不同的生物都展示出它们能够感知数字的区别，而不只是简单的对模糊的量的多少做出反应。虽然这种能力也很难被我们称为“数学能力”，但它确实构成了数学的必要基础。对于任何地球与外星动物来说，如果缺失这种基本的数字能力，它们就几乎不可能进化出复杂的数学能力。如果人类的祖先分辨不出自己所要降服的是两头还是五头狮子，那么今日我们掌握的非凡的代数、微积分和统计学能力都不可能成为现实。

掌握了最基础的量的概念——一种具有巨大进化优势的能力——之后，下一步就是理解纯粹的“数字”概念。这在智力能力的进化历程中是一步巨大的飞跃，而且在进化论的角度上对其解释的难度也更大。如果我能分出“很多狮子”和“几头狮子”的区别，那我还需不需要精确地知道只有三头狮子？不过，虽然识别单独数字的能力在动

153

物界的分布并不那么广泛，但也绝非罕见。早期的实验显示，通过反馈奖励，我们有可能教会老鼠按照特定次数拉动拉杆：比如拉 3 次拉杆给 1 次奖励，4 次就不给奖。动物们似乎明白，它们必须选择一个特定的数字，而不是简单的“越多越好”。

当然，对于在实验室中走迷宫的老鼠的行为，我们也可以持更具怀疑态度的看法：我们已经见到，联结学习可以用于教会动物们执行各种各样的表演，包括滑滑板。那这是否就意味着这种学习是某种集中训练（intensive conditioning）的副产品，就好像马戏团中的大象以最“不大象”的方式进行表演？虽然在理论上，集中训练可以证明动物能够进行“有智力的”表演，但同时也几乎无法告诉我们动物是否在野外就进化出了这些能力，从而获得更佳的适应优势。别忘了，我们的目的是找到智力进化的普遍路径，而这一路径同等适用于地球动物和外星动物。我们所感兴趣的，是智力的进化目的，不是动物表演的小杂技。

再者，从更自然主义的角度上讲，实验已经为我们展示出存在于少数几种动物身上的、令人印象异常深刻的数字能力。黑猩猩能在人类的训练之下学会辨认数字符号，并将这些符号与出现在它们面前的物体的量联系起来。相比起拉动拉杆的老鼠，这种行为无疑更为有力地证明了数学智力的存在，可是黑猩猩是人类目前现存最近的亲戚，所以我们又无法确切地得知，这种数学能力是否在地球上——以及更大的范围，全宇宙中——广泛地分布着。退一万步讲，黑猩猩跟人类并没有那么大的不同。

154

不过，某些更令人感到惊讶的动物也能像人类一样识数，那是 20 世纪 80 年代到 90 年代非洲灰鹦鹉亚里克斯（Alex）的故事。哈佛大学的艾琳·佩普伯格（Irene Pepperberg）教授曾尝试接手动物智力研究方面最为棘手的问题——人类无法直接询问动物的思考——而她则通过教会鹦鹉说话，完全解决了这个问题。* 不是教亚里克斯模仿人类的声音，而是教它真正理解简单语句的概念，与它在清晰的对话中展开认知性的互动，而亚里克斯的智商相当于五岁的人类儿童。实验的结果也相当惊人，在一系列严苛且精心控制的实验中，亚里克斯不仅正确地识别并解释了出现在它面前不同颜色、不同形状和不同材质的物体，它还能数出物体的个数。亚里克斯的数数，不是简单的“一、二、三”，而是辨认出面前不同种类的物体数量，即便存在相互冲突的线索，也不妨碍它数出正确的个数。比方说，研究人员给亚里克斯面前摆出一个托盘，上面盛有一支橘红色的粉笔、两块橘红色的木头、四块紫色的木头、五支紫色的粉笔（请注意，材质和颜色在这四组物品中都有重叠）。然后研究人员会问亚里克斯：“有几块紫色的木头？”它的回答是正确的“四”。直接询问动物的直觉是一种非常值得注意的探寻方法，而且格外稀少。不过，我们还是找到了动物身上不可置疑的数字能力。但是，关于地球上的数学能力的进化，它又给了我们什么样的启示呢？

正如能够识读书面数字符号的黑猩猩，这些物种具有超群的认知能力。将它们归类为拥有智力的生命，我们应该不会有什么犹豫。但对于地球上繁多的动物种类来说，这些物种却不具备显著的代表性。无论如何，拥有智力的物种——黑猩猩、鹦鹉，以及我们人类——还是出现在了这颗行星上，所以其他动物至少也有可能具有智力。但是，智力是如何出现的，它又如何一步一步地让动物从金鱼对数字的认知水平（即几乎没有任何认知）进化成像人类一样的数学家？人类的祖先是在什么时候发展出了与新喀鸦不同的方法，进化出比自己的祖先略微先进一点，却又属于不同种类的智力？这一过程如何发生，

155

* 参见艾琳·佩普伯格著《亚里克斯研究：灰鹦鹉的认知与交流能力》（*The Alex Studies: Cognitive and Communicative Abilities of Grey Parrot*）。

又是因为什么？是什么样的进化压力促成了这种变化？又为何只有极少数——虽然不止一种，但也只是很少的几种——物种拥有数学能力？如果我们想要评估其他行星上相似的智慧生物的进化过程——或者至少是某些相似的生物智力——就必须先得出以上问题的答案。

拥有这样的智力，你就获得了显著的优势，这是一种可能的原因，前提是自然选择的进化力量扮演了非常有力的角色。但这种情况似乎不太可能，不管是鹦鹉亚里克斯，还是它的其他亲戚，在自然的野外环境下似乎都不可能在日常生活中使用数学能力。另一种可能的原因是数学智力的进化属于“跃迁进化”，而不是我们更为熟悉的缓慢进化过程（比如野兽的牙齿逐渐变长，或鸟类的羽毛越来越鲜艳）。跃迁性的进化一般发生在某些环境因素急剧变化的时代，彼时的动物们强烈需要急速的进化，从而满足新环境的要求。

这种突如其来的选择性压力是有可能存在的，比如非洲的气候变化，迫使人类的原始祖先不得不适应地面上的生活，而不是像从前一样的树栖生活，也就导致了人类迅速形成了我们标志性的习惯：利用双脚直立行走。与之相似，人类惊人的数学技能之所以得到迅速的进化，或许是由于我们演变成了高度社会化的动物，也或许是由于我们进化出了语言。如果情况真的是这样，那么其他行星上的动物可能同样只会在面临着相同需要的时候才会进化出数学的智力，同时这种（或多种）生物也因拥有真正的职业——或更准确地讲，“日常”——数学家而取得巨大的优势。

156

正如我们科幻作品中的描述，当人类发现外星智慧的时候，我们希望看到的是拥有科技的智慧外星人。在你我的有生之年，我们都几乎完全不可能实现太阳系之外有生命的行星上的实地星际旅行，对于人类在可见的未来任何可能发展到的科技水平来说，恒星之间的距离都太过遥远。所以我们才会寄希望于给外星人发送科技的信号，也希望能收到它们发回的科技信号的回应。科技就暗示着数学的存在——

对吗？我们能否构想一种非数学的科技？

早在现代数学——特别是 300 年前的微积分——出现之前很久，人类就已经完成了很多令人印象深刻的科技成就，但如果没有对微积分和电磁场理论的深刻理解，我们就永远无法登上月球、造出电脑或射电望远镜。不过，这种情况在另外一些智慧生命身上却可以实现。比如说，也许存在某种相当于地球上的电鱼一样的外星人，它们对电磁场有天然的直觉上的理解，日常生活中每天都在使用电磁场感知世界，那么在它们的世界里，无线电通信是不言自明的事情，不需要任何的数学解释！就像我们抓球时不需要了解任何物理定律，外星电鱼在建立无线电通信的时候，可能都不需要先发现电学规律。

这种推测性质的怀疑虽然有用，但在一定程度上确是不实际的。即使假设中的外星生物真的存在，在它们的历史中，早晚会遇到某些自然现象，不合理利用数学就无法理解——还记得地球上的电鱼吗？由于其生活在混浊的泥浆河床里，光线无法辅助它们用眼睛观察世界，所以它们才进化出了令人印象深刻的电感能力，但它们却大概率无法理解可见光的工作原理，对于生活在地下的鼹鼠来说，它们也不可能抓住飞行中的网球。每一种生物都进化出了用于处理自己生存环境中的困难的能力，而不是同时满足所有环境要求的智力。你可以变得很聪明，但进化出知觉一切的能力的确是一种浪费。

157

但是，即使数学对于科技来说是必要的，但它同样是充分的吗？换句话说，是否存在某种其他的人类特质，同时参与了我们科技智力的塑造，而且如果没有这种特质的话，我们的科技就无法产生现有的成就？这种特质是什么呢？会不会是好奇心？哲学？文学呢？在人类的历史上——虽然很多事情在我们的历史中可能都只是巧合——但最伟大的数学家同时也都是哲学家，而科学与哲学的发展经常携手并进。我们能否构想出某种物种，它们能建造出射电望远镜，但却没有诗歌的概念？

有趣的是，当我们观察动物的智力行为光谱的时候，能发现一些人类行为的特征，这些特征都不与解决问题的智力直接相关，所以也无法被直接地理解为“对动物的生存有利”。海狮和澳洲的凤头大白鹦鹉（cockatoo，也是一种具有智力的鹦鹉）都喜欢音乐和舞蹈——有时可能会显得过于热衷于此。* 黑猩猩会笑，而且也似乎能理解幽默的情绪。所有的这些特征好像都来源于动物们特定形式的智力：海狮和鹦鹉之所以喜欢跳舞，是因为它们社会交流与身体运动之间的一种基础性的生物意义上的联结。黑猩猩的笑（很有可能）是因为它们复杂的社会等级制度，它们因同类的行为所产生的愉悦和不快的表达具有重要的意义。如果地球动物会以舞蹈和笑作为其社会互动的回应，那么我们就没有理由怀疑外星生物做出同样的举动。某些被我们认为是人类独创的行为（比如诗歌、舞蹈等）其实只是被用于其他社会目的的有益的适应行为。因此也就没有理由怀疑，在外星的社会中，身体的运动也会传达意义，外星人也会通过舞蹈来愉悦彼此。

158

正如我们所见，智力看似是由两种不同的能力组合而成的：其一，出于预测自身周围世界特定特征的目的，动物们进化出了一整套特殊的技能；其二，虽然起源尚不清楚，但动物身上确实也具有一套可以将所有不同特殊技能整合并调剂成一种更为有力的技能组合的一般能力。如果在其他的行星上智力的进化也因循了与地球上相似的路径，那么我们就可以说，智力很可能与一整套能力与特征相关，而这些能力与特征都不仅是智力行为的前提条件，也是智力行为发展的不可避免的结果。如果情况真的是这样，我们就没有理由怀疑，外星人确实不仅会具有某种可以给人类留下深刻印象的技能，而且会将一整套其他的技能整合起来，并最终形成被我们称为“智力”的进化结

* 关于海狮那些令人惊奇的行为，更多信息请参阅柯琳·雷齐姆斯博士（Dr Colleen Reichmuth）的网站：https://pinnipedlab.ucsc.edu/。

果。好奇心将驱使着哲学发展，社会互动会导致艺术的出现，而复杂的交流则推动了文学的嬗变。这些文明的特征几乎是人类——以及可能存在的外星物种——所拥有的智力技能的组合发展之下，不可避免的产物。

外星超级智能

我们经常假定外星人会比我们更具智能。当然，任何一颗拥有生命的行星上都会生活着各种不同的生物，某些比较聪明，某些不那么聪明。在各种拥有不同等级认知能力的动物生命形式之中，会有像人类一样拥有交流科技的物种，也会有像水母一样几乎没有智力的外星生物。但我们经常——且合理地——认为，那些我们期待中可以与我们进行交流的外星生物会拥有比人类更为先进的科学技术。我们第一次成功实施电磁波的传输到现在也只不过刚刚一个世纪而已，在人类的科技发展历史上，我们毫无疑问地尚处于孩提时期，而这就造成了一个几乎无可避免的状况：任何可能与我们相遇的外星生命都会比人类更为先进。它们可能比人类更年轻，也可能比我们更古老，但如果我们与外星文明的相遇发生在它们历史中的某个随机时刻，那么这个时机几乎不可能刚好处于它们刚好发现电磁波的头 100 年之内。面对某个可能已经持续了上百万年的文明，人类作为一种年幼而更聪明的物种的可能性几乎为零。

159

尽管如此，文明存续的时间长短并非直接决定了智力水平的高低。外星人或许在科技上更为发达，但这是否意味着它们更聪明？在人类继续存续 100 万年之后，我们的科技显然会更为发达，但我们的心智能力是否也会更强大？对于一个不断进化的物种来说，其智商也会随着时间的推移不断提高，还是说在智力达到一定水平之后就不会继续增长？通俗的科幻小说显然认为我们可能遇到的外星人都拥有超级智慧，但小说中所描绘的超级智慧显然可以被分为两种截然不同的类型：一种是科技进步带来的必然结果，另一种是物种自身产生的生物进化。在科幻小说的用语中，前者“只”是拥有高速高能星舰而已，而后者却已经“进化得超出了”对这种科技的需要，甚至有可能已经进化出像心灵感应和心灵控制一样的超能力。

在第一种情况下，我们可以想见，在它们达到某种特定的高级科技水平之后，这种外星文明（甚至是未来的人类文明）可以将所有的智力要求转移给计算机，而机体的生物器官则可以将自己的思想用于对其他事物的追求。我们或许可以自由地探寻各种宇宙的奥秘，自由地沉浸于哲学的畅想，发现科学的真理，发展其他的智慧爱好；不过，我们也可能变得懒惰，整天无所事事，玩俄罗斯方块，上网刷猫猫狗狗的视频。不是外星超级智慧，就是外星超级懒惰。在前一种情况中，因为科技豁免了我们为存在而挣扎的努力，我们不仅增加了休闲的时间（也增加了科学家们研究的时间），而且科技也将驱动着我们的科学认知不断发展，创造出更大更好的射电望远镜，更快的计算机，以及脱胎于《星际迷航》中各种各样令人印象深刻的扫描和侦测装置。如果我们能遇见自己 1000 年以后的样子，就很有可能认为那种未来的人类是一种更为“先进”的文明。

160

但是我们的生物学智力应该在很大程度上与现在并无差异。是的，我们可能会变得聪明，但本质上仍然是同一个物种。罗伯特·索耶（Robert Sawyer）杰出的科幻小说《计算中的上帝》（*Calculating God*）讲述了一个外星人造访地球的故事，书中描述的那种外星人拥有极为发达的科技，但在生物的角度上又与人类十分不同，它们与书中的人类主角进行了一系列深入的哲学讨论。对那些外星人来说，科技的发展并没有给出宇宙之谜的答案。

不过，第二种外星超级智慧的可能性又会如何发展呢？自自然生物的进化本质而来，它们拥有比人类更为深奥的智力能力。我们能否想到某种可能产生这些真实的生物进化的场景？对于远超人类目前拥有的自然能力而言，是否真的存在更为强大的超级智慧被自然选择挑选出来加以进化的需要呢？

地球动物在进化的过程中遵循了一条或许非常典型的道路：它们需要预测其周围的世界。正因如此，它们也才发展出了各自生理和解剖意义上的适应性进化，能够使自己利用感官信息和其他一些处理信息的器官来对这个世界做出预测：这一器官被我们称为大脑。如果某个外星物种需要在一个更不可预测的环境中生存，那么它们就将面对更具挑战性的困难，从而也将进化出更复杂、更娴熟、更灵活，也更精准的“大脑”。如果拥有智力的动物也有社会习性——我认为它们很可能有社会性，我们也会在下一章更详细地讨论——那么它们就注定要进化出某种语言，进而将自己个体大脑中的思维传达给种群中的其他成员。从逻辑上进行推论，科技很有可能最终发展出来。

161

一旦某个物种在科技上发展得足够成熟，它们就将学会如何构建比自己的大脑更为强大的计算设备，也就是某种等同于人工智能的东西（我们将在第 10 章中讨论人工智能的问题）。这基本相当于我们人类目前所处的阶段，或者说在接下来的一两百年之内人类将要做的事情。从这一点出发，我们的智力进化不仅属于个人层面，也属于社会层面，不过人类作为一个物种，自然对人类生物学智力的进化压力也将消失。既然电脑可以解决所有的问题，那我们又有什么理由去变得更聪明呢？超级智慧的进化压力会在未来消失不见。

但是，如果某种智慧生命的智力进化不以社会性动物的形式发生呢？我认为，如果一个物种缺乏社会性，其发展出科技的可能性是值得商榷的。一个个体，无论多么聪明，都不太可能完全依靠自己建造出一艘完整的宇宙飞船或者一台电脑——谁给它递扳手呢？在这种情况下，只要它所面对的环境持续给它提供需要更强大的智力才能解决的困难，那么这种生物就可以持续地进化得更大、更复杂，也更依赖于它的大脑。虽然可能性极小，但这种抵达超级智慧的路径至少仍是162一种可能的方案。弗雷德·霍伊尔小说《黑云》中所描绘的那种孤独的智慧生命独自飘荡在宇宙之中，但对于任何与人类相似的物种而言，就算拥有无尽的时间，恐怕也无法进化出黑云所拥有的那些能力。

从生物学的角度上看，霍伊尔的黑云极为不现实。持续不断的自然选择的压力是有前提的，而其中一条就是机体需要持续地被其所处的环境中的困难所挑战，只有拥有越来越高的智力，才能不断地解决问题。如果存在某种生态系统，生物无尽的智力可以持续地为日常生活中的困难提供实际的解决办法，那么即使这种生态系统是真实存在的，我们也很难想象其具体的样貌。早晚有一天，你会脱离为生存发愁的阶段。事实上，就像很多科幻小说中的智慧外星生物一样，黑云的智力能力似乎是以其自身为终点的，而非用以促进进化适应度的一种手段。正如我们之前所讨论，进化并不会向自身寻求答案，它只会在生命现有的能力基础之上进行相关的优化。于是，我们可能会不幸地看到，那些飘浮在宇宙之中，为了单纯的智慧愉悦而存在的超级智慧外星生命的概念——尽管引人入胜，但是——在生物学上说不通。所以，持续不断的环境压力导致的真正的生物意义上的超级智慧看似是不可能的。如果智慧生命不用科技替代大脑的进化，它们终有一天会用尽来自自然界的智力挑战。

然而，生物超级智慧的进化还存在着另外一种机制。在某种情况下，许多个体会在精神上产生紧密的联结，以至于它们的思维过程几乎共时且彻底地被每一个个体所共享。就像一台由多台小型电脑并联而成的超级计算机，这种智慧生物的群落（colony）可以被同等地视为一个单独的超级智慧生命。在自然界中，我们可以发现很多这种生命的形式。很多生物都集群而居，甚至会组成临时的集合体，显示出163它们共同的智力，而这种共同智力要远胜于个体的能力。在视觉上给

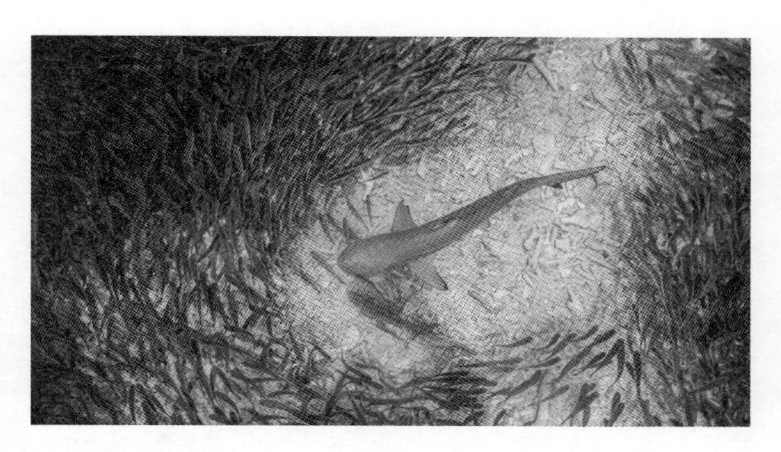

鱼群躲避掠食者的攻击。

人类留下最深刻印象的例子之一是鱼群。在鱼群中，每一条鱼显示出的游动方向都以非常简单的规则加以界定，它们会根据自己与紧邻的个体之间的方向与距离判断自己的游动方式。可是，当上百条鱼组成一个鱼群的时候，这个群体却能显示出行动上的智力。任何试图冲进鱼群中心的掠食者都会发现，鱼群几乎会像魔术一样分开，只留下这些掠食的鲨鱼和海豚空"口"而归。鱼类集合体所显示出这种适应性的进化结果和貌似智力的行为，是每一条鱼作为单独个体都无法企及的技能，而这也就是新兴超级智慧的一个简单的示例：整体大于其组成部分之和。

我们还可以在蜜蜂的蜂巢中发现另一种新兴智慧。当蜜蜂群落需要搬家的时候，蜜蜂"侦查员们"会飞出去调查备选的新址，每只"侦查员"都会返回目前的旧巢并将自己发现的新址的优势与其他"侦查员"共享。作为一个整体，蜂巢面临着两个问题：许多"侦查员"会推荐不同的目的地，而每一只"侦查员"也都只能和一小部分 164

“侦查员”进行交流，无法把自己的意见传达给整个蜂巢。分裂的蜂群朝向不同的方向四散飞去的结果是毁灭性的，所以它们必须达成最终的一致意见。可是这个决定又该如何达成呢？蜂群中并没有负责决断的首领。这时，简单的规则再次决定了复杂的行为。如果某只“侦查员”蜜蜂给出了某一非常强烈的选址建议，那么它就能说服很多其他蜜蜂跟随它再次飞向这个地址进行考察。每只到过这个地址的蜜蜂都会回到旧巢，给出自己的建议，通过这样的方式，备选新巢地址的信息就会被集成到一个可以被认为是蜂巢“大脑”的系统之中（在每个层面上，这一概念性“大脑”都与生理上的大脑的运作方式相同）。这个“大脑”不是器质性的器官，而是由个体组成的集合，每个个体都只与少数其他个体进行交流（与我们大脑中每个神经元只与少数其他神经元相连的方式非常相似）。对新址的比较就是这个蜂巢大脑中各种意图的互相较量，而在最后的一致意见达成之时，每个个体的行为也会抵达临界点，整个蜂群倾巢而出，飞向新家。

虽然我们认为群体是由分别的个体所组成的，每个个体都拥有自己的偏好和处理能力，但同时我们有必要记住，我们自己的身体，以及地球上所有其他的动物事实上都是一系列机会主义协作的产物。在地球最早的多细胞生物进化之初，它们也需要互相交流，进而不断增强细胞群落的能力。今天，我们体内的每个细胞都能与彼此进行非常透彻的交流，以至于我们会将自己认为是个统一的有机体，而不是互相独立的各个部分之和。但进一步延伸这种分析，我们会发现，一个完整的超级智慧生命完全可能由许多智慧生命的紧密联合进化而来，它们彼此联结，程度之深，我们反而无法将它们视为单独的个体。

以这种超协作关系的亚个体组成的外星生命虽然是科幻小说中常用的套路，但它们的生命却在很多方面受到限制。在地球上，僧帽水母（第 4 章中我们曾提到）是一种类似的生物，这种水母是由紧密结合的单独动物个体［称为“游动孢子”（zooid）］所组成的群落，但

165

它本身看上去却完全不像是由很多小动物组成的集群。不过，僧帽水母的行为和结构都非常简单，所以，对群落生物的复杂度而言，其所面临的首要限制是其构成个体之间相互传输的信息量的大小，而在组成僧帽水母的游动孢子身上，它们能彼此传达的信息量确实太少。其他的集群生物，比如蜜蜂和蚂蚁，都比僧帽水母复杂得多，所以它们的交流也相对更为复杂。但是，同一群落中的蚂蚁和蜜蜂的个体在基因上几乎是完全相同的，也就是说这些个体并非真的——也就是在进化论的意义上的——彼此独立，它们之间的差异并不像你我之间的差异那么大。所以，对于一种真正的群落智慧而言——类似于星际迷航中的博格人——需要以高度复杂且信息度饱满的沟通渠道联结彼此，而这恰好也是科幻小说作者为这种生命形式设立的前提。但是，这种系统是否能够自己独立进化？它听上去似乎更像是有意识的工程创造出的结果——我们也将在第 10 章继续讨论这个问题。

※

我并不认为我们在这一章的讨论能够给智力提供普世的定义，可能这种定义根本就不存在。但通过对地球生命各种不同智力形式的思考，我们可以肯定地辨认出某些普遍存在于全宇宙各种智慧生命身上的共同特点。所有的动物都会感知它们的环境，并据此做出种种回应，解决自己面临的问题，而将要被我们称为“智慧动物”的生物，一定会运用多种感官渠道，并用一种名为“学习”的关键过程将这些信息集合起来。学习本身并不是智力，但在动物的创造活动中，学习是一种能够将各种惊人且特别的认知能力集合在一起的机制。

正如各种特殊的智力技能，如果学习如此有用，那么我们在其他的星球上也会发现学习的行为。在一颗长有格外坚硬外壳但却美味的坚果的星球上，动物也会进化出打开果壳的智力技能。与尖牙利爪和 *166*

变色皮肤一样，特殊的智力就是另一种特质，如果它能够给动物提供进化上的适应度优势，那么它就会得到进化。

同时，考虑到一般智力与特殊智力都非常有可能在每一颗有生命的星球上得以进化，那么，在何种条件下，生物才会将这两种智力整合起来，进而将它们的能力集合成为某种我们所熟知的、代表着智力的特征呢？答案很可能是：在任何条件之下。狗、乌鸦、海豚、章鱼，还有数不清的成千上万种动物都拥有学习和整合特定智力技能的能力，我们相信，这种进化上的整合应该不只发生在地球。智力应该在其他的星球上也得到了进化的青睐，正如我们在地球上所经历的一样。

社会性和科学技术（弯折木棍钩出虫子也可以被视为最简单的技术）似乎既是智力进化的要求，也是智力进化的结果，这两者之间的关系如此紧密，以至于区分两者的先后顺序是没有意义的徒劳。但社会性和科技之间的相互关系或许在智力进化的机制中扮演了关键的角色。智力进化的逻辑终点，要么归于体外的思维器官——比如电子计算机——要么归于个体生物学意义上的持续进化——直到进化成为我们所称的“超级智慧”。

167 从个体智力的考虑出发，社会互动似乎是复杂性为、交流与各种能力进化的关键驱动因素。因此，社会性，也将是我们下一章的主题。

VII

社会性——协作、竞争与休闲

Sociality—Cooperation, Competition and Teatime

外星人拥有社会性吗？这恐怕是我们在本书中提出的最重要的问题，不仅因为我们很乐意与外星人坐下来喝一杯茶，还因为社会性本身具有极为重要的意义。社会性的存在与否不仅决定了外星人能否拥有先进的科技（包括射电望远镜和宇宙飞船），也关系到我们与它们之间共同之处的多少，还影响着我们可否理解它们的想法、渴望，以及恐惧。如果外星人同样拥有家庭和工作，也饲养宠物、逛自己的超市，那我们和它们之间又能有多大的差别呢？

为了更深入地探索，我们将提出这样的问题："成为具有社会性的物种有多少种可能的方式？"在一颗有生命的星球上，拥有社会性的动物是否必然存在？还是说社会性只是一种偶然的巧合？在地球上，我们周身所见的各种社会性物种——从蚂蚁到斑马——是否只是我们这颗行星独有的现象？还是说从理论的角度出发，我们必然能从生命存在的最初原则中推断出社会性的出现？除此之外，地球上多样的社会性动物是否已经为我们展现了所有不同的社会性进化方式，或者说，在其他的星球上还会出现我们从未见过也从未想到过的其他形式的社会性组织方式？前一种说法的可能性似乎更大：进化论会为我们展示社会性进化的方式和理由，而理论所预测的，正是我们在地球上所见到的。我们所处的条件刚好有利于对外星社群的基本结构做出预测，所以也能更好地预测外星人本身的属性。

在本章中，我们有三个重要的问题需要解答。第一，动物们为什么群居？而群居的动物又为什么积极地彼此协作？第二，在何种情况 168

下，动物们会进化出合作性的社会？而又有哪些情况会妨碍动物进行合作？第三，以这种方式生活在一起的动物最终会达成怎样的结果，其进化意义上的结论又如何？当我们试图定义外星人的社会特征时，我们必须再次向生物进化的单一机制寻求帮助，这一机制正是自然选择。我们必须谨慎，既不能过多地从人类社会的特质上照搬我们的固有印象，也不能从人类的社会学研究中采纳太多的成果。事实上，我们希望能从人类的社会层面退回到最基本、最初始的进化过程，而这一过程必然驱使着宇宙中所有动物的行为。从进化论的角度上理解社会性——而非从人类自身的经验进行推广——将极大地提高我们预测外星动物行为时的准确性。

为什么群居？

好了，让我们从第一个问题开始：动物们为什么群居？关于这个问题，我们的第一个意见可以追溯至很久之前，远在动物出现之前的世界：就连细菌都生活在群体之中，而它们甚至连动物都算不上！细菌的群居不仅是在群体中生存而已——群居的细菌可能并不会让你感到惊讶，因为大多数细菌都不太善于运动，所以也无法从自己出生的位置移动到别处——但是，它们也会在群体中互相协作。微生物经常会分泌一些黏液物质，形成一层薄薄的、富有黏性的膜，用以保护其繁殖过程不受外界环境干扰。随着细菌的不断增殖，这层薄膜就越变越薄，其内部空间也越来越狭小，所以这些共处一“膜”之下的生物之间的互动就开始了。它们会互相争夺营养物质，还会在偶然的情况下通过分泌有毒物质的方式杀死对方，从而获得更多的空间。那是一个货真价实的微观哥谭市。

169

但除了互相伤害之外，某些细菌还会通过分泌化学物质的方式帮助彼此，进行合作，比如说它们会分泌具有消化功能的酵素，从而使食物分解为能被一小片区域内所有细菌同时吸收的营养物质。群落中的成员还会互相交流，单个细菌分泌的有益化学物质的种类，取决于群落中其他成员产生的特定信号物质的聚集度。所以，群居的细菌明显受益于群体的协作。

从表面上看，群居的优势显而易见。拥有社会性的动物能更好地保护自己不受掠食者的侵扰，能以孤身一人无法办到的方式获取食物，协作也能使动物完成各种规模宏伟的建筑工程，从兔子窝到白蚁穴，再到摩天大楼。生活在群体中，你的配偶不会离你太远——虽然出于交配的需要，所有的地球动物在某种程度上都拥有一定的社会性——但我们无法确定外星生物如何完成交配的过程，所以这一点可能也并不是群居生活的一个普遍的优势。

同时，社会性也带来了一些不那么明显的优势，我们将在本章稍后的位置讨论这些细节。你可以给自己的家庭成员提供帮助，这背后的原因或许只是因为动物单独走出自己出生的环境之外就会面临过多的危险，所以待在家里变成了它们默认的选项。但如果你不具备移动的能力，或者面临运动的困难的话——就像微生物和植物一样——社会性就是你不得不适应的生活方式。就连被人们打上标签的千禧一代，只是因为付不起独自居住的费用，也只能被迫接纳一定的社会性，“屈尊”住在父母的地下室里。

但既然社会性具有这么多的好处，那为什么只有一部分地球动物显示出非凡的社会性呢？包括无边的角马群、复杂的白蚁巢，以及纽约市等。而其他的动物——老虎、北极熊、树懒——却在本质上是独居的。因为社会性也一定存在着某些弊端。生活在由许多个体组成的群体之中，每个个体都面临着更激烈的资源竞争，有可能发生争斗和伤病。此外，还有一些其他的坏处，比如更容易受到寄生虫或传染病的侵扰。所以，动物显然需要权衡，但又是什么决定了这种权衡的本质呢？在何种情况下，动物更倾向于进化出社会性——而更为关键的

170

是——关于社会性的本质，我们的结论具有多大的普适性？社会性发生的条件又是什么呢？

想到社会性动物的时候，首先出现在我们脑海中的优势是躲避掠食者的捕杀。生活在兽群中的斑马和麝牛可以结成防御性的环形阵型，将自己与掠食者隔开，狒狒群会主动骚扰并追逐猎豹，而兔子则会打通互相贯通的隧道系统，用以各自保护。很多像猫鼬和蓝冠鸦之类的动物都拥有各自的警戒信号，天敌出现时可以有效地警告自己的同伴。

掠食现象是普遍发生的，因为任何一个生态系统的长时间存续都需要不同生态位上的动物各自捕食，对于动物来说，获取尽可能多的能量的自然选择压力十分强大。即使是顶层的掠食者，比如狮子和虎鲸，在其生命的某些阶段仍然十分可能成为别的动物的猎物。所以，我们可以十分肯定地说，外星世界一定也充满了狼吞虎咽的掠食者（相信好莱坞听了肯定会很高兴）。

再者，掠食现象不仅不可避免，也是进化适应过程中最为有力的驱动力之一。当动物们面对被摧毁——进而无法产生后代——的可能性时，“避免被吃掉”的能力就彰显出异常巨大的进化优势。每只动物，以及每个外星生物，都必须进化出避免成为他人食物的方法。与此同时，抓不到猎物的掠食者会饿死，所以它们也必须成为更好的猎手，这也是一种巨大的进化压力。更好的猎手催生出更好的反掠食手段，而更好的反掠食手段又进一步驱动了掠食技能的升级，这种积极的正向反馈——正如我们在第 4 章中简要讨论过的——被称为进化过程中的军备竞赛，而进化军备竞赛又产生了诸多动物行为中最令人叹为观止的特征。比如说，有些蚂蚁会在天敌侵入蚁穴时选择自爆，保171 护整个巢穴，某些飞蛾则会发出具有反制作用的声学信号，扰乱掠食蝙蝠的声呐。为了避免成为别人的盘中餐，各种动物大显神通，无所不用其极。

暴王龙与三角龙之间具有象征意义的对峙。野生动物插画家查尔斯.R. 奈特（Charles R. Knight）绘。

172

但正如美国与苏联之间的核武器军备竞赛，此消彼长之间，越来越多的不可持续能源被消耗掉了，动物世界中的军备竞赛也不可能无休止地永远进行下去。反掠食手段让掠食者的日子变得艰难，而有效的掠食者的生命也极大地依赖于猎物本身。如果你用所有的时间寻找猎物（或者寻找掠食者）的话，那你可能就连进食和交配的时间都没有。这就是著名的“非致命掠食者效应”（non-lethal predator effect），它对大多数猎物动物行为的影响要比实际被吃掉的影响还大。如果你见过鹿或者兔子在草场紧张进食的场景，那就一定会明白这种“被吃掉”的恐惧对这些食草动物的威胁。如果每次看到潜在的掠食者就马上跑掉，那么你摄入的能量就完全无法抵消逃跑时花费的能量。

所以，动物必须做出取舍。霸王龙（Tyrannosaurus rex）与三角龙（Triceratops）之间的经典对决完美演绎了这一困境（虽然我们无法确定这一场景是否真实发生）：超级凶猛的掠食者面对着拥有超级铠甲的猎物。在荒唐的军备中不断投入，最终会招致不可持续的结果，所以这种军备的升级不可能永远持续。

面对如此高效的掠食者，与其选择高举长有尖角的巨大头颅，选择生活在群体中也许才是更为有效的保护自己安全的办法。首先，

警戒中的蹄兔（左）与猫鼬（右）。

简单的统计学告诉我们，成为群体的一员意味着作为个体的你更不容易被掠食者选中，成为那个倒霉蛋。当大量动物共处同一开阔空间，被掠食追逐的时候，结群——换句话说，将自己稀释进一个群体之中从而避免被吃掉——似乎是一种不可避免的选择。狂暴的霸王龙呼啸而至，谁不会选择一头扎进其他动物的群体之中隐藏自己呢？所以结群应该同样存在于宇宙中其他地方，因为这是一种由简单计算决定的直截了当的被动过程，可以有效减少你自己的风险。当然，并不是所有的动物都会选择结群——如果你的体形更小，更为敏捷，速度也更快，单独行动或许会有更大的逃脱概率；如果准备捕食你的掠食者藏在密林中准备伏击，结群的优势也会减弱。但结群稀释的原则本身就已经足够充分，能让动物开始形成社会性的群体。

在由掠食现象驱动的动物结群现象之外，也存在着某些其他的结群方式，但那些这些方式需要群体中的动物进行实际上的协作，比如自然界中广泛分布的警戒行为与报警呼叫。如果别人替你放哨，那你就不用花费那么多时间照看自己的安全——你可以把精力集中在进食上。有时猫鼬会坐在自己屁股上，环顾四周，扫视掠食者的出现，如果发现危险，就给群里的其他各自进食的猫鼬发出警告。我本人深入研究过的动物蹄兔（rock hyrax）是一种小型的毛茸茸的哺乳动物，看上去就像大只的豚鼠，但其实它的亲缘关系与大象非常接近。目前存活着的三种蹄兔属于一个曾经庞大的种属，其成员体形最大者能长到马一样大。外出巢穴觅食时，蹄兔成群出动，但总会有某些个体站在一块显眼的石头上，不去吃东西，而是警戒掠食者的出现，并在发现掠食者的时候发出一声大叫，随后所有的同伴都冲回巢穴之中寻求隐蔽。 173

警戒行为与被动的结群行为非常不同，承担警戒任务的动物会为了同伴的安全付出实际的代价。不仅因为警戒者失去了进食的机会，还因为它们将自己暴露于最显眼的位置，最能吸引掠食者的注意。动物因何产生如此利他主义的行为？既然自然选择倾向于自身的存活，而非他人的生命，这又是为什么呢？是什么驱动了这种看似利他主义策略的进化？

在掠食者方面，我们也可以发现简单的集群作用和利他主义的合作。比如说狼，它们之所以共同猎杀比它们体形更大的猎物（以及在其他方面合作），是因为单独的任何一头狼都无法完全凭借自己的力量生存下去。共同狩猎意味着每一头狼都只能得到食物的一小部分，而不是整个猎物，但这一小部分却比什么都没有更好——而单独狩猎的结果恰好就是什么都没有。

不过，掠食者同样显示出了货真价实的利他行为。雌性狮子会照管其他雌性的幼崽，猫鼬抓到猎物之后会给并非自己亲生的后代喂食，狼不仅会照看自己幼崽之外的幼年个体，还会将食物反刍给它们。这些行为都无法用简单的被动集群进行解释，它们反映出一种基础性的机制：一群动物——不管是地球上的狼，还是外星的狼——都比单独的个体做得更好。 174

很多很多种动物——无论掠食者还是猎物——都生活在群体之中，互相帮助。表面上的利他行为在地球上广泛存在。对于某些物种来说，利他主义的社会行为成了它们最具代表性的特征——从蜂巢中的蜜蜂到生活在福利国家中的人类。但首先，利他主义却是如此奇特的一种行为方式，挑战着我们在动物行为方面做出的基本假设。我们看到的狼群、人类以及蹄兔所表现出的利他主义社会行为，是否是地球上独有的某些奇怪现象的结果，而不会在其他星球上发现？如果答案是肯定的，那么即便生命广泛存在于宇宙中其他的地方，社会性的行为也会极为稀少。如若果真如此，也许我们就无法期待外星生物达成科技上的壮举（比如建造出宇宙飞船），因为这些大规模的行动必然需要高度的协作。显然，如果想要了解其他行星上相当于人类的动物如何行动，我们就必须对利他主义进行深入的理解。

利他主义的存在困扰着早期的进化生物学家。既然承担警戒任务的动物会放弃进食的机会，而且也更有可能被掠食者吃掉，那么它们为何不选择拒绝这个责任，让其他动物承担风险呢？既然挖洞需要消耗能量，那又为什么不让别的兔子干活，自己坐享其成呢？如果想得到你想要的东西，欺骗与不劳而获似乎是非常有效的方式。在自然选择冰冷而严苛的计算之下，自私的策略总能胜出，所以进行欺骗的个体会留下更多的后代，而它们善于欺骗的基因也将在种群中继续传播下去。*犯罪是有收获的。

175

对此，若干早期生物学家给出了自己的解释，比如康拉德·劳伦兹（Konrad Lorenz）在其 1963 年的著作《论侵略》（*On Aggression*）**中写道，可能存在着某种至关重要的力量，引起了动物对“群体行动的兴趣”。这个说法曾在一时之间成为争论的焦点，但因为没有发现没有所谓“群体兴趣”真正赖以运作的机制，这种模糊的说法也就没

* 理查德·道金斯的《自私的基因》是必要的延伸阅读书籍，作者以通俗易懂的方式为读者解释了进化行为的本质。

** 又译《攻击的秘密》《攻击与人性》。——译者注

能在科学界长期站稳脚跟。相反，在利他主义的问题上也有一些十分有力的答案，建立在广泛而普遍的数学原则之上，根据这些原则，我们可以将动物展现出的利他主义社会行为推广到其他星球——或者借以预判哪些行为不会出现在其他星球之上。关于利他主义的进化，有两种至关重要的力量与我们的考虑特别相关，因为这两种理由也有很大可能发生在其他的星球。

群体如何维持自身存在?

对发生在地球上的利他主义进化历程的理解，可以解答我们在章首提出的第二个问题的前半部分：动物因何合作？问题的关键在于，以群居形式生存的动物更倾向于彼此产生联系，从而各自共享它们的基因。在猫鼬的群体中，很多雌性成员都是首领雌性的姐妹，所以群体中的幼崽也大多是她们的侄男甥女。这些属于从属地位的雌性猫鼬没有自己的后代，原因是首领雌性并不允许她们生育：一般来说，首领会采取霸凌的策略，将怀孕的姐妹驱逐出群，或者干脆杀掉从属猫鼬的后代。但对于这些从属雌性猫鼬来说，帮助抚养首领猫鼬的后代也能让她们作为阿姨在一定程度上传递自己的基因。我们不得不承认，这种方法肯定没办法帮这些从属雌性猫鼬留下那么多的基因——远不如她们繁育自己的后代，但她们并没有后代，因为她们无力生育——但她们彼此又不是没有关系的陌生人，确实拥有血缘关系。所以，此时的从属雌性猫鼬就面临这样的一个选择：要么帮助自己的外 176
甥和外甥女活下去，要么完全放弃自己的基因在下一代得以表达的可能。

虽然很多新的细节还在不断讨论，但总的来讲，目前被称为 w 亲缘选择（如我们在第 2 章中的简要讨论）的这种进化规律的数学基础非常直接。从本质上说，亲缘选择意味着我为我的亲属所付出的努力应当与他们与自己之间的关系成正比。*有一桩关于霍尔丹的逸事，可能只是传言，人们说他曾在伦敦的一家酒吧里，用自己标志性含蓄又不失挖苦的口气给亲缘选择现象做了个总结：“我会非常高兴把自己的生命托付给我的两个兄弟……或者托付给我的八个表兄。”亲缘选择给动物行为的研究带来了革命，即使它无法直接解释所有的动物协作行为，但如果没有亲缘选择，任何一种协作都无法得到解释。狼群、狮群和蹄兔群落中都生活着基因重合比例相当高的亲属动物，而这也势必影响着动物们的行为决定。一方面，向其他个体中属于你的那一部分基因提供帮助符合进化论的要求，但与此同时，如果在决定是否帮助他人的时候无视你与被帮助者之间的亲缘关系，则会付出进化意义上的代价。

我们可以在社会性的昆虫（比如蜜蜂和蚂蚁）身上以最为惊人的方式发现亲缘选择的存在。在这些物种的社会中，群居的优势大到不可思议，不仅可以给彼此提供公共的保护，还能让觅食行为更加高效，比如蜜蜂向同伴指示食物方向的“摇摆舞”。某些蚂蚁也完全依赖于它们的共同觅食方式，对蚂蚁来说，进食坚硬且不可消化的纤维素植物原料并不十分营养，所以某些蚂蚁就会采集叶片与青草，再将这些植物带回它们巨大的地下舱室，那里的蚂蚁会用自己种植的真菌分解掉植物的纤维素，让食物变得更易消化。农业不只是人类的发明。维护这些真菌农场需要所有蚂蚁的共同努力，所以这种生物无法简单依靠自己作为孤立的个体存活下来。部分昆虫在基因方面也拥有令人费解的独到之处：它们的亲缘关系与我们的理解截然不同。雌性昆虫与其亲代（以及后代）拥有50%的相同基因，这与我们一样，

177

* 这一原则被称为“汉密尔顿法则”。我与我的子女有50%的基因重合，他们身上的另一半基因来自我的妻子，如果我给他们100英镑，他们能赚回大于200英镑的回报，这比他们体内我的那一半基因所对应的100英镑要多，所以如果我选择把这100英镑投资给我的孩子，结果比我自己存起这100英镑的收益要高（即使我自己的体内有我100%的基因）。

但这些昆虫的雄性却孵化自未受精的卵，没有父本——它们与自己的母亲拥有 100% 相同的基因。这样的结果就是，巢中的姐妹们——也是群落中的大部分成员——彼此拥有的共同基因并不是像人类一样的 50%，而是共享 75% 的基因！这些雌性以“超亲近”的关系共存，与之相应，它们受亲缘选择影响彼此合作的压力也自然更加强烈。

目前，我们尚不清楚这种基因作用是否在那些物种高度社会化的生活中扮演了决定性的作用。但我们明确地知道，亲缘关系的本质精准地驱动了动物的行为决定，也影响着它们的社会方式。事实上，完全由克隆体组成的物种——比如我们在故事开始之处提到的生活在生物膜中的细菌——是高度协作性的。从进化论的角度出发，保全自己的生命，与保全和自己完全一样的复制品的生命的作用是一样的，在这个意义上讲，最极端的例子就是多细胞生物，比如人类——你的肝脏细胞如果不给血细胞提供帮助，它什么好处都得不到！即使是自己的生命戛然而止，自爆的蚂蚁还是会遵从本能地自杀，从而提高群落中与其共享基因的同伴的存活率。不管出于什么原因，只要某个外星种群也拥有非常高的亲缘关系，那么就会几乎无可避免地会进化成为极度社会化的动物。但我们又如何得知它们是否，又在何种程度上与彼此共享基因呢？了解外星动物的“家庭”，就意味着要了解外星动物“如何组成家庭”。

178

鸟类、蜜蜂、外星人

非常不幸，由于一直用地球动物的例子推测外星生物的生活，我们已经把自己逼入了一个困难的角落。社会性是我们行为中至关重要的一个方面，而我们也希望在外星人身上找到这种特征，它极大地依赖于亲缘关系的存在，所以也必须以性别为前提。但关于外星生物性别的问题我们却所知甚少，既不知道外星生物会不会有性别属性，也不知道它们的性别会进化成什么样子。我们独特的生化特征决定了分子层面上的基因定义（比如 DNA），而基因定义又反过来定义了我们的遗传特征，以及我们的性生活。

但是，我们的生活特征却是地球独有的特性。DNA 和 RNA（DNA 的姐妹分子）似乎都出现于地球生命的萌芽之初——可能一种巨大的化学巧合的结果。至于 DNA 是否是宇宙中唯一能够成为“基因”的物质，我们很难确定。DNA 的结构决定了我们的染色体的运作机制，决定了亲代的特征如何传递给子代生物。地球动物几乎都有父母双亲，因为动物的整套染色体来自一个母亲和一个父亲。如果外星生命形式不以 DNA 传递遗传物质呢？起源于另外一个世界、构建在另外一套不同的生物化学体系之上的生物或许在亲自遗传方面拥有不同的机制。如果外星人有三个、四个或是五个父母呢？或者它们的性别比两个更多？甚至是完全没有性别？

不管外形性别如何奇特，我们还是可以说，只要每一代生物都与祖先越来越不同（就像在地球上一样），亲缘选择应该都还是外星世界社会性进化的驱动力之一——所以亲缘选择也将导致利他主义行为和社会协作的发展，如同地球上发生的一样。诚然，亲缘选择的具体效果精准地取决于遗传的特性，而我们对外星生物的遗传特性尚不了解。而就像我们在社会性昆虫动物身上看到的那样，群落成员之间共享基因比例自 50% 上升至 75% 的变化，产生了社会结构的巨大差异。作为哺乳动物，我们甚至无法想象生活在蜂巢中的生活，那里的雄性都是拥有 100% 相同基因的克隆体，而雌性则拥有超亲近的基因关系。所以，外星生命与我们之间巨大的遗传物质（“基因”）差异会导致巨大的遗传规则差异，从而导致亲缘选择结果几乎完全不可预测。但只要外星生物与自己子孙的相同程度越来越小，某种形式的社会性就一定会被进化出来。

幸运的是，亲缘选择并不是唯一驱动社会性行为进化的普遍法则，所以我们仍然拥有其他的方法帮助我们预测外星社会的状态。

首先，社会性可能只是动物在应对自己所面临的某些特殊限制情况下得出的进化结果的副产品。比如说，如果外部世界非常危险，那么出于幼年阶段的年青动物离开父母的巢穴就不那么合适，退一万步讲，在它们出发进入野外世界之前，都会在父母身边待一阵子。欧洲野兔生活在共有的巢穴中（虽然它们并不彼此帮助抚养幼崽），穴中属于从属地位的兔子（有雌性也有雄性）都要忍受首领兔子过分的霸凌和暴力行为。博物学者罗恩·洛克利（Ron Lockley）在《兔子的私生活》（*The Private Life of the Rabbit*）一书中近距离地完美描述了这种兔子的行为——以及它们血腥的暴力［这也是理查德·亚当斯（Richard Adams）《兔子共和国》（*Watership Down*）一书的灵感来源］。不过，虽然欧洲野兔巢穴中的暴力行为比比皆是，但巢外的世界却更加凶险，所以独立生活并不是兔子们的可行的选择。就像他们说的那样，哪里有生命，哪里就有希望——或许属于从属地位的雄性有机会悄悄地和某些雌性交配，也有可能在首领雄性死去之后取而代之。如果有需要，社会性就会出现，就连在那些看似并不应该具有社会性的动物身上也是如此。

另一方面，如果你是一匹雌性的斑马，你会被首领雄性强迫生活在它的群体里，这种雄性斑马不允许自己的“后宫”出走。这种简单的机制让某些动物别无选择，只能接纳社会性，所以也就促使动物结为社会性的群体。但简单的结群并不等同于协作，胁迫不太可能产生协作，所以也肯定不能产生像人类一样复杂并拥有科技的社会。 180

为了理解动物合作的其他机制，我们需要明白，在利他主义的原则之下，每当某一动物个体牺牲了自己的利益而换取他人利益的时候，就可能产生双赢的局面，此时利他者和受益者都会受益。兔子挖洞诚然需要花费能量，但这种投资的收益却可以被每一只兔子共享，而每只兔子都从洞穴中获得了同等的保护，不管是为了躲避掠食者，还是恶劣的天气。这种互相的协作听起来是不是很熟悉?“我为人人,人人为我”,何乐而不为呢?

所以,这种互利共生的方式甚至可以在没有亲缘选择的时候继续存在——但也受到一定条件的限制。如果你还记得20世纪70年代的情景喜剧《脱线家族》(*The Brady Bunch*),你就能看到这种互惠关系的运作方式。两对父母分别带着自己的孩子通力协作共同抚养(彼此的)后代。在这种条件下,我们甚至不需要外星性别的前提。

数学经济学家约翰·纳什(John Nash)* 等人为我们提供了博弈论(game theory)的理论框架,通过这一理论,我们可以从原则上了解动物何时选择合作,又在什么情况下选择不合作。博弈论的数学原理简单而美丽,可以被用于预测长期博弈中个体(动物、人类或是外星生物)的行为方式,在这种长期博弈中,每个个体都努力为自己争取最佳的收益。正如艾萨克·阿西莫夫(Issac Asimov)在其《基地》(*Foundation*)系列科幻小说中描述的数学家哈里·谢顿(Hari Seldon)的名言一样,我们可能无法预测个体的决策,但随着进化机制在较长181 时间框架内的演进,博弈论可以为我们预测出物种可能进化出的行为,特别是关于物种对于协作或竞争的选择。**

人们经常用两个示例情境解释这个问题:鹰鸽博弈(Hawk-Dove game)和囚徒困境(Prisoner's Dilemma)。*** 除了名字略显晦涩以外,这两个博弈情境其实都非常简单而美丽,广泛地适用于各种物种、各种抉择场景,从细菌到人类、从交配策略到国际关系。

* 奥斯卡奖获奖电影《美丽心灵》(*A Beautiful Mind*)的主角。

** 按照《基地》三部曲中的描写,不管是人类历史,还是文明的起落,甚至是星系级别的帝国,其命运都可以在给定足够复杂数学条件的情况下加以计算。当然,历史的细节无法预测——人类行为会受到太多的随机事件的影响——但在远期看来,可以得出微妙而定义清晰的模式。

*** 如需了解关于这两个(以及其他博弈论)概念的更多细节,请参阅约翰·梅纳德·史密斯(John Maynard Smith)著《演化与博弈论》(*Evolution and the Theory of Games*),理查德·道金斯《自私的基因》一书也给出了更多的一般性介绍。

鹰鸽博弈的原理是这样的：比如现在有一群完全协作、完全和平主义的个体（“鸽”），假设它们是一群鹿，只要愿意，雄性鹿就可以在不受任何第三方干扰的情况下与雌性鹿进行交配——有点伍斯托克的味道了——这时，如果出现了一个自私的个体（“鹰”，虽然在我们的假设里它们是鹿，姑且称之为鹰鹿），这头鹰鹿是个极具攻击性的好战分子，通过打斗垄断了整个种群的交配权力，那么它就无情地剥夺了其他雄鹿的机会，成为最成功的那一个［就好像乡村音乐里他们常说的那种“只取不与者”（all talking and no giving）］。由于携带和平主义基因的（嬉皮士）雄鹿无法进行交配，所以鹰鹿自私的基因将在整个种群中传播开来，最终在自然选择的作用下，所有的鹿都变成了自私的“鹰”。

但是，一整群富于攻击性的雄鹿是一个危险的所在。如果每个人都想垄断交配权力，冲突和伤病就必不可少，雄鹿长出鹿角威吓他人，威吓不成便诉诸武力。这样看来，相比起故事开始时那个和平友爱的群落，此时的鹿群就变成了一个“更差劲”的群体。但试想，在一群好勇斗狠的雄鹿中，如果你愿意充当一头和平的雄鹿（“鸽”），可能会获得一定的好处。当所有其他雄性都在忙于争斗，用大角互相较量，浪费彼此能量的时候，和平的雄鹿可以坐山观“鹿”斗，保存实力，避免受伤。它或许可以趁机和其他雌鹿悄悄交配。所以，在一群“鹰”中充当“鸽”的角色，或许也能增加传承自己基因的概率。

182

在这里，问题的关键是个体的成功——个体自己的进化适应度——不仅取决于自己的特征，**也仰赖群体中其他成员的行为**。如果别人都采取自私的策略，那么和平也不失为一种好办法。没有任何一种策略是放之四海而皆准的，每一种策略都需要参照他人的策略，这就是差异的优势。纳什的意见是，或许存在某种均衡的策略——部分自私，部分和平——其总体收益高于其他所有策略。比如说，种群中鸽与鹰的比例是 2：8 时收益最大，那么任何一种鹰多于 80% 或鸽多于 20% 的策略收益都会劣于这种比例。在鹰鸽博弈中，当某些个体采取更极端的策略时，就会牺牲掉一部分差异性的优势，所以总存在某种稳定的状态，其中两种行为保持相对固定的比例。

这就是经济学中的“纳什均衡”（Nash equilibrium），其在生物学中的常用名是“进化稳定策略”（evolutionary stable strategy），它解释了动物合作形式的原理。就算采取简单的自私手段看似对某个个体更有利，但如果纳什均衡状态能给所有个体提供更高的适应度，那么种群的内部结构还是会演变为更倾向于纳什均衡的策略。纳什均衡状态是博弈论的基本结论，它与生物的繁殖系统、交配、亲缘性和性别状态都互相兼容，所以我们可以有把握地认为，不管是在地球上还是在地外行星，有关这些行为的规则都是一样的。

183

人们经常谈论的第二个博弈理论是囚徒困境，这个情景也向人们展示出合作与竞争的进化结果可能并不总符合人们一开始的期待。在囚徒困境中，两个罪犯被警方分别关押，无法串供，他们都可能受到刑期很长的审判。但如果谁供出同谋，谁就能减轻自己的刑罚，那他们又该怎么办呢？如果其中的某一个罪犯一直缄口不言，但同伙出卖了他，那么拒不交代的这个“老实贼”就会被判得更重，但如果二人都能顶住压力不说话，就都会免于处罚——后者显然是最好的办法。当然，他们谁也不知道另一个人将做出何种选择。不过，在简单的数学分析之后，我们发现，在长期看来，最好的办法是告密。换言之，虽然我们或许知道对每个人都最好的方法就是合作（什么都不说，警察就什么都不能掌握），但这无疑也是更为冒险的选项（如果你的同伙供出你，但你自己却不认罪，那么你就要坐更久的牢），因此，囚徒们仍会选择背叛自己的同伙（虽然自己也会被关起来，但刑期更短）。最优解——合作——有时并不是稳定解。

在自然界中，我们也发现了相似的作用，特别是在抚育幼崽方面。父母显然都希望自己的后代能成活下来，而如果想要达成这一目标，最好的方法就是父母双方共同抚养后代。但如果你是一只留在巢里照看雏鸟的亲鸟，你的配偶也许会弃巢而去，留你自己照顾孩子。所以，更好的办法是先他（她）一步弃巢而去，找到另外的配偶继续交配，而不是冒着被遗弃的风险守在巢里。当鸟类面临如此的困境时，遗弃伴侣似乎是一种违背自然选择的行为，即选择收益更小的道路——父母双方共同抚育幼崽才是存活率更高的办法。但同时，进化规则倾向于长期的结果，而博弈论所预测的情形，刚好符合人类在赌博时所采取的对冲策略：在提高投资的可靠性的同时接受更低的投资回报。在现实的情况中，影响鸟类“弃巢或合作”的收益总有互相冲突的各种因素，你将来可能再次面对被你遗弃的配偶（谁都不希望对方找自己的麻烦），或者如果大家都不想弃巢，那么你冒险留下来的收益就很高。但这也只是囚徒困境公式中的额外因数——但公式本身却是普遍通用的。自然选择受适应度的驱动，而适应度取决于你与他人所处的博弈情境——不管是地球，还是在其他的星球上。 184

社会性将把我们引向何处？

如我们所见，即使外星动物彼此“相关”的形式与地球动物的血缘关系差异巨大，但在它们会否相互合作的问题上，我们仍有很多话可说，而如果它们星球上的血缘关系与地球上的相类似，那我们就可以期待更多的相似性。但回归我们的第三个问题：什么才是这种协作的最终结果呢？通过对地球动物行为的观察，我们是否可以得出关于外星动物行为的结论呢？还是说外太空中还存在着某些奇异的行为模式等着我们去发现？协作行为是否会导致我们所不熟悉的，与地球迥异的行为与社会结构？

我们已经讨论了抵御掠食行为时的合作行为的重要性，包括主动的防御，比如示警鸣叫与身体防御，以及被动防御，比如挖掘洞穴和建造其他巢穴结构。合作也可以帮助动物觅食——比如通过分享食物来源的位置信息共同取食——同时也帮助掠食动物以成群的形式更高185效地狩猎。但结群掠食的效果并不只是使捕猎更加高效而已，结群掠食同时也是社会性动物群体在很多其他方面进行合作的社会基础。狼群内部的协作并不只是捕猎而以，它们还会共同抚育幼崽，共同保卫领地不受其他狼群和诸如熊之类的掠食者所侵扰。无论出于何种原因，合作的模式一旦建立，其结果就会紧随而来。合作会产生进一步的合作。因为生活在群体中的要求（因为它们需要共同狩猎）就意味着它们必须与彼此保持良好的关系。社会技能必然发展。

社会性中蕴藏着收益极大的潜在好处——对个体的保护、对资源更有效的集中、发展科技等——但合作也带来了代价，比如分享食物。如果狼群先杀死了一头北美驼鹿，而后彼此为争夺驼鹿的尸体而互相争斗，那它们就无法积累过多的收益。因此，社会性的动物拥有一整套社会性的技能——一套允许它们在因失礼而造成损失之前保持和平并决定彼此意图的信号与互动方法。养狗的人能精准地意识到这种复杂的互动。由于我们与宠物狗并不共用同一种语言，所以我们无法直接询问它们的意图："请问，我能和你玩吗？"人类必须理解它们发出的信息：盼望被抚摸时翘起的耳朵，因恐惧而睁大的眼睛，玩耍性质的压低身体，或者夹在后腿之间的尾巴。这些都是进化出来的信号，它们并非是为了人类自身的利益，而是因为只有通过这种方式，彼此竞争又合作的动物们才能共处（如果它们希望获得对方回应的话）。虽然我本人尚不确定在理论或实验中是否已经证实，但有人强烈建议，出于所有合作行为内在的冲突本质，任何社会性物种都必须发展出社会性的信号。合作即是当你为了帮助别人而奉献自己的时候，就已经做好准备任人剥削。

另一个看似几乎与协作性动物的社会行为同步发生的特征是互惠186行为：如果你帮我，我就帮你。这是另一种需要一定审慎考虑的行为：我为什么不能先接受你的帮助而后背叛你不再帮忙呢？拿了好处就跑似乎是对我更有利的办法。对人类来说，答案是明显的，如果人们知道我是骗子，那下次就再也没人帮我了。但大多数动物都不具有识别群体中所有个体的认知能力，也记不住其他个体帮了别人多少次，或者骗了别人多少次。但难以置信的是，即使是在亲缘性很低且动物记不住谁是骗子的种群中，互惠行为仍然存在于很多动物的群体中。互惠行为似乎是合作的一种好方法，但它是怎么进化来的呢？

动物世界中最著名的互惠行为的例子发生在蝙蝠身上，而且还是那种让人极为神往、经常被妖魔化的吸血蝙蝠（vampire bat）。这种体形很小的飞行哺乳动物在飞行中需要花费很多的能量，所以如果它们在某个夜晚找不到食物，就会面临真正饥饿致死的危险。当它们回到巢穴的时候，找到食物的吸血蝙蝠就会把自己吸到的血反刍出一部分喂给没有找到食物的同类。这一行为的发生与蝙蝠之间的亲缘关系没有任何关系，而且它们也肯定记不住同一洞穴之中上千只蝙蝠谁给别人帮过忙，谁又没有在别人的饥饿之中伸出援手。这无疑是一种令人印象深刻的行为，但它能否代表普适性的进化倾向？

目前生物学家们仍然热切地研究着这一现象，其中有一种解释是这么说的：分享食物的可能性大小取决于群体总体的合作水平，即一种“良好感觉因素”（feel-good factor）的水平。蝙蝠们合作得越多，更多蝙蝠参与合作的可能性就越大。虽然捐出食物的蝙蝠所付出的代价是真实的，但却比较低（就算献出了食物但也不会饿死），但受益的蝙蝠收到的好处却是巨大的（如果没人喂它们食物就会饿死），在这种环境里，背叛的收益极不经济。或许明天需要被人喂食的人就是我，所以，为了我自己的利益，也需要增加他人帮我的可能性，而非鼓励他人也学会欺骗。通过献出一点食物的方式在群落中提高良好感觉因素，付出的代价很小，但换来的却是未来活命的机会。这种复杂的互动显示出协作行为所具有的极大力量，因此也就解释了其在其他

187

的星球上以某种形式存在的极大可能性。

过去的十几年来，我们在动物行为研究方面越来越多地认识到动物性格在其社会行为中扮演的重要角色，这种作用不仅发生在动物的单独行动中，也发生在群体之中。一开始，我们发现动物性格其实并不仅是人类以拟人的手法赋予动物的一种描述，而后，我们清楚地意识到，每一种生物个体在面对他者的时候都清晰地显示出了不同的倾向，而如果这些针对某一客体的倾向性在一段时间内保持一致的话，我们就可以将其称为动物的“人格特质（性格）”。比如说，从鱼类到鸟类，再到哺乳动物，在许多种类的动物身上我们能都发现，群体中的某些个体——相较于其他个体——更易于显示出亲近某些异常且可能存在危险的物体的特性，同时另一些个体也展现出更富有攻击性的行为。

性格这一特征不仅限于我们日常比较熟悉且养在自家地毯上当宠物的动物，即使是斑马鱼，人们都已经为其总结出了物种不同的性格倾向：大胆、探索、活力、攻击型和社会型。如果你家后院里有给野鸟喂食的地方，你就能观察到某些鸟类总是欣然跳上去吃食，而另外一些则会聚在一起相互鼓励。这一点并不会让我们感到惊讶，因为所有的动物（也包括人类）都会对自己所体验的激素与环境的刺激做出不同的回应，而这种区别要么是出于动物自身的基因构成，要么是来源于我们在成年期之前所获得的不同经历。所以，举个例子来说，某些动物表现出更偏向攻击性的性格是合情合理的。不过，这种偏向性是否普遍存在？非常有可能。因为某些特定的性格特质——比如攻击性——与进化的适应度和动物自身能够拥有的后代数量紧密相关。就如同我们在鹰鸽博弈中所讨论的那样，如果在某颗行星上全都是无攻击型的个体，那么一点点攻击性就能让你获得巨大的优势。

188

动物性格之间的差异会在协作行为中产生重要的后果。对于一群生活在一起的动物来说，某些会比其他的更有攻击性，而在很多情况

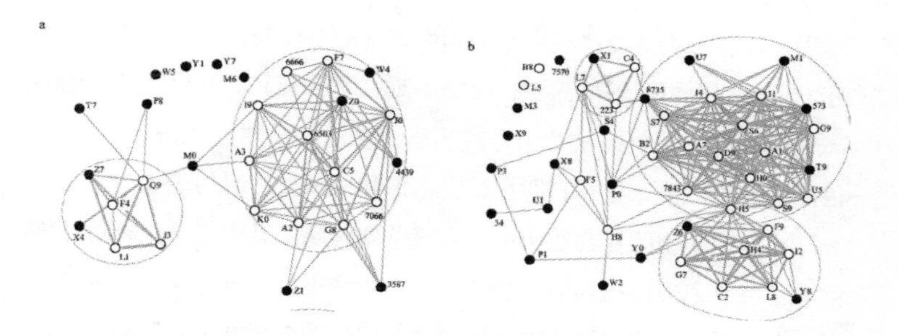

动物必须参与的复杂的社会网络示例两则。这两幅图表表示了蹄兔个体之间的社会关系（点代表雄性，圈代表雌性），个体之间连线的粗细代表两只蹄兔之间关系的社会亲和程度。* 和人类社会一样，在群体中，某些个体明显比其他个体更受他人的欢迎。

下，这种性格倾向的比例并不稳定。比如说在一个群体中充当“鹰”的角色对你来说是有好处的，但成为“2 号鹰”就不那么好了，因为你会一直与“1 号鹰”争斗，但屡战屡败。在这种情况下，强者愈强，而弱者愈弱，最终的结果是形成统治关系，一个最强的个体成为老大，其或者每个个体都在等级社会中找到自己的位置，成为某些个体的统治者，同时也受到某些其他个体的统治。统治层级关系是博弈论预测中的一种必然结果，所以我们在其他的行星上也很有可能发现阶级社会的存在。但统治关系也给动物们带来了另一层复杂度，它们需要复杂的大脑才能理解这些上下级的统治与被统治关系。 *189*

在地球上，我们非常清楚地看到，随着协作性动物的社会组织中所包含的个体数量越来越多，个体间亲缘性的差异性升高，其社会结构也变得越来越复杂，这些动物所产生的交流信号也变得越来越繁复。在六头狼组成的一个狼群中，每一头狼彼此熟悉的难度还相对简单，不管是彼此之间象征性打斗的信号，还是互相梳理，或者偷肉的

* 摘自《根据蹄兔社会关系网络向心性的差异预测成年蹄兔的寿命》（*Variance in Centrality within Rock Hyrax Social Networks Predicts Adult Longevity*），作者 A. 巴洛卡斯（A. Barocas）、A. 易兰妮（A. Ilany, ）、L. 科伦（L. Koren）、M. 卡姆（M. Kam）与 E. 葛芬（E. Geffen）(2011) PLOS ONE 6(7): e22375。

行为，每一头狼都能比较容易地判断彼此的意图与回应。但在一个由五十只黑猩猩组成的群落中，交流的难度急剧升高。社会复杂度的升高导致了产生并解读复杂信号的需求，也迫使动物记住每一个个体，包括彼此的性格，以及它们在过去与你和他人交往时的表现。

在地球动物的社会结构中，其复杂度越高，其中每个个体的认知需求也就会表现出越高的复杂性。这一规律不仅体现在交流的复杂度上，也体现在它们对群体中其他个体的回应的多样性上，甚至会体现在该种动物的大脑尺寸上。某些拥有高度发达的社会性的动物会结成同盟，它们似乎能记住哪一只同类曾与自己合作过，而更令人感到惊讶的是，它们甚至还能记住哪一只同类曾与其他的同类合作过，从而判断这些“第三方”的合作伙伴是否属于自己的伙伴或是敌人。海豚能记住曾在若干年前——甚至是几十年前——与自己合作过的伙伴，并回去与那些伙伴再三合作（这一情况经常发生在雄性海豚身上，尤其是若干雄性海豚拉帮结伙地强奸雌性海豚）。* 狒狒会记住族群中其他个体的社会关系，进而判断哪个狒狒会在自己与别人打架时施以援手，哪个不会。**

随着协作型社会结构的迅速成长，每个个体对群体中所发生的事件的记忆需求也急剧增加。同样，互惠行为的收益也变得更为微妙：如果你能记住谁曾经骗过你，谁曾经帮过你，那么你就能更有效地决定何时伸出援手，何时袖手旁观。请注意，在这个情景中，没有任何专属于地球的生物特性，所以在由 100 只“毛球”*** 和由一百只狒狒组成的两个不同的群落面前，其在进化出复杂的认知能力与建立联盟关系时所承受的选择压力没有任何区别。

190

* 参见贾斯汀·格雷格著《海豚真的聪明吗？神话背后的哺乳动物》（*Are Dolphins Really Smart? The Mammal Behind the Myth*）。

** 参见多萝西·钱尼（Dorothy Cheney）与罗伯特·塞法斯（Robert Seyfarth）著《狒狒的形而上学：社会思维的进化》（*Baboon Metaphysics: The Evolution of a Social Mind*）。

*** tribble，星际迷航中的一种外星动物——译者注

从逻辑上推理，动物的社会性最终可能抵达的终点是使其掌握互相学习的能力。黑猩猩幼崽可以坐在一旁观看成年黑猩猩觅食，到最终成年之时，它可能就已经见过各种不同的觅食技巧。生活在群体中会让你接触到各种信息，而这种方式是独居生存所不具备的。所以，我们可以在社会性的优势中加上这么一条：社会性生活有利于信息的传递，而对个体而言，信息就是力量。哪里是觅食的好地方？我该怎么弄开这个坚果？这条蛇危险吗？

正如前章所见，在任何行星上，以观察为手段的被动学习都是动物行为的绝对基础。在最终离群的时候，在父母的狼群中生活了更长时间的青年狼可以掌握更多有利于生存的技能。社会群体给教学提供了更多的可能性。比如说，猎豹妈妈可以用受伤的猎物手把手地给幼崽传授捕猎的技巧，而这一情况如果是幼年猎豹独自生存就不太可能发生；成年猫鼬会把活的（但已经失能的）蝎子交给小猫鼬，让它们练习抓蝎子的方法。随着社会群体不断变大，变得更为复杂，动物的大脑（以及外星动物身上起到相似作用的器官）处理并储存信息的能力也会更加娴熟，可以被用于教学的信息的复杂程度也随之增加。社会性生活为教学行为敞开了大门，而信息的传递在群体之中也可以持续更长的时间——人类则称之为文化。更快且更有效的信息传递同样有利于科技的发展，这种科技可以是把木棍弯成用以钩取食物的形状，也可以是建造宇宙飞船，前来地球造访人类。 191

※

现在，让我们回到本章开篇时的三个问题。第一，动物们为何合作？因为——正如我们所见——它们可以通过合作获取许多好处，尤其是在抵御掠食者，以及更好地找到并保护食物方面。动物集群的进化过程可能始于某种被动的原因，不管是不能离开还是不想离开，合作行为都很有可能从那里开始并持续进化。第二，动物在何种情况下会形成协作性的社会？当协作能产生进化优势的时候。背后的原因可能是亲缘选择——但亲缘选择是否会发生在其他行星上还有待考证——也有可能是出于更为抽象的博弈论原因。宇宙中其他星球上的亲缘选择可能会与地球上的情况大相径庭，但只要亲缘选择以某种形式存在——某些亲戚与你的血缘关系近些，有些远些，一定会是每颗行星上都有的情况——它就会驱动以家庭为基础的协作行为发生，这与地球上的情况别无二致。

第三，群居动物最终会达成怎样的结果，其进化意义上的终点何在？这个问题的答案可能是本章内容中最大的惊喜。地球动物社会性的进化历程似乎并无任何特殊之处，外星动物也将遵循相似的道路：复杂社会结构、互惠行为、统治层级关系，以及社会学习和教学，都会随着社会组织的不断扩大和越发复杂而变得更为烦琐。这似乎是合作行为进化的一个基本特征，我们也有非常乐观的理由相信：在宇宙中的某个地方，一定存在着某种生物，发现了与我们相同的操控大自然的方法。社会性在地球上的存在如此广泛而多样，所以我认为其他行星同样存在社会性的假设非常合理。幸运的是，对社会性因何存在又如何形成的理论理解让我们有强大的理由认为外星人也是社会性的动物，所以我们完全可能有机会与外星邻居共同品茶。

VIII

信息——非常古老的通货

Information—A Very Ancient Commodity

我们正在靠近某种意义上的终点。到目前为止，我们对外星动物的认识越来越多：它们怎么移动，怎么交流，聪明到什么程度，是否群居，等等。在很多方面，我们将外星动物描述成了与地球动物相似的生物，但它们仍然与我们不同，与人类不同。我们尚不确定自己能否解答“外星生物会不会说话”的问题，但也不能把这个问题继续拖下去了。外星动物是否拥有语言会完全改变它们的性质，也会完全改变人类与它们可能存在的关系，但在考虑语言的问题之前，我们必须更深入地挖掘交流行为的本质，特别是关于“生物个体之间共享何种信息”的问题，也就是说，它们会对彼此说多少话？

很多事情一直反复提醒我们：信息是一种通货——在我们生活的这个世界里，信息的确具有货币意义上的价值。不过，我们很少考虑动物之间分享信息的重要性——但它确实重要，其意义十分关键，毫不亚于人类在社交软件上所做的一切。对动物来说，一条信息的正确与否可能关乎生死，这可比你看到你妈在微信上发尴尬朋友圈时给你带来的不适感严重得多。正因为信息如此至关重要，它同样会严格地受制于自然选择的压力，所以，无论地球还是其他行星，动物都拥有各异且强大的获取与传达信息的方式——与人类一样，信息可能是可靠的，也可能是虚假的。在任何生态系统、任何星球上，知识都是力量。

有时，动物彼此交流的信息会分享关于其被动环境的数据，但更为关键的是，这些信息还可以给出关于其他动物生活与活动状态的重 194

要细节，而那些动物并不一定是信息交流的参与者。在由信息、错误信息与欺骗交织而成的网络中，所有动物都是积极的参与者。在完全理解动物如何交流、因何交流的过程中，出于利益冲突，以及动物可能出现的对现实的错误表达，博弈论再次扮演了重要的角色。而这也将我们置于一种有利的位置，因为从基础博弈论出发，我们得出的各种结论在宇宙各处很有可能都是有效的。外星世界或许与地球环境存在很大差异，但在如何以信息优势击败对手的问题上，数学的原则一直都非常坚定。

在投身思考人类“语言”如何自“交流”进化而来的问题（以及这种进化因何仅发生在人类身上、又有何处可能发生这种进化等问题）之前，我们需要好好地给交流下个定义。我们需要一种非常“坚固而纯粹”的定义，以地球为基础给交流行为预设太多前提的话，我们就不能把由此推导出的结论推广到其他世界。

交流是什么？

交流是我们自然而然的行为，我们每天都在交流，也并不认为需要定义交流。我们都知道要怎么睡觉和醒来，怎么行走或交谈，甚至也都会骑自行车，但如果想要精准地描述出自己为了在骑行中保持平衡而必须做出的动作，我们又会感到万分的困难。有人说，下定义这种事只属于夸夸其谈的炫学者。不过，当我们离开自己非常熟悉、一直生活的世界，出发去探寻未知的外星王国时，定义就至关重要。这当然是我们试图将人类活动与动物活动进行比较时的情况——而当我们想要谈论外星人的行为，以及人类可能与外星人存在何种“共同之处”的时候，对定义的需要就更加迫切。我们无法接受将人类日常行为作为标注动物或外星人行为基准的做法，因为在人类生活中那些看似最为显见的行为，事实上却极有可能在其他物种身上大相径庭。

195

每个人都了解日常生活中的交流，但对交流的日常定义是否也能充分定义动物的交流行为呢？《牛津英语词典》将交流（communication）定义为：

> 通过言语、书写、机械或电子媒介等方法实现的信息、知识、想法的传输或互换。

对动物学家来说，即使删去以上定义中有关媒介的描述，余下的部分仍然过于含糊："信息、知识、想法的传输或互换"？想法究竟是什么？有"知识"的动物又是什么意思？更重要的是，科学希望定义在告诉我们"是什么"的同时，也能回答"为什么"的问题。可以看到，交流包含信息的传输，但仅凭观察，我们又很难得出关于某种现象本质过多的结论。另外，不同角度的观察也可能给出非常不同的结论。或许在某个信号传播速度非常慢的星球上——好比说，信号比动物的速度还慢——那么定义中的"信息互换"就失去了意义，因为当信息抵达接收者的时候，动物所处的环境可能已经完全改变。

从进化的角度上定义交流能提供更多优势。从这个方向出发，我们至少可以确定，在任何发生过进化的地方，这一定义都是恰当的。在此，我用进化理论将"交流"定义如下：

> 交流是由某一动物产生并由另外某一动物接收的信号，**信号接收者的行为**会因此产生改变，进而提高信号发出者的进化适应度。

196

这个定义的关键所在是加入了对**机制**的解释，这一机制超出了你可能已经想到的对交流的定义，而"**信号接收者的行为会因此产生改变，进而提高发出者的进化适应度**"这一特征并非人们日常的思考内容。换言之，某一动物将信息传达给另一动物尚不足以构成交流，信息的传达还必须产生某种效果，且必须有利于信息的发出者。虽然听起来或许会让你感到吃惊，但这却是一种非常普遍的原则，因为如果动物展示出的某种行为**降低**了适应度，那么此种行为就不可能得到进化。当然，这并不意味着不利的信息传输不会发生，比如一头鹿在树林中穿行，失足折断树枝的声音会让老虎知晓鹿的存在（从而降低其生存的可能，也就降低了进化适应度）。但这种不利信息不会成为某种特征进化的基础——因为在鹿的例子里，进化的方向是让鹿变得更小心，走路更轻盈。

不知你是否已经注意到，在我们给交流的新定义中，除去自然选择过程以外，完全不以任何特定的外部环境为前提。由于进化机制的存在，即使是在假设中的那个信号传输速度极慢的星球，这一定义仍然有效——如果信号抵达接收者的时间太晚，导致交流没有产生效果，那么信号的发出者就无法从中受益，所以也就不能得到进化。

你或许会问，交流为什么必须有利于发出者，而非接收者？因为只要发出者受益，我们的定义就可以中立于信号对接收者的影响（这种影响对接收者产生的效果可以是正面效果，也可以是负面效果，但都可以使发出者受益）。事实上，地球上有很多（甚至可能是所有的）交流系统对信息的发出者和接收者都是有利的——特别是当双方属于同一种类的时候——而这种有利于双方的效果在存在血缘关系时尤甚。当某只猫鼬发出警戒信号向伙伴们告知掠食者出现的信息时，群体中所有的成员都会逃跑，寻求庇护——承担警戒任务的猫鼬保护了它的家庭，也保护了自己的基因；雏鸟张开大嘴，示意父母它需要被喂食——否则雏鸟就会饿死，它的母亲也会失去自己的投资。这些都是互利交流的信号，双方都能受益，但互利互惠只是交流行为中一种额外的选项，并非所有交流行为进化的前提。问你银行信息的电话诈骗者绝不会为你的利益着想，而张着大嘴找养父母乞食的杜鹃雏鸟也

197

未曾为养父母的基因传承贡献过一分一毫（事实上这些杜鹃雏鸟上一秒才刚把养父母的蛋扔出巢外）。信息的接收者或可受益，也或许不能，但发出者却必然受益，因而这种行为才会持续下去并传播开来。所以，虽然乍听起来有些违反直觉，但如果想要理解交流行为因何存在，我们就需要从信息发出者受益的角度去寻找行为的理由。

每当两只动物为进化适应度的最大化分别做出决策，从而产生利益冲突——或者潜在的利益冲突——的时候，进化的博弈就会发生。双方都会试图以各种手段胜过对方一筹（这种博弈的结果也可能造成双方的合作），但究其原因都是出于自私的考虑。在远期看来，最佳的博弈策略会成为最有可能被进化选择的结果。所以，行为的进化在很大程度上可以用这些简单的数学博弈加以解释，而博弈论的数学表达并不以物理世界的细碎细节为转移。动物是飞行还是爬行，水生还是陆生？要长成霸王龙那么大，还是跳蚤那么小？是在温暖的咸水中游泳，还是在零下两百度的液态甲烷中滑行？细节固然重要，但在所有的进化细节中，博弈的逻辑都是一致的。因此，在理解外星生物的行为时，博弈理论的解释尤为适用。你可以把宇宙中亿万种不同的生命想象成无数的市场经理。无论交流介质如何，也无论交流互动的物理与时间规模，任何一颗星球上的动物都必须以自身结果最佳的方式进化，都必须利用信息影响其他动物，为自己博取利益。这就是交流行为最基础的本质：为自己的利益影响他人的行为。 198

交流如何进化？

动物交流时最先需要做到的是它们必须响应环境。这一点听起来不值一提，也确实不值一提，因为响应环境似乎是动物最本能的性质之一（参见第3章）。不过，动物们如何响应环境，又响应着哪种环境的具体情形却在每颗行星上不尽相同。在地球上，大多数动物响应环境的对象是光线和振动，因为我们的海洋与大气都（相对）透明，也可以传播振动。但其他星球上或许存在限制着这些感官模式有效性，乃至可能性的物理特征。声音无法在真空中传播，而在（大多数）固体中，光线也无法传播。不过，就算某种信号具有传播的物理条件，它也有可能并不适用于交流。在受潮汐力锁定的行星上，星球的一面永远朝向它的太阳，总是白天，而另一面永远背向恒星，总是夜晚，那里很有可能吹着从温暖一面朝向寒冷一面永不停息的飓风，所以声音似乎并不是可选的感官媒介。在大多数情况下，只要我们对一颗行星稍加观察，就能猜出那里可能进化出哪种感觉器官。

那么，我们能否肯定地认为，动物的交流只能进化自为感知环境而进化出来的各种能力呢？还是说，特殊的信息交流器官也可能完全依靠自己独立进化，并不首先以感知环境的功能存在？人类之所以拥有说与听的能力，是因为我们的祖先能够感知水中的猎物与掠食者发出的振动，但在宇宙的其他角落，是否存在这样一种可能性：听觉与言语能力特意为交流进化而来，并非将动物本已存在的感觉器官按照交流目的加以改造？进一步说，之前我们提到的传心术有没有存在的可能？又可否存在某颗地外行星，上面的外星人专门进化出了传心术的能力？

199

虽说并非绝无可能，但可能性似乎也极小。如果已经进化出用于侦测猎物的耳朵，那我就可以顺理成章地用这对耳朵听取同类发出的信号——这种顺理成章并不是进化上的巨大跳跃。但“每一步进化都需积累真实的收益”却是进化过程必须遵循的原则，所以动物完全独立进化出交流能力的说法解释不通。如果一开始谁都没有交流的能力和需求，率先进化出完全用于交流的器官对你又有什么好处呢？这就有力驳斥了科幻作品中关于传心术等超能力的描述。如果某种能力在最一开始无法给动物提供“非交流用途”的优势，我们就无法想见这种能力进化的发端。并不是说一点可能性都不存在，但它确实尚不足以构成科学探索的一部分。只要严格地按照切实可行的进化论的可能发展方向进行思考，我们就可以抛弃所有对外星动物交流行为的预设。

一旦动物对环境做出回应，它们中的某些个体一定会开始利用这种回应操控他人的行为。如前所述，交流行为只有在利于信息发送者的情况下才会得以进化，但使发出者受益的方式却多种多样。猎蝽（assassin bug）在捕食蜘蛛的时候，会爬到蜘蛛网上拉动蛛丝，模仿受困昆虫运动造成的振动，此时的蜘蛛出于本能地被这种振动所吸引，自投猎蝽的怀抱。这种本能的进化恰好是蜘蛛自己的捕食能力。猎蝽给我们展示出的这种进攻性的拟态可能不是第一种源自进化的交流，但却无情地遵守了我们刚刚提出的原则：操控其他动物对环境的回应，绝对有可能是使信号发出者受益的一种选择。猎蝽只是这种原则的一个例子，外星生物同样会利用他人的轻信。

在这种简单的交流出现之后，信息的发出者和接收者都将改造自己的信号，也将改造自己回应信号的方式，构建一套更为丰富的行为模式，从而更好地为自己的利益服务。发出者会将信号向更清楚的方向调整：更大声、更显著、更能与环境中的底噪区别开来，等等。鸟类倾向于使用在自己所处环境中传播效果更佳的特殊音符，比如说，尖锐细碎的鸣唱更适合森林中的传播，而在草原上传播效果更好的是婉转悠扬的鸣啭。同样，接收者也会改造自己对信息的回应，有些鸟类只回应自己同类的鸣叫，或者进化出一套复杂的对鸣方式，将信号来回传达，从而让对话双方判断对方是否可信（这种信任可以用于配偶的选择）。这就是我们在地球上能见到的动物交流的一切繁复与多样性背后的驱动力量——环顾四周，我们清楚地看到，动物利用他人的感觉习惯制造欺骗性的信息，只是交流行为在进化过程中产生的各种现象之一。动物进化出了一整套全新的、独特的交流系统，精准地传达着特定的信息。鸟鸣现象在鸟类出现之前并不存在，但鸟类以其

200

接受收声音的先天能力为基础，进化出了复杂的鸣唱方式，也进化出同样复杂的解读鸣唱的方法。

地球动物在交流中展现出的这种多样性，来源于势必为外星生物共享的一般进化机制（即利用现有的感官能力产生操控性的信息），但是，地球动物交流行为的具体细节却十分“本土化”。我们可以肯定地说，外星动物互相交流的原因与地球动物完全一致，但每种交流行为本身的具体性质——外星鸟鸣到底是什么样的——却仰赖于它们行星上的物理条件，比如大气的密度与组分。这些物理条件是第 5 章的重要内容，但在本章中，我们需要少谈一些外星动物如何交流的问题，更多地探讨它们因何交流的原因。

201

决策 决策

交流的进化是因为动物需要做出决策。这些决策包括它们往哪里去、做什么事、吃什么东西，以及（在地球上）与谁交配。而交流中的信息影响着这些决策——这也是交流进化的原因。有时这种影响是利用性的——促进信号发出者的利益，损失接收者的利益——有时则是互惠性的。在动物的交流中，自私与利他并存。由于欺骗过于广泛存在于人类世界（并不只发生在政客身上），所以我们更倾向于认为欺骗行为是一种独特的人类特征。但在另一方面，人类展现出的最让人感到振奋的利他无私行为，又呼唤着我们的热情与神往，似乎定义了人性能够企及的最高道德水准。

当然，无论诚实还是欺骗，两者都同样广泛地存在于动物世界，而我们也一定会在外星世界发现相同的情景。事实上，诚实与欺骗之间的差距并没有想象中的那么大。从进化的角度来看，它们终归都只是提高个体进化适应度的不同手段而已。远在公元前 522 年，古波斯的皇帝大流士大帝（Darius the Great）就意识到了这一点，他说：

撒谎者因其谎言获利而诳，诚实者以其实语有益而真。*

决策受限于其能否为决策者增加利益。这是决策过程的普遍特征，因为世界上并不存在真正完美的决策。由于一切收益都需要成本，所以完美无法实现，而成本和收益都必须彼此权衡。这是进化的基本法则，决策过程也不例外。或许我在每次做出决策之前都应该等待完美的信息——比如说只在 100% 确定成功时才给公司投资；或者是在 100% 确定在网上挣扎的虫子不是猎蝽的时候，蜘蛛才去捕食。事实上，这些策略非但不是最佳的选择，其后果反而是灾难性的，因为 100% 的确定性永远不可能出现！信息是不完整的，永远会出错，或者干脆就是骗你的。使用信息的正确方式是找到最优解，综合考虑每次决策的成本与收益，也将出错的概率包含在内。平衡的决策——谨慎、但又不致过度谨慎——最符合进化的原则。

202

交流行为扩宽了我们对信息的采集，而我们也希望用交流优化自己的决策。交流行为向信息的发出者提供了影响他人决策的可能性：人们的穿着和行为影响着他人对我们的看法，老板会不会雇用我？会不会炒我的鱿鱼？我看上的人会不会和我睡觉？我穿着这身球衣，对面的那个家伙会不会打我？我们的交流建立在对他人决策的影响之上。

当然，以信息为手段对他人的剥削并不是一切交流的决定因素。在动物交流时，也经常会出于合作的意愿——而人类总是在这样做。不过，合作性的交流会让你更多地暴露于被他人利用的风险之下，即使在表面看来我们的交流完全是为了合作。在上一章谈到的囚徒困境中，我们就见到了类似的情况：合作对每个人都是最好的选择，但在

* 古希腊历史学家希罗多德（Herodotus）称，这是大流士与他人共同密谋从篡权者手中夺取权力时的一段发言［见《历史·第三卷》（*The Histories III*）（又名《希腊波斯战争史》），72 页］。

长期看来，收益最大的选择却并没有被接受。作为信息的接收者，我们需要判断信号的可靠性，即我会不会被骗？如果我认为信息的发出者真诚地重视我的利益——就像他们维护自己利益的周全一样——那么，当我想当然地全盘接受他们传达给我的信息的时候，就无疑敞开了被人利用的大门。此时，骗子将不可避免地出现——这也是进化使然——利用你的轻信。很自然，我既不能完全相信别人，也不能无视所有的信号，所以我的决策就是一种权衡。那么我在哪些情况下应该更多地相信别人？这些情况又是否可以通用于地球与外星？

203

进化的博弈理论给我们展示了两种更应该相信别人的普适性理由——对地球或外星生物的交流行为而言，这两种情况的影响应该是类似的。第一种情况是信息的发出者与我共享利益。在地球上，这种情况一般是因为两者存在亲缘关系，亲缘选择使信号的发出者尽量避免伤害我的利益——因为它们在某种程度上与我共享基因。就好比我不会说谎伤害我的孩子！如果外星人也有孩子，它们应该感同身受。但在亲缘关系之外，还存在某些共享利益的其他方式。

如果交流对象与我共同从事某一关键任务，而一旦该任务失败，我们都将蒙受损失，这时我们就拥有了共同的利益。这种情况下人们最熟悉的例子是协作狩猎，因为对于参与狩猎的个体来说，谁都无法独自完成共同的目标（比如狩猎一头北美驼鹿）。如果某一头鬣狗在狩猎中没出力，它的同伴都看得见，所以它们就可以阻止这头没参与狩猎的鬣狗染指食物。亲缘选择可以给协作狩猎行为提供一部分解释（虽然狼群有时也会接纳外来成员，但它们基本都有血缘关系），但亲缘选择并不是合作行为的唯一来源。比如说，雄性海豚联盟中的成员之间就没什么亲缘关系，由五十头或以上数量虎鲸组成的（捕食蓝鲸的）鲸群可能也是以不具备血缘关系的独立个体组成的。当协作中的每个成员都必须齐心协力贡献自己的力量才能成功时，交流的信号更有可能是可信的，而非欺骗性的，这一准则在任何星球上都成立，且与其成员间的亲缘关系无关。如果我们有朝一日在其他行星上发现了协作行为的迹象——也许是城市模样的建筑，甚至可能是空间探测装[204]置——那么我们可以得出的第一个结论并不关乎外星智慧或者外星科技，而是确定那些外星人一定会交流并协作。

信号更具可信度的另一种条件是信号产生的成本很高。在这个虚假新闻满天飞的时代，传播“地球是平的”或者“疫苗会导致自闭症”这样的不实信息对人们来说十分简单。谎言是廉价的；但昂贵的信息却很难作伪。当你看到一座宏伟的金字塔时，它的潜台词是“胡夫法老是一位掌握了权力的帝王”，我们自然地倾向于相信这个信息。如果胡夫法老其实并没有一支由奴隶组成的军队，那他又怎能建造如此宏伟的建筑呢？与之相似，很多动物向外传播的信号都过于贵重，以至于无法不令人相信：马鹿（red deer）头上长有巨大的鹿角，孔雀身后拖着色彩鲜明的长羽。如果这些个体并非如此健康强壮，而是在伪装自己，那它们又怎么可能产生那样鲜明的信号呢？这是信号进化背后的普遍原则：信号的适应度成本，以及信号发出者与接收者之间共享的利益，共同决定着信号被接收时的可信度，而这种原则即使在物理条件迥异的其他行星上也不会失效。所以，在外星动物交流的问题上，我们可以给出如下甚为基础的主张：可靠的外星动物信号应该是成本较高的信号，或者应该反映着某种被共享的基本利益。

那么，地球动物身上有多少种信息可供交流？我们又是否认为这种多样性代表了宇宙中可能存在的**所有**的信号种类呢？不管是哪颗行星，对动物而言，比较重要的信息应该至少有三种：关于环境的信息、关于信号发出者个体的信息，以及关于群体关系的信息。接下来，就让我们分别研究一下这三种信息。[205]

关于环境的信息

对于生活在其他行星上的动物来说，它们会在交流中互换哪些关于环境的信息呢？我们能够确定的是，在所有的行星上都会出现某些有趣的特征：比如说所有的生命都需要食物、都需要躲避掠食者，所以我们就能从地球动物关于食物与危险的那一部分信号中学习到有关外星动物相应特质的知识。不过在其他星球上，也或许存在某些特定的、我们在地球上未曾经历过的危险或机遇，而我们对那些动物在就其环境条件进行的交流中所包含的信息也都一无所知。这种情况当然是可能的，也会对我们的理解造成潜在的困难，比如说在某些行星上，动物个体可能需要向同伴警告即将到来的磁场扭曲变形——而这种环境变化对地球上绝大多数物种来说都不会造成影响，也不会被我们察觉。在外星生物的交流中，一定会存在某些让我们难以理解的方面——即使我们能够解码其信息的含义。

不过，就算无法宣称人类能理解有关外星交流的一切，但是我们还是可以自信地说：一切生物都需要能量，所以食物在任何一颗行星上都是非常重要的话题。所以，就让我们从关于食物和掠食者的信息开始吧。

如果你在一片树林后面发现那里藏着好多鲜艳欲滴的草莓，你会把大家都叫来分享吗？或许会。你肯定会先喊上自己的家庭成员，因为亲缘选择再次驱动了食物信息的交流；但在血缘关系之外（因为我们不知道外星生物是否存在血缘关系），还有没有其他原因可以让你做出将有关食物来源的信息分享给他人的选择呢？事实上，其他原因也是存在的。出于另外一些理由，动物同样会选择告知其他动物有关食物出现的信号。首先，集群采食更为安全——如果你身边有一大群朋友，那么掠食者偷偷接近你的概率就会低很多。虽然和别人分享食物就意味着你自己能吃到的东西变少，但总比自己成为别人的盘中餐

206

要强得多。美洲山雀（chickadee）之类的小型鸟类在觅食的时候就会集结成群，而这种临时的群体中甚至还会包含五子雀（nuthatch）和其他山雀（titmouse）——每种鸟类都拥有自己独特的视觉和听觉器官，能为彼此提供额外的保护，所以美洲山雀与它们分享食物也是值得的。

集群觅食时，你不仅可以更好地保护自己免于成为别人的食物，还可以保护自己的食物，因为可能会有另外一些比你体形更大的动物也对你正在取食的食物感兴趣。发现自己难以获取的食物——比如正被其他动物享用的动物尸体——时，渡鸦（raven）会发出响亮的叫声，这种叫声会吸引其他的渡鸦前来，而一大群渡鸦就可以有效地威慑其他食腐动物。你的朋友可以帮你一起获得食物的所有权，保住食物，还能在你吃饭的时候护你周全。

对于那些拥有更为复杂的觅食模式的动物来说，分享食物信息也需要更为复杂的交流模式，因为它们需要以食物为主题进行交谈。面对特定种类——但特别好吃的——食物时，黑猩猩会发出特定的叫声（比如说“杧果！”和“香蕉！”的叫声是不一样的），但它们发现一般好吃的食物时，叫声就比较统一（“只是胡萝卜 / 苹果 / 无所谓吧，就是一般的吃的”）。重要的信号（“好吃的！”）需要明晰且特别，其信号的辨识度要比不那么重要的信号（“无聊的食物”）高得多。我们虽然无法确定外星世界是否也像地球一样生长着多样化且口感各异的食物（也许那里只有一种水果），但食物永远是一个生态系统中有限的组成因素，退一万步讲，食物的多少也始终会成为感兴趣的话题。

另一方面，信息的形成也受制于其所包含的时间性语境。如果动物需要做出长期的决策——比如说选择配偶——那么经久不变的信号将成为很好的选择。鸟类的羽毛直观地反映着雄性的健康程度，就算毛色会随着年龄的增长而暗淡，但这种信号的时间规模也会与需要就此做出的决策的时间规模保持同步。与此同时，示意掠食者出现的警 207

告却是即时的，因为动物需要立即做出是否逃离的判断！如果示警的叫声冗长而琐碎，还要对出现的掠食者的性质和它所带来的危险进行解释，那么在接收者解码这段信号的时候，掠食者很有可能已经踩在你的头上了，所以这种信号从进化的角度上讲是无效的。

动物的示警鸣叫一般都短促、响亮，且能尽量迅速有效地获得群体成员的注意力。那些听起来“恼人”的示警叫声本身就是在示意某种“恼人”危险的出现。这些叫声之所以能够抓住信号接收者的注意力，是因为它们对动物拥有内在的本质性影响。在地球上，绝大多数示警信号都以声音的形式呈现，而似乎很多示警鸣叫本身就拥有某种足以唤起动物内在的警觉情绪的声学特质——也称为“恐惧的声音”。* 尖锐的嘶鸣和高声的尖叫。** 不管是对人类，还是对其他动物，都能引起本能的反感。听到人类婴儿啼哭的声音时，雌鹿的反应与它们听到幼鹿的示警叫声时的反应几乎一样，而对人类来说，其他动物在情绪低落时发出的声音对我们情绪的影响和我们听到别人哭的时候是一样的。

在这种机制背后，应该存在着一种同样适用于外星生物的一般进化原则。能让我们——以及鹿妈妈们——感到烦扰的声音都拥有一定的声学属性。像“尖锐”“生涩”“粗粝”等人类用以形容这些声音的词，都指出了这些声音频率变化的不确定性。示警叫声一般由无规则的声波构成，而这些声波的频率变化几乎完全随机，也就会在本质上引起动物听觉的反感。有一种可能的解释说，这些声音之所以让动物感到反感，源于其极大的不可预测性——这种假设是合理的，因为不可预测性对任何动物来说都不是好事。与此同时，这些无规则的频率

208

* 关于此话题的更多信息，笔者推荐丹·布鲁姆斯坦（Dan Blumstein）题为“恐惧的声音”的 TED × UCLA 讲座，网址：https://tedx.ucla.edu/talks/dan_blumstein_the_sound_of_fear/。

** 原文 screeches and screams，前者指一种尖叫，声音类似手指在黑板上刮擦的声音，后者多指人在恐惧愤怒等情绪下发出的高声叫喊——译者注

变化只是动物在发出突然且极端的噪声时自然形成的结果——当你恐慌时，你会本能地发出尖叫，此时你的声带振动完全没有规律，就好像你把音响的音量旋钮调到最大时产生的失真。产生于任何发声机制极限之外的声音都是无规则的噪声。所以如果外星动物使用声音作为示警的手段，**那么它们发出的尖叫很可能与我们的尖叫非常相似**。如果有人跟你说“你叫破喉咙也不会有人来救你”，别信——因为尖叫之所以进化，就是要被别人听到，就是为了让别人感到慌张。就算外星人不使用声音作为交流媒介，它们的示警呼唤可能也是它们所使用的交流介质中无规律的噪声叠加。当你突然从一块大石头背后跳出来吓唬它们的时候，外星人同样会用自己产生信号的器官——无论何种器官——制造它们能够起到示警作用的信号。在每颗星球上，“吓人”应该都一样。

如果想用更直观的方法解释这个问题的运作机制，我们可以考虑一下地球上的萤火虫。这种昆虫的雄性会利用其腹部的发光器官小心地制造出按节律闪动的光亮，而每种萤火虫都拥有专属的闪光频率，从而避免雌性萤火虫被其他种类的雄性吸引过去所造成的尴尬误会。每当成百上千只相同种类的萤火虫聚在一起［比如每年孟夏时节美国田纳西州斯莫基山脉（Smoky Mountains）著名的萤火虫大会］，就会发生一种堪称奇观的壮景，每一只雄性萤火虫都会把自己的闪光频率调节到与其他所有同类一样的频率上，这样一来，漫山遍野的萤火虫就会同时发光、同时熄灭。现在，让我们把这种情形放到某种相似的、使用视觉信号系统进行交流的外星动物身上。* 正当所有的这些外星萤火虫同步闪光之时，如果其中的某一只突然发现了掠食者，那它就可能立刻改变自己的闪光模式，进而打破周围生物发光的同步性，由此引发的不协调会迅速传遍整个萤火虫群落，从而产生一种突

* 虽然如此，但地球上的萤火虫并未显示出使用闪光能力传递复杂信息的能力。

然的无规则闪光情境，这种光学情境——“恐惧的景观”——与恐惧的声音在效果上是等同的。就如同我们听到婴儿啼哭时会感到头痛一样，在外星萤火虫看到闪光的混乱时，它们应该也会感到同等的烦扰。

关于个体的信息

至少发生在两个动物个体之间的交流既可能是利用性的，也可能是合作性的。考虑到这一点，我们可以合理地推测，动物会希望尽量多地了解关于其交流对手的信息。这种信息可以是关于沟通者的简单身份信息（在此我们假设动物拥有记忆其他个体的能力），也可以是某些重要的细节：比如对方身在何处，身形多大，情绪状态如何，等等。开口说话之前，尽量多了解对方的情况总是一件好事。

某些关于动物个体的信息在本质上就是可信的。抬起前肢，用后肢站立时，动物可以清晰地表明自己的体形。当然，如果我想对外夸大自己的体形，也可以像发怒的猫一样把毛炸起来，让自己看起来更大，但炸毛也不可能让你无限膨大：你最多也只能在自己体形的基础上夸张一点而已。马鹿可以通过雄性的叫声判断对方的体形，因为马鹿发出的声音频率取决于体形（就像风琴的共鸣管一样，管道越长音高越低），但是，虽然雄性马鹿将自己的声道进化成比原本所需更长的形态，从而拉低了自己的声音（让自己的体形比听上去更大），但如果每头雄鹿都这样作弊，那么体形更大的雄鹿还是能发出更低沉的声音。同理，关于动物个体身份的信息也很少能够作伪。很多动物——包括人类——能通过外貌和声音中非常细微的差异精准地分辨自己的配偶和子女。对于帝企鹅（king penguin）来说，不管是父母还是雏鸟，它们都能在由上千只同类组成的群落中通过叫声找到彼此。个体身份性的特征是广泛存在于自然界的。

210

当然，每当一个信号被认为是可信的时候，总会出现一些作弊者试图利用这种信任。比如说杜鹃雏鸟冒充寄生父母的亲生子女，在这种情况里，倒霉的亲鸟如果想要解决自己面临的困境，只有一种简单的办法：忽略所有的信息，给巢里的每一只雏鸟喂食。信息并不永远等同于解决问题的答案。在信号面前，选择信任还是选择怀疑，是动物一生中永无休止的眩晕舞步。而这种权衡中的抉择并不专属于地球，所有的外星动物都会进化出怀疑的能力：将信任某一信息的收益与被信息欺骗的风险进行比较。在地球上，我们见到了各种各样的策略，从选择无条件信任的苇莺*，到能精准识别自己雏鸟的帝企鹅，有些动物会替他人抚养幼崽，有些动物则只为自己的下一代负责，这种情况给我们充分的理由相信，在其他星球上，也会有同等的"天真"，以及同等独具慧眼的动物。

当代价很小，或者代价可控情况下，个体很有可能进化出制造不可信的信号的能力。代价高昂的信息大多可信，同理，谎言的成本一般都很低廉。不过，如果你有能力在短时间内撤销或者改变你的信息，撒谎也成为你的选择。地球上生活着很多种拥有仪式化展示行为能力的动物，在我们身边就可以见到这种情况。比如说，对于很多鸟类而言，重复对手鸣叫声音的行为都是挑衅性的，是一种直截了当的进攻性的表态。这种行为类似你在酒吧里随便找一个人重复他说的每一句话（同时也模仿他的口音），很容易打起来。但与货真价实的高成本投资行为——比如说长出大大的鹿角、鲜艳的羽毛，或者每天都去健身房练肌肉——相比，这种行为非常不同，在酒吧里激怒别人这一行为本身的成本是你可以选择承受（或不承受）的。你可以管理这一行为的成本。对于鸟类来说，它可以选择今天模仿对手的叫声，或者今天不模仿，明天再说。而又如果，你的对

* reed warbler，杜鹃雏鸟的寄生父母——译者注

211 手看上去有点过于难缠，你总可以选择抽身而去。虚张声势——一种欺骗性的信号行为——是具有风险的，但有时这种冒险也是值得的。在成本可控的情况下，仪式性姿态（也是一种交流的方法）几乎是自然界中必然进化的现象，所以外星动物很有可能也会拥有仪式性姿态的行为，虽然这并不意味着外星人也会像我们一样喜欢打扑克牌，但对于外星动物来说，它们一定也会像地球动物一样，在博弈的过程中采取某些相似的手段，在权衡利弊之后，决定自己何时押注，何时收手。

关于自己群体的信息

关于群体，我们可以讨论的东西就更多。在群体的内部动态活动中，交流达到了顶峰，随着动物对事物的认知能力越来越复杂，你所想要表达以及你所需要表达的复杂程度也呈螺旋式地上升。如果群体之间出现了冲突——即使并未出现公开的暴力冲突，一般性的冲突也普遍存在着——动物就必须掌握用以区分你我的方法。有些时候，区别自己群体与他人群体的优势非常明显，在绝大多数情况下，动物会因此发展出彼此合作并维持群体正常运转的方式。不管是你自己，还是你的群体中的其他成员，都清楚地了解你与其他成员之间的长期关系，所以群体的社会结构可以一直保持稳定。

当某个动物群体具有统治性的层级结构时（也包括更为平等的群体中），如果每个成员都了解群体的规则，那么社会的运行就会相当顺利。很多高度社会化的物种——比如鬣狗和黑猩猩——都拥有清晰的统治关系，僭越你的行为规范会产生某些非常严重的后果；而对于其他物种来说——比如说蹄兔——其社会关系可能就更为平等，而这种社会构成规则也能很好地为它们的生态位服务。不管是哪种方式，212 社会结构都在群体的生存中扮演了关键的角色。将某些新个体引入群体会扰乱原有的动态平衡，而了解自己属于哪个群体，避免加入错误的群体，能让你免去很多不经意间惹出的麻烦。

群体身份的信号行为带来的其他优势可能不那么明显。很多雄性鸣禽会以侵略性的姿态维护自己的领地，但同时也会尊重与自己相邻的其他雄性的领地。它们能识别邻居的鸣叫，不会将其视为对自己领地的威胁。在人类的政治活动中，我们将这种状态称为“两国关系的缓和”(detente)。不过，如果这时出现了一只陌生的雄性，它就会立即被这个“群体”视作外来者——虽然这个由拥有各自领地的若干雄鸟组成的所谓的“群体”并不是一个真正的协作性群落。其结果是外来的雄鸟会收到每只“老居民”富有攻击性的回应，这也被称为“亲爱的敌人效应”（dear enemy effect），因为邻近的雄鸟只是理论上的敌人，但这些敌人却也可以相对和平地共处。在同一群体内部以及不同群体之间的关于社会关系的信息有助于稳定个体与群体之间的这些关系。在资源有限的情况下，领地性是动物的一种基础特征，所以，在地球之外的星球上，那里也会生活着与地球上的鸣禽拥有同等交流行为的生物。与此同时，这些外星鸣禽应该也会遵循“亲爱的敌人效应”，鸣叫着宣誓自己的领地，回应他人的叫声。

总的来说，在动物判断其他个体是否可信的过程中，关于群体身份的信号起到了非常重要的作用。海豚的群体经常分分合合，它们的群体关系建立在特定个体的社会关系之上，每当单独的海豚需要重新参与群体时，如果它可以识别出之前合作得更顺利的群体，以及信任程度更高的个体，那将是非常重要的优势。如果某种动物在其群体之中不需特别和平地共处，但又确实需要依靠合作才能完成某些任务的时候，这种特征尤为显见。海豚识别彼此的办法是使用一种特殊的“呼哨”，它们会用呼哨的声音给每头海豚起名字。作为个体身份的识别物，海豚拥有专属于自己的特殊哨声，称为“签名哨声”（signature whistle），不管是它自己，还是群体中的其他海豚，都会使

213 用这个签名哨声作为对它的称呼。让人感到惊奇的是，海豚能在长达数十年不见面的情况下记住并识别出这些签名哨声。

但是，如果群体规模很大，记住每个成员的身份就会给动物的大脑提出很高的要求。有些动物（比如说人类和其他灵长类动物，还有海豚）都进化出了非常庞大的大脑，这可能与它们对“朋友名册”的记忆需求高度相关。如果不想为了记住每个个体的名字而大费周折，动物还可以选择用记忆群体标识的方法来识别他人的身份，这种方法的“科技含量”相对较低，如果一个群体中的所有个体在标识身份时都以其所属特定群体的特征为标的，那么其他动物个体也就没有必要记住每个个体。生活在同一巢穴里的所有黄蜂都会在身上涂抹专属于自己巢穴的气味，所以它们可以通过这种气味识别同伴。事实上，它们也不需要记住个体之间的区别，如果你闻起来和我家的味道一样，那咱们就是一家人。这就好像足球比赛之后，一条街上有两家酒吧，你一眼就可以看出哪家酒吧里全是穿蓝衣服的球迷，哪家全是穿红衣服的，所以你也就能由此判断自己走进任意一家酒吧之后可能的遭遇。

不过人类在群体中所做的事情远不只一起喝酒唱歌那么简单。我们还会建造宏伟的教堂、射电望远镜、宇宙飞船，寻找理解外星文明的方法，希望有朝一日能与它们见面。人类会在群体的活动中**协力合作**，而为了合作，我们需要沟通非常复杂的信息（数学公式、设计图纸、书籍手稿，等等）。除了人类之外，几乎再也没有其他的地球动物群体拥有这种合作行为，这一事实或许会让人感到惊奇，出于以复杂形式进行合作的目的，动物需要在交流中交换足够多、足够复杂的信息，但在地球上，例子并不多。

乍看起来，社会性的昆虫貌似是例外。在第 6 章中，我们谈到了蜜蜂如何就搬家的问题达成一致，以及蚂蚁和白蚁如何建造令人叹为观止的巢穴，为了达到这些共同目标，需要成百上千的同类个体进行通力协作，但这种行为却与人类理解中的合作行为存在着本质上的差异。举个例子来说，蜂巢和蚁穴能与剑桥大学的穆拉德射电天文观测台（Mullard Radio Astronomy Observatory）相提并论吗？相信你一定还记得自家地板上那些恼人的蚂蚁，它们总能找到你的厨房，它们排好队伍，沿着总体笔直的路线倾巢出动，只在有东西挡路的时候才稍稍改变方向。它们当然是在合作，但它们的这种合作只是一种极为简单的过程的外在体现——基于简单的行为决策之上的貌似复杂的行为。在本能的指引下，每只蚂蚁都依靠嗅觉沿着之前通过此处的上百只蚂蚁留下的味道前进，在它们的协作中，只有一条简单的信号："我刚在这"。随着时间的推移，蚂蚁留下的气味会逐渐消散，它们也以此判断同伴在多久之前曾经到过这里，蚂蚁搬家的复杂行为正是以这种机制为基础（否则你会发现整个厨房的地板上爬满了乱跑的蚂蚁，每只都被互相冲突的信号所干扰）。但信号强度的区别是蚂蚁交流中的唯一变量，也只能指示一种简单的信息，蚂蚁能做的无非就是找到食物，或者发现敌人。 214

现在，让我们回想一下人类在冰河时期合作狩猎的场景。为了猎杀一头猛犸，我们必须了解彼此在这场冒险中的角色，同时对猎物和群体中其他成员的动作做出回应。每个人都必须回应他人的反应，而如果我们想要理解别人希望自己做出什么行为，人类很可能已经在那时就进化出了手部与语音的信号。这就是非常复杂的合作任务，而且它似乎已经超出了所有其他地球动物的能力上限。交流中需要的信息不仅丰富，而且迅速，有时甚至还是矛盾的。但对于外星生物来说，如果它们想要通过合作建造一艘宇宙飞船，飞来地球访问人类，那么这种交流就是它们必须进化出的能力。

到目前为止，有限的证据显示，黑猩猩也能在狩猎活动中承担特定的角色；而关于虎鲸使用声音信号进行交流协作从而制造浪潮将海

215 豹从浮冰上冲走的证据则略带传闻色彩*。但如果我们不能更深入地理解动物之间如何用信号互相发送复杂信息，这些利用交流行为协调动物的例子就很难有新的突破。总的来说，在这颗行星上，只有一种生物——人类——能经常性地以这种复杂的形式进行协作。我们也许很难在其他行星上发现相同的协作行为，也或许那里的每种生命体都忙于彼此间具体而微的精密协作，但是，在地球上，像人类一样复杂的社会性协作活动仅此一种。

虽然听上去很难令你相信，但动物界中复杂协作行为的稀缺却与它们可以互相传达的信息的量的大小无关。绝大多数鸣禽、海豚、狼，以及很多其他拥有智力的物种的交流系统足以支撑的信息量远比它们日常协作行为中所需的信息量大得多。它们似乎总是喋喋不休，但交谈的内容却没有什么实质意义。信息都消散掉了。其交流带宽中充斥着大量的白噪声，这又是为什么呢?

信息含量：你能说出多少信息?

椋鸟是一种非常吵闹的鸟类，在欧洲很多地方，它们都以鸣声悠长而复杂著称。雄性椋鸟能发出几十种不同的“音符”：有些像哨声，有些更为婉转，有些是升调的，有些是降调的。它们会经常把这些音符组合到一起，产生各种“模序”（motif），而每只雄性椋鸟都会各自掌握几种自己经常重复使用的模序。将不同的模序以各种可能性进行排列的话，模序组合的数量将大得惊人（可能存在的组合种类总量规模是天文数字级别的，这还没有考虑将模序中的音符进行重组）。乌鸫（blackbird）的鸣唱与椋鸟同样复杂，而且叫声很少重复；美洲嘲鸫（American mockingbird）会在自己掌握的所有音符中选取各种

* 虎鲸确实这么做了，但它们的具体交流过程可能尚不确切——译者注

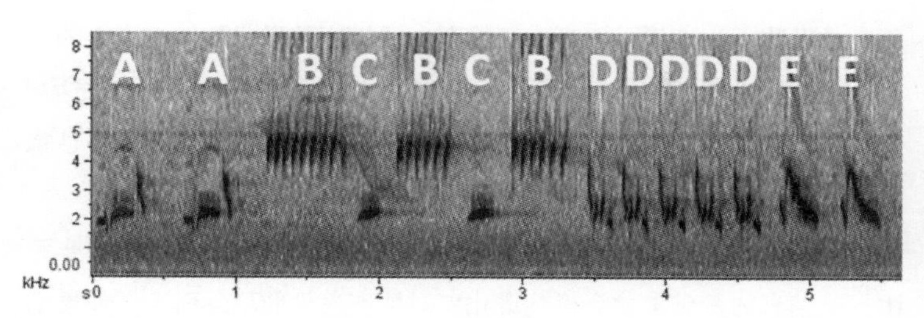

图上为嘲鸫的一段鸣唱序列，我们发现，不同的鸣唱音符各自重复并以特定的形式加以组合，这一段鸣唱序列中有5 种、14 个鸣唱音符。如果每个音符都可以自由排列，那么我们将得到超过60 亿种不同的排列组合！

声音，编制出至多上百种不同的鸣唱方式。我们毫不怀疑，对所有这些鸟类而言，如果愿意，它们掌握的各种鸣声足够让它们以自己的方式背下莎士比亚全集。虽然鸟类拥有的信息含量的潜力巨大，但它们仍然只坚持使用少数几种模序——其数量在理论上可能存在的所有模序中只占非常非常小的比例。既然它们拥有如此之大的信息潜力，又为什么不对其加以利用呢？ 216

决定语言在另一星球上如何进化，又能否进化的关键，在于信息潜力的进化机制，以及动物如何使用这些信息潜力。在地球上，从椋鸟到蹄兔、再到座头鲸等许多种动物都会使用各种由不同离散声音所组成的序列（模序）进行交流，在鸟类的例子中，构成模序的离散声音信号即它们的“音符”。当然，人类亦是如此。英语中大约有 40 种不同的基础发音，包括元音和辅音，统称“音素”（phoneme），将这些音素加以组合，我们就得到了英语中所有不同的单词发音。如果我们只统计至多由 5 个音素构成的英语单词，那么在理论上仍然有超过 1 亿种排列组合*——这比实际存在的 5 个及以下音素构成的英文单词数量多出很多很多倍。即使是对人类——已知地球上交流行为最

* 从 40 个因素中任意挑选 5 个音素，以每一种可能性进行组合，总量是 40 的 5 次方，等于 102 400 000。

复杂的动物——来说，语言中可能存在的模序数量仍然拥有太大的冗余，远超我们所需，这是为什么呢？信息潜在含量大于实际需求这一217现象，似乎在动物交流行为中普遍存在，不管是椋鸟的音符，还是鲸鱼的歌声。

当然，语言只有在交流系统能够支撑大量——如果总量并非无限——信息的基础上才会得到进化。对地球之外的星球而言，如果那里可行的交流方式（参见第 5 章）无法支撑总量足够大的信号变量，也就无法支撑任何物种进化出语言。但就算如此，我们仍无法理解，既然地球上有成千上万种动物在交流中使用不同声音组成的序列——在本质上相当于人类言语中的音素——可是为什么只有人类进化出了语言。拥有足够的信息含量并不意味着这种动物一定会使用这种潜力，而至于自然选择为何（略显浪费地）给椋鸟提供了这么多它们用不上的音符，又有点让人费解。

正如在本书中经常见到的那样，我们之所以思考某种特定的行为为何得以进化，是为了去了解其他行星上可能发生的情况，而我们想要求得的，是最为普遍且具有一般意义的原因，而且只是理论上的探索。一方面是分享额外信息的能力，另一方面是为了得到这种能力所需付出的成本——发展并维持一个复杂的大脑，用它生产并解读所有这些复杂的信号——在这种收益与成本的权衡之间，我们唯一的出路是向数学的模型求助。从自然的角度上讲，应该存在某种最优的平衡。雄性椋鸟个体想把自己与其他雄性区分开来，所以它们的鸣唱需要拥有一定的复杂度。为了达到这一目的，（对它们的大脑来说）成本最为低廉的办法就是用一系列离散的声音组成一个序列（模序）。音符的序列是独特的，也容易让同类轻易捕捉到并识别出来。

与此同时，为了让自己的鸣唱具有独特的识别度，雄性椋鸟也可以选择一种截然相反的方法（但事实上它们并没有这样做）：它们可以用某种连续的变量——比如说以鸣唱的时间长短——作为识别特征。但如果椋鸟真的这样做了，那么即使只是为了区分其他几只同类，椋鸟也需要非常复杂的耳朵和大脑。想象一下，你如果需要听出两声相差只有 0.1 秒的鸟鸣之间的区别，你的耳朵需要多么灵敏！事实上，由离散音符组成的复杂模序相当容易发出，也很容易识别，这 218 也是进化角度上最为高效的发送信息的方式。离散音符构成的鸟鸣或许拥有背诵莎士比亚的潜在能力，但这并不是它们得以进化的原因——它之所以会得到进化，可能只是因为在处理简单任务的时候更为便捷，而额外的潜在复杂度只是免费的副产品。在进化中，有一种现象非常普遍：某种（为某一功能）进化而来的特征会被另外一种功能再次利用。鸟类的羽毛可能只是它们的恐龙祖先用来保暖的，但却最终成为了飞翔的器官；多样化的声音序列是为了让动物更便捷地区分彼此，但其力量却得到了充分的驾驭，最终发展出了语言。

但是，这也给我们带来了两个至关重要的问题。首先，如果一颗行星具有某种复杂的交流模式——比如我们的声学模式，鸟类的鸣唱就是其复杂度的有力证据——那么它是否注定会被某种生物加以利用并最终进化成为语言？也就是说，只要潜力存在，进化过程是否就一定会把它发挥出来？

第二，是不是只有通过这种离散元素序列的方式（比如音素和鸟鸣音符），才能让充分的信息被某种生物组合成被我们称为“语言”的交流方式？反过来，是否存在另外的某些外星交流方式，不用音素，但仍能交流大量的信息？

这两个问题是外星文明以何种形式出现的重要基础，因为文明几乎必然使用语言。对于第一个问题——当一个星球上存在某种复杂交流模式时，语言是否必然出现——我相信答案是肯定的。问题只是时间的长短：“或早或晚”，具体是什么时间出现，可以有不同的数学解 219

读。* 但对于第二个问题——离散元素序列是否是语言的唯一基础——我们有充分的理由相信，答案是否定的。

我们知道，在地球上，有些拥有高度智力的物种并不使用音素等离散声音序列进行交流。声音序列只是复杂信息组合方式中的一种，在鸟类和其他一些物种身上比较适用，但并不适用于所有生物。特别值得一提的是海豚，我们一般认为海豚拥有高度复杂的声学交流系统，正如我们在本章中早些时候刚刚讨论过的，海豚是人类所知（除人类外）唯一以名字——它们的签名哨声——识别彼此的生物。但更为关键的是，这种哨声与人类的名字不同，它不是离散声音组成的序列。举个例子来说，在我们的语言中，名字是“夏吕斯”（ch-ar-uls），或者“达尔文”（dar-win），但海豚的签名哨声却是一串连续的上下滑动声调，就像警车的警笛声一样。尽管如此，每个签名哨声仍是不同的，这也意味着海豚能给更为复杂的交流提供原理上的基础技术条件。

就在这段话前面不远，我们提到，如果椋鸟想通过鸣叫声中某些连续的变量——比如鸣唱的时间长短或音值高低——来区分每一个雄性个体，就需要投入大量的资源。但海豚却对此习以为常，狼也是这样，狼嚎即是另一种不以离散元素序列作为复杂交流信号的优秀示例。关于为何这两种非常聪明又高度社会化的动物同时舍弃了使用离散声音序列进行交流的明显趋势的问题，尚未得到有效的调查，而这也是笔者的主要研究领域之一。但通过观察动物的野外行为，同时分析它们发出的声音，我们可以提出这样的问题：两种不同的狼嚎是否拥有不同的含义？是不是说，一种叫声的意思是“过来”，而另一种

220

* 在德克·舒尔茨-马库赫与威廉·拜恩斯著《宇宙动物园》一书中，作者进一步讨论了诸如智力的进化这种困难的任务到底需要多长时间才会被进化过程所解决的问题。作者认为存在两种可能的方案，一是“随机散步”（random walk）模型，即在任意给定的时间长度内都无法保证解决办法的出现，二是“许多通路”（many paths）模型，即解决办法很可能在任意固定时间长度内出现，讨论也主要在这两种方案之间展开。

的叫声代表“滚开”？如若不然，这种看法是否过于偏向以人类为中心的信息观念——我们对狼嚎的解读是否是我们想要的结果，而非它们真正需要的交流？

不过有人猜测，狼与海豚之所以使用如此简单的信息沟通方法，其原因隐含在它们交流的环境的物理特性背后，这是一种合理的猜测。狼嚎与海豚的呼哨都是远距离的沟通，在它们所处的空间跨度之下，声音会不可避免地衰弱变形。如果它们发出的信息以某种精确的离散元素序列构成，那么其中的某些元素很有可能在传输过程中发生丢失，从而污染整段信息。而在如何规避信息失真的问题上，连续变化的呼哨和嚎叫或许是更为有效的方式。在一颗交流环境（声学环境、视觉环境等）非常嘈杂的星球上——也许是呼号的大风，或者沙尘漫天、纷乱无序的大气——只有通过这些更简单、更缓慢的方法，信息才能保持它的可靠性。

但是，连续变化信号——而非离散声音序列——又是否可能最终进化成语言呢？绝大多数人类语言学家认为不行，* 不过我个人认为，我们对海豚和狼的交流的了解还甚少，尚不足以支持我们做出如此宽泛的否定。我们有必要记住，离散声音和连续呼哨之间的区别其实并不像乍看起来那么大。我的孩子总说，“狗吃狗的世界”（Is' a dog-eat-dog world）其实应该是“狗子狗的世界”（Is' a doggy-dog world），而韦斯·安德森（Wes Anderson）2019 年的电影《犬之岛》（*Isle of Dogs*）事实上应该是“犬之宝”（I Love Dogs）。** 我们在书页上看到的单词之间 221

---

* 史蒂芬·平克（Steven Pinker）在其知名著作《语言本能：人类语言进化的奥秘》（*The Language Instinct: How the Mind Creates Language*）一书中非常有力地阐述了这一观点，但并非所有人都认同他的论点有足够的证据支撑。

** 即英语中的“同音异义词”（oronyms）现象。由于语言性质差异，中文中此类语言学现象的发生较为罕见，比较著名的中文示例如传统相声《对对联》中的段落，“羊肉”“绸缎”“钟鼓”三个上联的下联都是“萝卜”，但实际上与“绸缎”“钟鼓”对应的下联分别是“罗帛”“锣钹”（均与“萝卜”同音异义）。另，文中“犬之宝”一词直译应为“我爱狗”，取“犬之宝”译法为贴近“犬之岛”发音之故。——译者注的空格在实际的言语中并不像书写出来那样切实地存在。在某种形式上，我们讲话时使用的其实是连续的声音，而不是鸟类那种离散的音符。动物之所以进化出某种特定的交流方式，很大程度上取决于它们进行交流时面临的物理条件：互相交谈时它们之间隔着的，是宽阔的峡谷，还是海床中狭窄的裂隙？抑或是在一颗冰封的星球上透过泥泞、半固态的苯类化合物形成的流体互相交换信息？但决定信息要求的是动物的社会需求，而非其物理环境。需要讲话时，尽管用你的方法表达就好，无论通过何种交流介质，进化过程总能找到合适的办法。所以，虽然连续变量信号中信息的含量明显较少，我们也不应该排除外星生物利用这种方式进行复杂交流的可能。既然在地球上已经有多种生命进化出了利用连续信号进行交流的能力——虽然它们的交流尚未成为真正语言——那么在其他的星球上，如果环境条件有利于这种呈现信息的方式，进化压力就有很大的可能将呼哨和嚎叫变成复杂信息的主流交流方法。可能性是客观存在的，而我们从进化的角度上也看不到它无法成为语言的基础的理由。

※

总的说来，我们探讨了有关动物如何交换信息的问题，在预测外星生物行为方面，这些讨论指出了很多思路。针对特定的物理渠道，外星动物会进化出相应的感觉器官，它们也很可能利用这些器官进行信息的发送。像地球一样，外星生物的交流也可能从根本上是自私的——首先有利于信息的发出者，再发展出协作行为，而只有在特定的条件之下才会出现互惠的沟通行为。

222 根据博弈理论，我们可以就外星动物可能会对彼此发生的信息做出某些一般性的预测，但具体的外星鸟鸣细节或外星萤火虫的闪光模式却有赖于它们各自行星的特殊条件——是用声音还是光线，或者是电场呢？不过，正如我们在第 5 章中所见，在任何一颗特定的星球上，有效的沟通渠道还是会受到环境物理条件的相对限制。如果说某种外星人也用声音进行交流，那么我们就可以从它们发出的声音频率的组合中寻找信息的痕迹。解码外星交流信息的过程将与我们解码地球动物的交流过程相似。如果我们了解信息在某种信号中将会被包含于何处，也知道信息在不同条件下将会如何变化，那么就可以推测出信息的含义。

如果外星生物的个体彼此之间存在某种“血缘关系”，它们就会倾向于信任来自家庭成员的信息，而如果这种“血缘关系”不存在，那我们仍然可以相信，成本更高的信息会更值得信赖，外星鹿可能也长着巨大的鹿角。它们会彼此交流关于与食物和掠食者的信息，而后者甚至也很有可能是“吓人”的——如果它们与人类使用的交流模式不同，那么这种吓人可能只能吓到它们。它们也极有可能用信号辨认彼此，而如果生活在群体里，也有很大的可能辨认出不同的群体。

最后，对于那些准备，或者已经进化出语言的外星动物来说（我们也希望它们已经拥有能够与我们交谈的语言），它们的交流将会建立在一种能够从本质上支撑无限信息量的结构之上。在地球上，这种结构在大多数时候以离散元素序列的方式完成，而这也有可能是宇宙中的普遍情况。不过我们也不应该放弃其他携带信息的方法的可能性，而我们的语言——正如我们所知——也几乎肯定不是唯一一种构成语言的方式。这也是下一章的主题：到底什么才是语言？ 223

IX

语言——独特的技巧

Language—The Unique Skill

“他们成为一样的人民，都是一样的言语，如今既做起这事来，以后他们所要做的事，就没有不成就的了。”

语出《圣经·创世记 11：6》（巴别塔段）

语言似乎是唯一一件能将人类与地球上其他所有生物区分开的事情。我们之前曾经认为人类拥有各种各样独一无二的特征，但后来在其他动物身上也都发现了那些特征的存在：工具、文化、情绪、计划，甚至是幽默。只有语言，我们还未曾在地球上的其他动物身上找到。语言赋予人类一种独特的能力：通过语言，我们可以穿透他人的大脑，直接读懂人类的思想，但正因为动物没语言，所以我们没办法以同样的方式读懂它们。同时，语言还塑造了我们思考的方式，使我们成为自己现在的样子。语言驱动并赋能了我们的协作行为，在人类最伟大的各种成就中扮演了关键的角色。但我们仍然不了解语言到底是什么。

令人感到惊奇的是，虽然我们很希望能给语言下一个定义，从而更清晰地将自己与其他动物区别开来，但定义语言仍然非常困难。我们甚至无法指明语言具有哪些特性——如果语言拥有某些特性的话。这让我们感到羞耻，因为如果语言具有某些清楚的特征，那么我们就能在遇见外星人的时候识别出它们的语言。可是，我们甚至分不清语言究竟是一种能力，还是某种功能在强度上的层次；如果语言是一种能力，那么对任意物种而言，它要么拥有语言，要么没有语言，这是一种显见的“有或无”的问题，但如果语言是一种功能的强度体现，那么某些物种就会体现出比其他物种更强大的语言能力，就像海豚和黑猩猩一样，在掌握语言方面居于人类和其他动物之间。事实上，我们根本不知道语言究竟能不能算是一种单一的“事物”——一种被宇宙中所有“说话”的文明必然共享的基础结构。如若不然，语言是否只是一种能力、一种功能？一种可以被以各种不同方式加以应用的概念性存在？ 224

对于一种像语言那么重要的事情来说，我们对它所知甚少。也许这并不会让你感到惊讶，因为已经有许多的科幻作家——以及科学家——都曾用调侃的方式说过，我们不光很可能不认识外星语言，而且从本质上无法理解：外星语言的性质与我们语言的差异太大，既无法识别，也不能解码。为了解决这个问题，我们首先会试着探究地球语言的性质，然后考虑这种性质是否适用于宇宙各处。当我们清楚地了解了语言的本质之后，再对语言可能的各种进化路径进行考察。

有很多科学家（比如语言学家）会对我刚提出的“我们对语言所知甚少”的说法表示疑问。事实上，关于人类语言，我们确实知道很多。我们不仅知道人类语言的构成组分，也了解其构成方法和各个部分的具体作用，还知道不同的语言如何使用这些结构（比如名词、动词、从句），以及基本的发音（比如音素）——这些结构在不同的语言中一般都存在着某种程度上的差异。但是，虽然大多数人青年之后学习自己原本不熟悉的语言都会感到头疼，但各种人类语言之间的相似性仍然非常非常高。

可是，我们的语言真的是相似的。在英语中，将一个动词（“doing”单词）与一个名词（“thing”单词）连在一起，我们就得到了一种最基本的表意结构，这种方法并不一定需要被其他的语言所共享，但事实上它却广泛地存在于各种语言之中。诸如诺姆·乔姆斯基（Noam Chomsky）之类的很多科学家都表示，各种人类语言之间的相似之处不只是结构性的构成（比如将动词和名字组合在一起），事实上，每种语言在组合其语法结构中的不同成分时所遵循的规则都是相似的，这种精巧定义的规则甚至能以数学的方式加以体现。尽管这一原则没办法帮你更好地理解阿姆哈拉语——如果你不掌握这种语言的话——但是，如果我们尽最大努力，同时也使用计算机的辅助手段，这个原则却有助于我们理解外星人的语言。

225

行文至此，就抛出了我们需要解答（但尚未被解答）的第一个重要问题：语言——宇宙中所有的语言，不特指地球语言——是否由某种数学规则定义？这种可以被我们总结出的明确的数学规则是否必然为每一种被称为“语言”的东西遵循？如若不然，语言又是否是一种可以被我们从功能的角度上加以定义的能力——比如说“语言是一种允许你我沟通复杂概念的能力”？如果存在某种（或者一整套）事实上的普遍规则，宇宙中所有语言都服从这种规则，那么情况对我们来说就很幸运，因为我们从人类语言中推导出的那些规则可以被用于我们对外星语言的了解之中，而我们也无疑将深入地理解外星人的语言。但如果这种基础性的结构不存在，语言只是“说话”，那么我们可能就永远无法解读外星语言，而外星语言也不会和我们所指的沟通行为具有任何共通之处。所以，人类语言是否具有一套基础的规则？这些规则是否为动物的沟通行为所共享？是否存在某些理由，能让我们相信这些规则可能也被外星动物通用呢？

从有限中产生的无限

在语言学家归纳语言规则的时候，他们最先给出的几种基本假设之一，是语言必须是无限的。我们很乐于接受这个“语言无限”的假设，因为我们本能地觉得人类肯定不会把书写尽，也不可能把自己所有的独特想法全部表达殆尽。我们认为语言无限的性质是自然而然的——而这种“无限性”几乎被我们认为就是语言和“单纯沟通”之间的唯一区别。据我们所知，地球上的所有其他动物之间能互相交流的概念都屈指可数。所以人类在写书、写诗、写歌词、写政治演讲稿等方面的才能堪称独特。 226

但这种无限性如何达成？我们掌握的单词数量是可以数出来的，虽然很多，但仍然有限。非常保守地估计，英语中有至少 17 万个单词*，听起来很多，但这个数字事实上还没有英国每年出版的新书总数大，所以很明显，我们需要表达的概念的总量要比我们拥有的单词数量广博得多。乔姆斯基在 20 世纪 60 年代指出了这一点，他说，语言与非语言之间存在一种基础性的区别，即语言超越了由单词组成的长度不断增加的句子。不存在任何一种动物——甚至也不存在任何一种外星人——能够拥有足够大的大脑，可以用来处理由无限多个概念组成的无限长的句子。事实上，这就是语言悖论的核心所在：从理论出发，利用有限长度的句子将有限数量的词汇组成无限数量的不同组合的方法并不像你想象的那么多。虽然我可以说：“那只猫非常非常非常非常非常……非常大。”中间重复无限次“非常”，但这并不能算是无限长的句子——至少这个句子里没有加入无限数量的信息。如果我们想从有限的词汇中搭建起拥有实际意义的无限话语，就一定需要某种特殊的技巧。

产生无限话语的第一个方法是我们可以把完全相同的词汇以不同的顺序加以排列，从而产生完全不同的意思。“我的狗闻起来像小朋友”（My dog smells like the babies.）与“我的小朋友喜欢狗的味道”（My babies like the dog smells.）两个句子的意思完全不一样。如果我们能把英语中的 17 万个单词按照各种顺序排列，就能得到数量高达天文数字级别的句子可供使用，从而也就拥有了天文数字级别的各种 227

---

* 这一数字源于 1989 年《牛津英语词典》的估计下限，不包括所有的衍生词和过时不用的单词。

意义。举个例子来说，如果只考虑由5个或更少单词组成的句子——按照任意顺序进行排列的话——其句子总量也多到你无法想象，就算每微秒（百万分之一秒）念出300个句子，想要全部把它们读完，你仍需要从宇宙创生（“大爆炸”）之时一直不停地念到现在。* 从任何意义上说，这个量级都代表着无限多的概念。所以，“从有限中制造无限”的问题解决了吧？

可是关键在于，谁也没长出那么大个脑袋，可以装下所有这些随机拼凑的句子。这是普遍的制约，即使是在其他行星上，全都是超级智慧的外星生命，它们也没办法给每一个独特的概念赋予一个单独的“表达”。如果双倍的你能表达的概念总量意味着你需要一个两倍大的脑袋，那么无限多的概念就等于一个无限大的头脑。不管是科幻作品中虚构的外星超级智慧生命，还是外星的超级计算机，都做不到这一点。

所以，我们需要的是一种巧妙的技巧，而不是简单粗暴的扩容。这种技巧来自语法。“小熊维尼和小猪皮杰一起外出打猎，差点儿逮到一只大臭鼠”（Pooh and Piglet go hunting and nearly catch a Woozle.）。这句话里的单词可以用超过300万种不同的方法加以重新排序，** 着实是很多种组合，但在所有的这些组合中，只有非常非常小的一部分语句拥有实际上的意义（如同原句一样是语法正确且有实际意义的句子），随机组合出的新句子中大部分都是一些不明所以的废话，比如说“打猎和小熊维尼差点，逮到一只大臭鼠小猪皮杰去”（hunting and Pooh nearly and catch a Woozle Piglet go），或者“差点去逮到和大臭鼠一只小猪皮杰，小熊维尼打猎”（nearly go catch and Woozle a Piglet and Pooh hunting）。很显然，规则决定了哪些句子有意义，哪

* 可能的组合有 1700005=1.4 × 1026 种，而宇宙到目前为止只存续了约 4 × 1017 秒。

** 句子的首个单词可以是这十个单词中的任意一个，第二个则从余下的九个中任选一个，以此类推，可能存在的组合总量为 10 × 9 × 8 × 7 × 6 × 5 × 4 × 3 × 2=3 628 800 种。

些没有。所以，我们的语法既给语言施加了某种限制，又赋予语言所需一定的灵活度，使其成为一种语言。通过这种方式，我们可以产出不同的意义，同时又保证大脑不致被其必须容纳的语句的绝对总量撑爆。 228

乔姆斯基的创新是给语法的本质提供了数学的描述，通过语法，有限数量的词汇可以变成丰富且无限的语言，同时无须无限的记忆难度。而且，乔姆斯基表示，只有一种非常特殊的语法能够通过这些条件形成某种语言。特别值得一提的是，乔姆斯基认为，从有限的词汇中创造无限的语言，关键在于“一句话中的任何一个词都不只基于紧邻于其前方的那个词”。如果每个词都确实只基于紧邻于其前方的词的话，语法将变得限制性过大。举个例子来说，如果“小熊维尼和”（Pooh and）这个词组之后永远都必须跟随出现“小猪皮杰”（Piglet），那么维尼就永远不可能和屹耳（Eeyore）一起去打猎。

为了解决这个问题，语言给出的办法是“层级结构”（hierarchical）。我可以说：“小熊维尼和小猪皮杰去打猎”（Pooh and Piglet go hunting），也可以说：“小熊维尼和他的粉红色朋友去打猎”（Pooh and his pink friend go hunting），甚至说：“小熊维尼和与他共同度过了很多时光的粉红色朋友去打猎”（Pooh and his pink friend with whom he spends much of his time go hunting）。如果我们想要建立一种从本质上就是无限的语言，同时又不受困于特定的词序限制，那么这种巢状的语法结构似乎是必需的。

乔姆斯基将正规文法（formal grammar）按复杂度递增的顺序列为层级结构，每层结构都能产生比前一层更复杂的句子。* 通过这种

* 可以构成语言的最低限度的特殊种类语法被称为“上下文无关文法”（Context Free Grammar），十分无助于我们的主题，所以我也没在正文里提到这个名字。乔氏理论中的四种文法类型分别为：无限制文法、上下文相关文法、上下文无关文法和正规文法，四类文法对应的语言类分别是递归可枚举语言、上下文相关语言、上下文无关语言和正规语言。——译者注

方式，他为语言的定义提供了一个基础，而很多人都相信以此为基础的语言定义是真正具有普世意义的。非常不巧的是，在乔姆斯基描述所有人类先天具备的一种内在语法能力时，选用了“普遍语法”
229 (universal grammar) 这个词。乔姆斯基本人后来也澄清说，他说的“普遍”(universal) 并不是“宇宙”(Universal) 的意思，一点那方面的意思都没有。(这种称呼可能会在本书中造成一定程度的误会。* 但这种误会——连同用词上的问题——却一直存在，以至于很多科学家仍然认为外星生物也必然使用与人类相同种类的语法。

研究动物交流的学者对乔姆斯基的语法理论采取了一种健康的谨慎态度。在乔氏理论的背后其实存在很多的假设前提，而如果动物在交流过程中并不满足这些前提条件，那么这些理论也很有可能无法应用于外星生物的交流。对于所有语言——不仅是人类语言——是否在定义上必须满足这些条件的问题持相当严谨的态度，谨慎地进行分析。语言必然以层级语法结构组成的概念十分引人注目，但同时我们也必须知道，明天的语言学家可能会发现一种新的语法结构，也能满足语言无限表达的要求。当我们发现拥有语言的外星人时，可能会见到它们掌握了一种可以绕过乔姆斯基正规文法要求的语言构成方式。接下来，就让我们从乔姆斯基在构建其理论最初始的假设开始，对人类(及外星人)的语言展开调查：语言必须是无限的。

语言必须是无限的吗？

好吧，我刚说语言必须是无限的，对吧？如果语言不是无限的，那我们又怎能写出无限数量的书籍呢？虽然这种说法好像说得通，但

* “普遍语法”一词在中文中的翻译用词避免了英文“universal”词义指代混乱的麻烦，读者可以忽略英文。——译者注

我们还是需要从进化论的角度上非常非常仔细地对这一前提假设进行检验。自然选择当然不会有任何先见之明，在各种生物特质（也包括语言）不断进化的过程中，事先并没有在心中预设任何目标。正如谁也没有真正写出过无限数量的书籍一样，进化过程也不会赋予任何人那种无限创造的能力——而这种能力也永远不会得到被证实的机会！当然，如果我们站在已经进化出语言的现在向回看，语言自然需要非常庞大的体量才能为我们所用——不管是人类还是外星人工程师，只有拥有了无限的语言才能为宇宙飞船书写操作说明书。但是，到底多大才算“非常庞大”呢？当我们的语言进化最先发生在石器时代初期游猎采集的群落中时，自然选择又是怎么“知道”这种东西需要最终变得“很大”才能满足我们今天为宇宙飞船撰写说明书的需要呢？ 230

对于这个问题，可能存在着某种暂时性的解答。语言的关键性质——即使是对于石器时代的人类来说——是极大的可延伸性。而实现这种可延伸性的最佳方法可能就是从最一开始就把它进化成无限的。正如我们在之前的章节中所见，鸟鸣在信息含量方面拥有巨大的潜力，但鸟类却没有使用这种潜力。反过来，这种巨大的承载信息的能力却成了附加的优势，最终成为鸟类组织鸣唱时最简单的方法——将音符组合为模序。与之相似，如果某种语言从最一开始就拥有无限的可延伸性——即使这种无限的能力从未被使用——那么这种非常灵活的语言可能仍然是进化难度最小的方案。如果你真正需要表达的只是“从猛犸的左边绕过去”，或者“布劳德从猛犸的右边绕过去”，那么你其实并不需要无限的语言，但为了能够形成这两个句子，并且将其区分开来，那么，也许某种——非常巧合地——刚好可以给初生语言赋予无限灵活性的语法也可以最为便捷地达成这一目标。我们认为人类语言中的无限本质是一条不可或缺的根本原则，但是，这一原则或许也可能只是某一复杂语法的次生属性。

对于宇宙中所有可能存在的语言种类来说，我们远无法确定它们是否都必然是无限的。但我们能够确定的是，外星语言必然是从简单的沟通一步一步地进化而来，它必然基于每颗特定的地外行星上各种更为简单的外星生物所面临的生态压力，所以它们的交流也必然向更复杂、更“像”语言的方向进行发展。所以说，相对于我们设定中的无限性而言，可延伸性似乎在基础上更适合作为语言进化之路的起点。

231

我们一直认为，动物没有真正的语言。在最宽泛的角度上讲，我们确实可以看到有的动物能够将几个概念组合到一起，创造出新的概念，但这并不是无限性的体现，甚至也谈不上是“庞大但有限”。如果我们只看动物在野外的行为（当然我们可以在实验室里教动物们学会各种各样的小技巧），它们所掌握的概念总数似乎非常有限。在动物将“词汇”组织在一起产生新意义的所有人类已知的情形中，复杂度最高的一种发生在西非的大白鼻长尾猴（putty-nosed monkey，Cercopithecus nictitans）身上，这种猴子在发现猎豹的时候会发出一种特殊的示警鸣叫：“噗呦”（pyow！）而当它们看到鹰的时候，则会发出另一种示警鸣叫：“哈克”（hack！）可是，如果这些猴子说：“噗呦，哈克！”它们表达的却是完全不同的意思：“大家该继续前进了。”虽然这种行为让人感到非常惊奇（在野外，如此复杂的交流行为非常罕见），但这仍距离“无限”语言十分遥远，毕竟加在一起也只有三个意思！在地球上的无限语言（比如人类语言）和甚为简单的叫声交流（比如大白鼻长尾猴的叫声）之外，我们也并没有见到任何处于两者之间的交流现象。

虽然我们尚不确定是否所有语言都必须是无限的，但真实情况却很有可能是这样。在乔姆斯基的语法理论中，赋予语言无限性的条件听上去确实很像是语言的一种有效标识——如果我们从某个来自外太空的信号中发现了无限语法，那么这个信息就有可能是一种外星语言。但这种语法特征也很有可能并不是严格必要的。如果我们收到一个信号，明显不具有无限的灵活性，这也并不一定意味着这个信号就不是某种语言。对于某种非常非常灵活，但并不无限的外星交流方式来说，我们也应该保持开放的心态。

在我们思考语言是否无限的问题时，还有另外一个更让人放不下的问题。在乔姆斯基对语法层级的分类中，不仅包含了自然语言（人类语言、动物语言、外星语言），还包括了计算机语言。在外星生物身上，我们可以合理地期待某种功能健全但并不具备无限性的语言出现，但在计算机编程语言方面，我们却几乎可以确定地认为，一种有用的程序语言就一定是无限的，因此也就落入了乔姆斯基语法层级中更高的等级分类。所以，如果某一外星文明拥有非无限的自然语言，那么它们能否理解并书写计算机软件程序呢？或者说它们将缺失设计计算机并对其进行编程的能力，所以也就永远无法与我们取得联系？幸运的是，在我们对外星生命的寻求过程中，那些操着更为简单的语言的外星人可能并不会完全被互联网技术排除在外。我们的人类语言（所有不同的人类语言）都处于乔姆斯基语法层级中的中等分类上，但我们仍然能够理解复杂度更高的语法存在的事实。也许外星的乔姆斯基可能要花费更长的时间才能发现它们语言中遗失的那一部分，但最终它们肯定还是能够建立起自己的计算机网络。

232

语言必须有语法吗？

在乔姆斯基特殊语法的原则之下，词汇可以按照无限种方式进行组合。但对语言来说，倘若这一原则并不必要，那么我们是否还需要另外的某种语法？英语中只有 170 000 个单词（或者更多，但肯定不是无限的），所以我们就需要用某种方法将这些词汇组合起来，而且也必须服从一定的规律。“句法”（syntax）一词人们在描述语义符号如何组合，以及语义符号的组合方式如何影响言语含义时更具一般性的一种概念。比如说，我们会经常用“句法”去定义鸟类鸣唱或鲸鱼歌声中音符的组合方式。座头鲸拥有极为复杂的发音变化，以及一整套组合音符的规律，这两者之间存在着严格的对应关系，这种对应关系就是座头鲸的“句法”。在最宽泛的意义上，句法规定了——举个例子来说——两个特定的声音是否可以联结在一起。比如说，会说英语的人一眼就可以看出“myanggh”并不是英语单词，但说蒙古语的人就不会认为词尾的三个连续辅音有什么问题（“myanggh”在蒙古语中的意思是“千”）。

233

事实上，在动物的交流行为中，句法经常失真，不像人类语法那么严格。蹄兔的叫声很长，一般由五种不同的音符构成［高声长号声（wail）、鼻息声（snort）、咯咯声（chuck）、啾鸣声（tweet）、吱吱声（squeak）］，虽然这些音符的顺序并不完全随机，但也称不上固定的模式。当蹄兔鸣叫时，鼻息声出现在高声长号之后的概率是咯咯声的两倍，但高声长号之后却很少会出现啾鸣声，同时，吱吱声的后面一般只会出现另一声吱吱声，而其他的几种叫声就很少出现。打个比方说，当动物发出一个声音之后，下一声该出什么声音，其机制就好像是在它们的脑海中掷一个骰子，但这个骰子并不是完全随机。这种略带规律性的“掷骰子”就是动物的鸣叫句法。从很多方面上看，动物的世界都没有人类那么严格。人类可以理解精确的指令：“捡起那个绿色的球，放在从右数第三个碗里。”你或许可以通过训练教会你的狗捡起一个球，再把球放进碗里，但狗无法像人一样实现对指令中精确的细微差别的理解。与之相似，外星动物也是由更简单的动物进化而来的，而简单动物的沟通需要也更简单，所以在外星世界生态系统的构成中，应该也有使用不严格句法的简单动物和沟通行为更为复杂、生物复杂度也更高的动物，以及与之匹配的更为精准的句法规则。

句法区分了拥有意义的信号与随机的胡言乱语。我们之所以知道

“差点去逮到和大臭鼠一只小猪皮杰，小熊维尼打猎（nearly go catch and Woozle a Piglet and Pooh hunting）”这句话并不是一个合适的句子，是因为英文的句法对“合适的句子”进行了规定。很多人认为，寻找句法存在的痕迹——随机性的对立面——将是我们得以识别外星广播信号的关键所在。我们想要在外星广播信号中找到的句法或许是乔姆斯基语法中的某种形式，也或许是类似蹄兔鸣叫的某种排布规律；前者会极大地方便我们将某种信号判断为恰当的语言，后者也至少能告诉我们，那些外星信号中拥有某种特定的结构，只是无法立即帮我们决定它们是否属于语言。区分一个信号是符合句法还是随机生成的过程，可能并不像我们想象的那么简单，但却是绝对可行的。如果某种信号按照某种特定（但未知）的规则产生，而另一种信号的产生完全随机，那么这两种信号中体现出的统计学性质就非常可能有所区别，但我们尚不清楚这种统计学差异的具体情形。目前，科学家们正在不断地优化分析差异的算法，希望有朝一日在我们收到某条太空信号的时候，能够判断出它们是否来自外星的生物。十年之间，“突破聆听计划”（The Breakthrough Listen initiative）* 花费了一亿美元，专门侦测来自外星的信号，其中一部分工作就涉及对统计特征异常信号的搜寻，而这种异常或许就示意着来自太空的某一信号确实代表了某种语言。

234

句法几乎是语言中不可或缺的一部分。但是，某种与我们描述过的所有句法都迥然不同的句法是否有可能存在？然后，这种句法又是否会导致科学家目前所做的所有分析失效？考虑到外星生物或许拥有某种与我们非常不同的处理信息的方式，我们确实也应该承认，可能会有某种并不符合人类语言模式的句法存在。

到目前为止，在我们谈论过的所有有关句法的问题中，都将句法

---

* 参见：https://breakthroughinitiatives.org/initiative/1。

达·芬奇名画《最后的晚餐》。

视为语义符号的排列规则。人类语言中的语义符号是“词”，而在蹄兔的沟通或鸟类的鸣唱中，则是它们使用的音符。在这一语境下，“排列”意味着时间上的顺序：要么是言语被人从喉舌中发出的时间顺序，要么是我们从书面上读取字词的时间顺序。使用语言时，我们从头开始（这是个很好的起点），然后将一个句子沿顺序说出，直到结尾。时间上的线性结构对人类来说是无法更改的既定事实——正因为时间的流逝永不回头，万事万物都必须按照时间的顺序展开。行文至此，我想起2016年的电影《降临》，导演异想天开地讲述了一段关于拥有非线性时间的外星人的语言的故事——但非常不巧，尽管情节引人入胜，它只能是一部高度虚构的科学幻想作品。所以还是需要考虑在科学上更站得住脚的情况：是否存在某种方法，可以将语义符号（不一定是词汇）按照某种非时间性的句法进行排列呢？

235

当然有，而且我们每天都可以见到。语义符号可以按照空间的顺序进行排列，而非时间，这种空间排序并不是书页上单词和字句的空间位置（书面语言的空间排布在本质上还是时间顺序，因为你需要按照一定的顺序进行阅读）。你一定见过莱昂纳多·达·芬奇（Leonardo da Vinci）的画作《最后的晚餐》，或者披头士乐队专辑《佩珀中士的孤独之心俱乐部乐队》（*Sgt. Pepper's Lonely Hearts Club Band*）的封面。这些画面绝不只是画布上色块的随机排布，更进一步，也绝不只是餐桌周围耶稣和他的门徒们，或者《佩珀中士》上站立的马琳·戴德利（Marlene Dietrich）、萧伯纳（George Bernard Shaw）以及乔治·哈里森（George Harrison）的符号随机排列。画面中的每个人都占据了其独有的位置，而这个“位置”恰好与该艺术作品的含义相关联——但这些关联并非时间的顺序。我们是否可以说，绘画是一种语言的形式？而外星人又是否可能以绘画作为语言？

答案是肯定的。而我们之前也见过这种生物，第5章的那些头足类动物——特别是乌贼——会使用体表特殊的细胞所产生的旋涡状图案进行交流。实际上，乌贼和鱿鱼并没有在它们的身体上建立书面文字，所以也不能算是拥有完整的语言，但它们身上的那些令人炫目的花纹也绝不是随机产生的。换言之，它们具有一定程度的句法。虽然到目前为止还没人详细地分析过这些花纹，所以也不清楚这种空间句法内能够编码多少信息，但仅靠头足类动物在地球上已经进化出了空间句法交流系统这一事实，我们就已经完全不能拒绝这种语言在宇宙中其他地方也存在的可能性。使用画面语言的外星生物或许难以发现，也或许更难理解——因为它们遵循的语法规则势必与人类在语言中预见的不同——但这却又是多么令人兴奋的可能性！更何况，它们存在的可能性又那么高！ 236

语言是抽象的艺术

不管语言是按时间顺序串在一起的词汇或音符，还是在空间上按照一定关系排布的图像，其力量都来源于语义符号的组合。英语中只有170000个单词，但我们却能将其排列成无限多种组合。在《佩珀中士》的封面上，约翰·列侬（John Lennon）可以站在保罗·麦卡特尼（Paul McCartney）边上，但他却没有这么做。语义符号需要被组合起来才能形成语言这一事实的重要性十分关键。但在此之外，人类语言还拥有另外一种重要属性，而这一属性也有可能是宇宙通用的：在绝大多数情况下，我们语言中的词汇与其所对应的事物或行为之间不存在任何形式的联系。*“狗”（dog）这个词的声音对我来说意味着很多东西，但对一个说法语或者阿拉伯语，同时又不会说英语的人来说，它却没有任何意义，对外星人来说也是一样的，它绝不可能从这个词的声音推断出意思。在绝大多数情况下，词汇的能指都是任意的。任意性（arbitrary）不仅仅是抽象的，而是类似印象派的艺术作品。在莫奈的画作面前，如果你把眼睛眯缝起来，还是可以看出绘画的内容，但不管你怎么眯眼，“狗”（dog）这个词都不会看起来像条狗。

237

出于某些原因，所有的人类语言都进化出了这种词汇与意思之间的断裂。另外，虽然词汇都有各自的含义——尽管是任意性的——但词汇本身却是由无实际意义的声音所组成，我们将这些无意义的声音称为音素。“自由”（free）一词中“ee”的发音与“猫鼬”（meerkat）一词中的“ee”没有任何关系，“ee”在被组织进单词之前也没有任何意义。语言学家认为，这两种现象——词汇的任意性、词汇由无意义的声音组成——是语言本身最为基础的组成条件。

那么，这两个现象是否是宇宙通行的？我们能否期待全宇宙中所有的语言都拥有相同的语义符号与意义之间相互断裂的情况？还是说这种情况只是地球上的一种可爱的巧合？外星语言能否全部（或大部分）由类似拟声词的词汇构成？它们语言中的词汇是否都能和所指之

* 拟声词（onomatopoeia）是这一原则的明显例外，拟声即是在模拟该词所描述的事物本身，但人类语言中的拟声词只占非常小的一部分。

物具有联系？还是说那种语言系统不具备足够的灵活性与可延伸性，以至于无法形成真正的语言呢？

有些语言学家曾经试图建立起语言进化过程的模型，从而探究我们的语言是如何发展出今日的结构，但大体上讲，语言科学中的大多数努力都集中在我们已有的语言研究上，并不着重于研究可能存在的语言。所以，在词汇的任意性的问题上，我们确实缺乏有力的理论，但还是存在两种可能的解释，其中一种只适用于地球，另一种的普适性更高。

部分语言学家相信，人类语言的源起来自肢体语言，而不是言语语言。* 这种观点具有很多优点——抛开其他的理由不谈，只看与人类亲缘关系最近的物种，各种类人猿都非常善于利用符号语言，而且都非常不善于言语。虽然“言语语言建立在肢体语言之上”的说法并未受到全面的接受，但这种假设至少在大体上不会让科学家们感觉不适。那么，如果语言真的来自肢体语言，词汇的任意性的问题就不言自明了，因为肢体语言在很大程度上就是任意性的。你饿的时候可以指指自己的嘴，但从任何实用的角度出发，没有任何一种指代“狗”的肢体语言能和狗产生哪怕一点点的直接联系。你确实也可以四肢着地地模仿一条狗的动作，用这种肢体语言来指代狗，但这样做却非常不经济。在我们的分析与假设中，人类语言中词汇与意义之间必要且基本的断裂确实有可能是源于一种巧合——因为灵长类动物的手臂很长，发音器官的进化程度也很低。但如果人类语言中词汇任意性的源起的确如此，那我们就无法将这种理由通用于外星语言的预测。在其他的行星上，智力、社会化，以及交流程度最高的物种的祖先，很有可能并不像人类祖先一样长着长长的手臂。

238

* 这一领域的内容无法回避技术细节，但仍有一些可读性较强的书籍对其进行了介绍性的解释，参见 W. 特库姆塞 . 菲奇（W. Tecumseh Fitch）著《语言的进化》（*The Evolution of Language*）。

词汇任意性的第二种解释同样来源于对地球生物的观察，但结论的落脚点却更具一般属性。让我们来考虑一下大白鼻长尾猴的示警鸣叫，虽然“噗呦”（pyow）代表了来自猎豹的危险，但这个信号听起来却和猎豹没什么关系，那么在猴子们示警猎豹的时候，为什么不使用更像猎豹的声音呢？模仿猎豹发出的声音似乎更说得通——因为它的指代更为清晰明确。但猴子的身体与猎豹截然不同，不管是出于生理构造上的原因，还是物理上的限制，猴子都无法发出吼叫的声音。*239* 我们知道，用于示警猎豹出现的信号应该清晰、明显——如前章之讨论，可能会引起恐惧——而且应该毫不含糊地与猎豹存在联系。但猴子没办法吼叫，所以它们必须竭尽全力寻找替代方案：让示警鸣叫更清晰、更明显。为了达到这个目的，这一叫声就需要加上特别的声学条件，使其产生差异性。试想，如果“噗呦”（pyow）代表猎豹，而“噗哟”（pyew）代表老鹰，会对猴子造成什么影响？一声警报之后，一半猴子赶忙从树上跳下去，跑到地面上躲避老鹰，却发现猎豹举着爪子在地上等着它们。这无疑是猴子的灭顶之灾。对具备“区分度”的叫声的需要限制了猴子们可以选用的声音种类，所以不同的示警叫声必然成为差异很大的不同声音，从而被迫服从了任意性的要求。所以，任意性的词汇或许在宇宙之中甚为普遍。

关于任意性，还有最后一点需要考虑的内容。你或许知道古埃及人使用象形文字作为书写符号，虽然很多这种象形文字也代表读音，但某些字符确实直接反映了其所对应的概念的含义。* 所以，外星人是否有可能进化出等同于象形文字的言语呢？在地球上，文字的出现时间要比言语晚很久——但是这种状况在地外行星上是否会反过来呢？会不会有某种外星人，长得像乌贼一样，用自己身体上的图像进

* 举例来说，象形文字“𓉐”代表了“pr”的发音，但如果在下面加一短竖“𓉐𓏤”，这时它的意思就变成了“房子”，古埃及语中代表“房子”的词是“per”。

行交流，从而产生文字先于言语的语言呢？而这种交流又有没有可能进化成象形的语言？这个想法很不错，但却不太可能。大白鼻长尾猴在面对猎豹的时候，需要发出清晰而富有区分度的示警叫声，与之相似，“乌贼象形语言”也会在进化的开端使用非常简单的符号，从而便于信息的接收者对其进行解读。如果某只外星乌贼想把“鲨鱼靠近”的信息警告给另一只乌贼，相比起在身体上呈现出一条鲨鱼图案，此时它更好的选择是用皮肤快速地在黑和红两种颜色之间来回变化。这种视觉的交流几乎一定会向抽象的方向发展，而当它进化成一种丰富且复杂的语言时，如果再有哪个乌贼外星人建议用象形文字显示语言的话，一定会让它们感到不可思议。这就好像我们之中的某个人突然建议说，咱们把语言都换成拟声词吧，别说“狗”了，说“汪汪”。 240

地球上的语言是如何进化的？

也许你不会相信，在科学界，很少有像这个话题一样令科学家们争论不休的。每种关于语言进化的理论都拥有各自的支持者和反对者，每一派的赞同观点都很坚定，而反对的理由也同样有力。从某种角度来看，这个情况并不奇怪，因为语言是我们作为人类唯一独特于动物的特征，而语言的真正本质，以及语言的进化，在极为根本的层面上定义了人的性质。就像我们希望遇见的外星文明一样，人类也是具有社会性和交流能力的动物。我们拥有智力——甚至不止一种智力——但地球上同时存在其他很多物种也拥有智力，由此推测，其他星球上的很多其他物种也应该拥有智力（参见第 6 章）。最后的最后，是语言使我们区别于其他地球动物，同时，语言也将是使我们相似于任何我们认为是“类人”外星物种的特质。

在本书中，虽然我们并不关心某一特定星球上的特定物种的语言进化，但对于特定语言进化过程的理解仍然具有非常重要的意义。毕竟我们只有一种语言可以研究。所以，虽然我们并不那么关心人类语言进化过程中的特定里程碑式事件，但对于人类祖先在那条道路上经241历的基础过程，我们仍有必要进行充分的探究。在其他的行星上，或许也经历了相似的进化过程。

人类似乎是地球上唯一拥有语言的物种，这是人类语言最为醒目的特征之一，也是需要在任何讨论的最一开始就明确提出的一点。当然，我们有各种不同的人类语言，但它们却都只是同一主题的不同变体——相比起人类语言与某种理论上的拥有语言的动物或外星人的“语言”之间的差异，各种人类语言内在的表达能力在本质上是一样的。这是我们最为特别的观察结果。有见于人类在语言的帮助之下完成的各种壮举，可见它是多么有用，可是既然语言那么伟大，别的动物为什么没有语言呢（暂且不论它们的智力状况如何）？在我们对动物智力的认识里，有同样顽皮且聪明的海豚，有不那么熟悉的蜜蜂和蚂蚁，也有谈不上聪明的电鱼和章鱼，但不管是哪一种，都没有语言，这又是为什么呢？对于这一困惑，我们可以把它拆解成三个相关的问题：语言是否只在地球上进化出一次？目前的某些物种身上是否正在进化出语言？而两种及以上种类拥有语言的物种是否能够在同一颗星球上共存？

会说话的恐龙？

有些时候，不管我们进行多少研究和经验观察，都无法将真正的科学假设与科学幻想的情景彻底分开。在久远的过去，或许有某种已经灭绝的（非人类的）文明曾经存在于地球上，同时这种文明也拥有语言，而我们又能否了解它们呢？将这种想法当作可证伪的科学假设并不是一件容易的事，但我们对于人类独特性的表达，确实建立在从前没有任何文明曾经存在的基础之上，所以，我们同样需要对这种表达抱有一定程度的健康的怀疑。有没有可能地球上曾经生活着会说话的恐龙呢？近来，科学家试图把这个问题上升到一个更主动的位置上，他们检验了人类对地球造成的现有影响，并假设，在百万年后人类文明早已灭绝之时，另一种文明该如何探查我们曾经存在的证据。* 在简单的推测之下，人们发现人类的塑料、水泥，以及我们造成的各种猖獗的气候变化的痕迹都将在岩石层中留下清晰的印记，很容易被未来的地质学家发现。但这一点其实并不那么确定。因为今天的人类地质学家尚无法进行有效的探测活动，也不能证明亿万年前的岩层中是否留有清晰指示着工业活动的化学痕迹。

242

但是，或许还有更重要的一点，就是我们的文明正沿着一条改变行星性质的道路前进，最终将导致灾难性的后果。如果我们不对自己目前的所作所为做出改变，那么我们对气候、对动植物多样性造成的破坏，将非常明显地在地质痕迹中留下印记。后世的科学家将看到我们时代中发生的大规模灭绝事件，并将这一事件与历史上的大规模生物灭绝进行比较——比如6600万年前杀死了地球上四分之三物种的小行星撞击事件。如此大规模的灭绝在化石记录中不可能不留下证据。但是，在我们假设的会说话的恐龙的时代中，似乎没有发生过这样的事——在我们观察到的历史上曾经的几次大规模灭绝事件中，没有证据指向科技造成的后果。所以，要么就是先前没有文明存在，要么就是它们没有毁灭过自己的星球。不过，如果它们成功地控制住了自己一度对自然环境造成的破坏——这也是我们目前所必须做出的改变——同时又在那之后与自然维持了相当一段时间的平衡，那么它们的文明留下的地质学痕迹也有可能无法被我们察觉。也许在我们之前

* 参见加文.A.施密特（Gavin A. Schmidt）与亚当·弗兰克（Adam Frank）著《志留纪假说：在地质记录中侦测工业文明是否可能？》（*The Silurian Hypothesis: Would it be possible to detect an industrial civilization in the geological record?*）

243 确实存在着某种拥有语言的生物，但我们还没有发现它们曾经存在的任何证据。

进化中的海豚

20世纪60年代曾经有一部标志性的电影《人猿星球》(*Planet of the Apes*)，讲述了一个人类文明被自己毁灭很久之后的故事，这些极大地进化了的黑猩猩、红毛猩猩和大猩猩们熟练地使用着语言，占领了地球。这种情况在现实中会发生吗？诸如今天的类人猿和海豚之类的，非常聪明但语言不成熟的那些物种，能否在将来的某一天——也许是人类消亡之后——成为地球的主宰？或许它们正在沿着一条进化的道路蹒跚地前行，慢慢通向拥有语言的未来，而如果我们耐心地等待（或许需要数百万年的时间），而后我们是否会和另外一种或几种也能讲话、能写诗，甚至也能建造宇宙飞船的动物一起共享这个行星吗？

从进化的角度上，我们有充分的理由对这样的描述展开怀疑。首先，进化并不会将任何物种"向上"推到某个目标上——在此处的讨论中，这个目标是语言。每一种我们现在能够想到的拥有智力的物种，比如黑猩猩、海豚，等等，都已经非常出色地完成了自己生态位中的要求。它们进化出来的种种特征，完美地帮助自己适应了环境，而从进化上我们也找不到任何理由去证明人类和语言就比它们更为"高级"。

换句话说，进化压力迫使海豚进化出语言的这种逻辑没有必要存在。至少在我个人的成长过程中，《人猿星球》确实是一部具有重要塑造性意义的电影，但电影中描绘的未来却并不是进化应有的样子。如果生活在今天的任何物种发生了朝向语言的进化，其背后必然存在着某种清晰的适应度优势。但海豚和类人猿们目前似乎并不面临那样的进化压力。在人类的进化历史上，一定发生了某些特别的事件，将我们的祖先朝语言进化的方向上推了一把。我们不知道那条导火索到底是什么，但却似乎是非常罕见的情况，因为据我们所知，那件事情可能并没有在很多物种身上发生过。

但如果海豚进化出语言的能力，又会发生什么呢？它们会否与我们和平共处？还是会在我们两个物种之间发生存在性的剧烈冲突，像《人猿星球》一样，其中一种最终奴役了它的对手？当我们发现外星文明的时候，它是由单一物种构成的——就像人类的文明一样？还是会由多种不同的生物共同组成——每个物种都扮演社会中各自的角色呢？从本质上说，两个拥有语言的物种能否共生？ 244

这个问题对社会学家和进化生物学家来说是一样的，但不管从哪个学科的角度上看，前景都不乐观。大约10万年前，当现代人类——智人（Homo sapiens）——的祖先走出非洲的时候，他们在欧洲和亚洲的大陆上遇到了不同种类的人类：尼安德特人（Neanderthals）和丹尼索瓦人（Denisovans），可能还有其他的种类。但在他们相遇的几万年之后，其他的人种都消失了，只有智人幸存了下来。我们不知道尼安德特人是否拥有语言，也不知道他们因何灭绝。但如果他们确实拥有过语言的话——至少拥有过一段时间的语言——那么我们的地球上就曾经同时存在过两种拥有语言的物种。只有一种活了下来。到此为止，我需要在这个单一的例证之上做一个非常不严谨的类比——这种类比完全算不上科学的分析方法——但它仍然不失为思想实验的一个好起点：两种非常不同（但无可避免地会彼此交谈）的物种该如何共处？

在这里，进化理论可以帮助我们。在理论上，广为人们接受的一种说法是：位于完全相同生态位中的两种不同物种无法无限共存——其中的一种最终必然战胜另外一种，从而导致失败者的灭绝。考虑到进化过程是缓慢而渐进的，所以在现实中更有可能发生，也不那么剧烈的情况是，这两种物种会分离（partition）它们的生态位，从而达成新的共存。* 它们会各自利用不同的资源，从而避免直接的竞争——竞争永远会以一种胜过另外一种的方式结束。举个例子，以色列南部的内盖夫沙漠中生活着两种亲缘关系很近的啮齿类动物：黄金非洲刺毛鼠（golden spiny mouse）和普通非洲刺毛鼠（common spiny mouse），两种刺鼠拥有相同的栖息环境——事实上是完全重合的领地——吃着相同的食物，这种情况不可能永远持续下去，它们必须学会共享。久而久之，其中一种变成了白天进食的动物，而另一种只在晚上进食。只有通过这种方式才能让两种物种完全重合地生活在一起。

如果两种拥有语言的物种同时生活，它们很有可能会为同一生态位展开竞争。比如说，即使是其中一种生活在陆地上，另一种生活在海里，它们还是有可能发生冲突。语言帮我们摆脱了自然的束缚，允许我们协作狩猎，建立庇护所，畜养动物，驯化作物，并最终离开地球，那么对于生活在这颗星球上的另外一种拥有语言的动物来说，不管它们在最一开始的情况与我们多么不同，最终也会沿着与我们相同的进化道路，走向与相同的未来。唯一能让这两种互相竞争的生物共存的方法是它们分离各自的科技生态位，就像《人猿星球》那部电影里所描绘的那样，大猩猩掌管军事，黑猩猩从事科学研究，红毛猩猩成为政治家。这一发展方向中充满了幻想，但它还是在进化理论中找到了依据！

通向语言的道路

* 这一现象被人们称为“竞争排斥原理”（competitive exclusion principle）以及“生态位分离”（niche partitioning），爱德华.O. 威尔逊（E. O. Wilson）著《生命的多样性》（*The Diversity of Life*）一书在这些生态学问题上给出了很好的入门级解释。

那么，人类又因何进化出了语言？首先，语言在合作解决困难的过程中很有用，这一点看上去是毋庸置疑的，也是我们在思考“语言因何进化”这个问题时最先想到的答案。如果某种动物能在面临困难时与同伴进行交流，那么它们就拥有了获得帮助、建立知识的能力，进一步允许它们在未来克服更为困难的情形。如果我不知道怎么打开坚果，我可以把我的问题解释给我的朋友，而他们或许知道用石头砸坚果是个好办法。如果我想狩猎一头猛犸，我也可以给我的同伴仔细解释如何对其进行包抄，以及狩猎团队中的每个人都应该采取什么行动。“解释”这个行为极为有用，而它也似乎显然应该在任何一颗星球上的很多物种身上像野火一样进化。 246

但每种能够提高进化适应度的优势都是有成本的，进化的权衡永远存在。向族群成员解释自身生存问题的能力需要一定程度的思维能力，而这种思维能力已经远超绝大多数物种的能力极限。对大多数动物来说，大脑都是非常重要的器官，其能耗一般占它们身体全部所需能量的 2% 到 10%。每个动物都需要大脑，在大多数情况下，它们用大脑感知环境，控制自己的运动，并向自己的身体发出其他各种指令。相比之下，人类的大脑在规模与活跃程度上都远超其他动物，我们的大脑会用掉自身代谢至多 20% 的能量。让我们算一下：猪的大脑的代谢值只占其总代谢量的 2%，所以，最终进入人类大脑的能量在人体能量摄入中的占比是猪的 10 倍。对绝大多数动物而言，食物都是非常重要且有限的资源，所以，如果进化过程能把那么多的能量分给这个饥饿的器官（大脑），其背后就一定有非常重要的理由。外星人的大脑不管是从表面看上去，还是在进化结构上，可能都不会和我们的大脑有任何相似之处，但它们仍然必须拥有自己处理信息的方式，而处理信息就意味着消耗能量。无论出于何种意图与目的，只要这个器官能够将该生物所体验的各种感官冲击加以提纯，并精炼成有用且具体的信息，我们就可以称这个器官为大脑。正如同从葡萄汁中提纯酒精需要消耗能量，从杂乱的感官刺激中提纯信息同样需要能量，而且通常都需要很多能量。

人们认为，语言的进化可以从实质上帮助人类进行协作，从而解决困难的问题（比如说狩猎猛犸、打开坚果等），虽然这个想法说得通，但并没有解答“人类大脑是如何进化到足以理解语言的强度”的问题。这是一个先有鸡还是先有蛋的问题。为了彼此交谈，我们需要足够强大的大脑，可如果我们在最一开始时无法彼此交谈，那么拥有如此强大的大脑又有什么必要呢?

247

为了不让自己被这个鸡生蛋蛋生鸡的问题困住，我们可以试着换个角度去想。或许，我们强壮的大脑最初进化的原因不是为了语言，而后，出于某些原因，我们的大脑又做出了某些适应，从而成为一种可以帮助我们进行更为细节的交流的有力工具。在这个角度上，很多科学家认为，我们体积庞大的大脑其实是用来处理社交关系的计算装置。在第 7 章，我们曾经谈论了有关动物互惠行为的话题，以及在互惠行为中动物们记住彼此的难度——记住谁曾经帮助过你，日后再从过去的经历出发，决定自己是否帮助他人。对于生活在庞大群体中的动物来说，这个问题只是它们面临的诸多问题中的一个。如果你生活的社会拥有一套复杂的统治层级关系，那么记住谁高谁低本身就已经是一项很困难的任务。在黑猩猩的群体中，组成联盟并利用他人的联盟使自己获利的行为对个体来说十分重要，因为这意味着它们需要同时记住第三方群体之间的关系，以及所有的不同联盟之间都打过多少次架，每次谁输谁赢。在大多数物种的行为模式中，都不包含这些记住并利用复杂信息的能力——这种特别的能力只会在能提供特殊优势的时候才会得以进化。

所以我们现在就得到了一个合理的情景：生活在复杂群体中的动物进化出了较大的大脑，它们利用这个器官引导自己的社会生活，而大脑更进一步赋予了它们进行彼此交流更为复杂概念的潜在能力。这是可行的，但并不是必然的。尽管复杂的社会结构似乎是语言进化的必要前提条件，但这一条件却并非充分。蚂蚁和蜜蜂在各自复杂的社会中进行着非常高效的交流，但它们却没有进化出拥有无限表达能力的语言。这种经由复杂社会结构通往语言的道路是否必然被其他星球上的动物所遵循？我们又是否被自己的人类学进化过程一叶障目，无法想见外星语言进化的其他方式呢？

我认为，语言进化的其他理由不太可能存在。语言看起来是一种不可避免的社会行为——否则，你又该跟谁交流呢？任何复杂特 248 质——也包括语言——的进化都需付出必要代价，因此就意味着它们必须立即给动物带来某些收益。进化不会按照“可能性”进行发展，而拥有语言的潜在优势可能需要在几代人之后才能体现。语言只会在社会性动物的身上得以进化的说法并不以地球环境为前提，但社会性本身就是一个复杂的特质，我们在上文中讨论过的，动物在社会性的娴熟程度与大脑容积之间的权衡取舍，在这个宇宙中的每个角落都可能是相似的。当然，对于语言的进化，也许仍然存在某些我们未曾想到的路径，但我们所经历的这一条确实看起来比较客观、合理。至少几乎一定会有某些外星文明与我们共享同一种语言进化的历史。

语言的签名

在天文学家卡尔·萨根史诗般的科幻小说《接触》中，名为爱丽·埃罗维博士（Dr Ellie Arroway）的主角某天收到了一段发自外太空的电波信号，似乎包含了一段质数序列。但这是为什么？为什么会有人给我们发一长串数字列表呢？在书中，爱丽是这样解释的：

这是一座灯塔，一种通告性质的信号，为的是吸引我们的注意……很难想象等离子辐射或者星系爆炸之类的自然现象会发出这种有规律的数学信号。这些质数，就是为了让我们注意到。

在小说里，爱丽是幸运的，她望见了一座灯塔。很长时间以来，卡尔·萨根一直都在努力听取外星信息，同时也想向外星文明发出我们的信号。他认为，质数正是这一信号中的关键所在，因为据人类所知，质数序列不可能由自然的过程产生。这是一种无可争议的，具有意图的信号。所以，如果有一天我们终于收到来自外星人的质数序列信号时，我们将毫无疑义地认为，那就是一座灯塔。

249

但如果我们收到的信号并不是专门为其他种族（也就是人类）的耳朵设计的呢？自地球发出的广播电视信号以光速向外散射，就好像一个以我们为圆心不断膨胀的泡泡一样。在我写下这行字的时候，1980 年美国驻德黑兰大使馆人质劫持解救失败的新闻广播刚刚抵达“TRAPPIST-1e”，那是距我们仅 39 光年之外的一颗可能存在生命的系外行星。TRAPPIST-1 星系中的居民会如何看待那些信息呢？它们并不是什么质数序列——所以那些外星人会将其认作有意的交流信号吗？而我们，又能否认出外星人的电视广播信号？

但事实上，就算不是质数，对由科技产生的广播信号的识别其实可能会很简单。科技中的独特痕迹非常多，这些痕迹都不会在自然状态下自发出现。就算某种外星科技非常发达，在“认出这是科技”的这一命题之上，我们仍然很有信心。可是，这些信号中包含的语言呢？我们有没有识别语言的办法？假设我们有一天降落在一颗星球上，对面走来一个绿色的外星生物对我们噼里啪啦地说着什么，我们是否能够判定：这种动物说的是一种语言，还是相当于地球鸟鸣的某种叫声？我们又是否真的确定，地球上的其他动物并没有在用它们的语言和我们交流呢？

我们想要寻找的，是一种宇宙通用的语言指纹——某种可以用于处理信号的数学算法，能够清晰地指示我们该信号是否属于语言，而且，这种数学上的分析要先于我们对该语言的翻译。不过，我们是否有理由认为这种普适性的语言指纹真的存在呢？到现在为止，我们探索了不少很奇怪的潜在外星交流方式——比如外星乌贼用体表旋涡状的图案进行交流——但我们又该如何以自己的语言为基础，开发出一种可以用于识别外星人语言的算法呢？ 250

为了找到合适的通用语言指纹，最可行的办法还是回到人类自己的语言。在信息论（information theory）的基础上，如果一种语言是由词汇和句子组成的，那么它就会展现出某些特征，给我们提供一些关于这些词句统计学性质的推测。这一论断背后的隐含条件是语言应该具有足够的复杂度，可以表达所有需要表达的概念，但与此同时，其复杂度也不至于过高，以至于动物必须拥有出奇大的大脑（或大脑的替代器官）才能产生并解读这些句子。其中关系到语言复杂与简单程度之间的权衡取舍，而在这一取舍中所有“很好地保持了平衡”的句子都会成为这一语言中合适的句子。

如果我们把简单和复杂看作“语言性”的两极，那么如果我们想要衡量一个信号在这两极之间的具体位置，有一种方法是检验这种语言中最常用的词汇出现的频率。在英语中有一个著名但又奇特的现象，最常用的英语单词“the”出现的频率是第二常用单词“of”出现频率的两倍，同时也是第三常用单词“and”出现频率的三倍。事实上，这一规律在英语中最常用的10 000个单词身上都有很好的体现，也就是说，词频第10 000名的单词的出现频率是“the”的词频的万分之一。而更让我们感到惊奇的是，这个现象在其他人类语言中也被观察到了！在法语里，“le”的词频是“de”的两倍，“et”的三倍，屡试不爽。非常奇特的观察结果。

20世纪30年代，这种现象被美国语言学家乔治·齐夫（George Zipf）加以总结，后人用他的名字给这一现象命名，称为齐夫定律（Zipf's Law），获得了很多来自地外文明搜寻计划（SETI）的科学家的 251

注意。*如果齐夫定律真的是一种宇宙通用的语言性质，那么它将非常有助于测量我们接收到的信号。但不幸的是，齐夫定律为何能够应用于各种人类语言的原因尚不完全明确，而这也意味着我们到目前为止还不能确定地说，所有的语言——不仅是地球语言——都应该遵从相同的规律。但在这一主张背后，仍然存在着一些逻辑。

从实质上讲，齐夫定律指出了语言复杂性与简单性之间的一种平衡。现在让我们来考虑一种情况，比如用英文中的前五个字母ABCDE随机组合生成一种语言，它们代表这种语言中的五个词，而且组合方式完全随机，出现概率完全相同。那么，不管我之前收到的信号中这几个字母的排列顺序如何，下一个字母可能是A的概率永远是五分之一，BCDE也是一样的。这种信号不仅是随机的，而且极度复杂。它的复杂程度穷尽了所有的可能性，因为你永远也不可能知道下一个字母是什么。在信息论中，复杂与随机几乎是完全等同的。这听起来似乎反直觉，因为在我们的期待中，外星人给我们发送的智慧信息应该是和随机信号完全不沾边的东西，应该充满了规则。但不管是信息论，还是齐夫定律，都无法解释别人在产生信号时它们会主动地加入什么信息，也没有涉及信号应该含有的信息的量的大小，它们只能预测信号的潜在信息含量。在理论上，一条随机的信号可以包含最为丰富的信息，但同时，如果它真的完全随机，那么就没有任何信息含量。这个过程就好像用某种文档压缩算法将一个大型文档文件压缩起来，这个大文档会变得非常小，而且压缩后的文档中的字符看起来似乎是随机的——因为随机是存储信息时最高效的方案。

如果你觉得这一点很难理解，试着从另一个方向去思考。还是我们在上一段假设的那种5个字母的语言，A出现的概率是96%，其余

* 在此我应该说明，最近一段时间以来，侦测语言指纹方面的新计算方法出现了爆发式的增长，而齐夫定律只是其中的一种方法。更多讨论，请参见道格拉斯·瓦考克编辑的《异语言学：向地外语言科学的发展》(*Xenolinguistics: Towards a Science of Extraterrestrial Language*)。

4 个字母的出现概率各有 1%，这个时候，不管发生什么事，我都几乎可以断定下一个出现的字母就是 A。在这种信号里能储存多少信息 252 呢？几乎存不下什么——全是 A。在这种规则稳定的信号中，你可以猜出下一个出现的信息是什么，虽然简单，但能够容纳的信息量极为有限。所以“语言性”的简单和复杂两极，其实也就是重复与随机的差别。

按照上面的思路去分析这个数学原理，我们发现，齐夫定律刚好位于简单（96% 的 A 与 4% 的 BCDE）与复杂（每个字母的概率都是 1/5）的中间位置。按照齐夫定律的规定，A 的词频是 B 的两倍，是 C 的三倍，依次类推，如果只是这 5 个字母的话，那么它们的总词频大约分别为：44% 的 A、22% 的 B、14% 的 C、11% 的 D，以及 9% 的 E。这种概率分布应该代表了一种较为客观的平衡情况，用这种方法，我们发出的信号既不会过于复杂，也不致太过简单。这也是为什么——正如我们在地球上所见到的——齐夫定律如此广泛地存在。它给信息提供了刚好的复杂度，同时又不会让这种信息复杂到令人费解。

当我们用齐夫定律测试地球动物的信号系统时，发生了一件有趣的事，在复杂与简单的坐标轴上，它们几乎全部落到了“简单”的一侧——规则过于稳定，难以形成语言。而这一点也与我们的观察相符：鸟类的鸣叫确实不像莎士比亚的词句那么多变。尽管鸟鸣婉转动听，但它却永远无法成为语言——它太简单、太单调，不符合齐夫定律的规定，没有做到复杂与简单的平衡。不过，有些动物会比鸟类做得更好。我的一位同事，SETI 学院的劳伦斯·道尔（Laurance Doyle）发现，海豚的沟通与齐夫定律规定之下可能出现的情况非常类似（他也是首批提出用动物交流作为识别外星信号实验材料的科学家之一）。在我个人的研究中，我发现虎鲸也有类似的性质。多么有趣！

但这也绝不等同于海豚和虎鲸拥有语言，而这也是人类在利用各253种数学原则——特别是齐夫定律——寻找语言指纹过程中的最大问题：肯定会出现很多虚假的信号。首先，齐夫定律所给出的这种简单与复杂之间的平衡并不只是语言的属性，它应该从数学上是很多事物共享的一种优秀属性。也许其他物种在利用齐夫定律的时候并没有将它的这种平衡性应用在语言方面。虎鲸之间的交流确实充满了复杂的信息，但它们从齐夫定律中受益的点也并不在语言本身。事实上，很多其他的物种同样在一定程度上遵守了齐夫定律，其中就包括某些并不会被你认为具有强大语言学特质的鸟类鸣唱。我推测，齐夫定律或许是交流系统在进化成语言之前的一个前提条件，而我们无法用它直接测试外星信号是否属于语言。在这一点上，还存在着一些其他的原因。

齐夫定律的真正限制是它只能测量词频，但语言本身远比“and”这个单词出现多少次复杂得多。信息不仅蕴含在单词的意思里，同时也包含于词汇间的关系之中，正如我们所见，虽然“小熊维尼和小猪皮杰一起外出打猎，差点逮到一只大臭鼠。（Pooh and Piglet go hunting and nearly catch a Woozle.）”和“差点去逮到和大臭鼠一只小猪皮杰，小熊维尼打猎（nearly go catch and Woozle a Piglet and Pooh hunting）”这两句话都满足齐夫定律，但前一句是具有语言学意义的句子，后一句就不是。我们很有可能发现另外一些法则，像齐夫定律一样，同样可以用来归纳和描述语法的复杂度，但同时这些定律也无法帮助我们识别出真正有意义的语言。不幸的是，从我的研究来看，即使是人类的语言，其语法的复杂程度也远比齐夫定律的要求高出很多，所以我们对宇宙通用语言指纹的寻找还将继下去。无论如何，齐夫定律至少给我们提供了一个筛选条件，如果某种信号在齐夫定律的层面上过于简单，或者过于复杂，那么我们就不必继续考虑它是否属于一种语言。

到目前为止，我们对于语言指纹的搜寻全都集中于词汇（或者语义符号）出现频率的问题上。这当然是出于对人类语言的分析，但同时，这也是因为除了人类语言，我们并没有其他任何一种真正的语言可以用来测试这些算法是否成立——所以我们也不能认为这种思路是傲慢的偏见。为乌贼图像语言设计一种专门的指纹算法是没有意义的，因为我们并不了解真正的图像语言。无论如何，这都是一片积极的研究领域，我们也可以合理地假设，某种形式的信息论肯定会与适用于时序语言一样适用于图像语言。与文字文件一样，图像也可以被压缩成随机的序列，这就意味着图像语言的复杂度也可以用类似句法复杂度一样的算法加以测量和定性。对我来说，不管我们能否最终见到真正的外星人，这些想法都是地外文明搜寻研究中最令人兴奋的科学路径。 254

※

我们开始这一章的内容时就提到，我们并不知道语言到底是什么，而到现在为止，我们也没有回答这个问题。不过这也没关系。对于我们在理解外星生命方面的尝试而言，发现问题与发现答案几乎没什么区别。我们未来的邻居——也希望它们是我们的谈话对象——可能会拥有某种形式的语言，而在我们真正知晓这种语言之前就说我们已经提前了解了具体的情形，无疑是傲慢的行径。但另一方面，甩甩手说“我啥也不知道”也不是负责任的表现。

事实上，不管外星语言与人类语言多么不同，对于它们的某些基本性质，我们还是有信心的。无论在什么地方，语言中都有两种最关键的特征：它是用以交流复杂概念的途径；它的进化服从自然选择的规律。在检查每一种可能通向语言的进化路径时，我们清楚地发现没有任何一种交流系统完全垄断了所有的标准。当然，很多交流系统都无法满足所有的条件，要么是不具有足够的表达容量，所以不能被归类为“语言”，要么就是不具有实际可行的进化通路，即我们无法想[255]见那种语言如何一步一步进化而来，同时进化的每一步都能提供显著而微小的优势。当我们试图分辨——并最终翻译——外星语言的时候，如果先去寻找这些基础的特征（而不是直接搜寻人类与外星语言之间的直接平行证据），效果一定会更好。不管是哪种人类语言，我们都可以自信地说，它是由诸如名词和动词之类的词汇组成的，而与翻译人类语言所不同的是，在翻译外星语言的时候，我们需要先询问几个不同的问题：这种语言的信息位于何处？这种语言为什么目的服务？这种外星语言如何与外星人的社会智力共同进化？

有趣的是，我们先前认为的很多对语言产生基础性作用的东西（比如词汇、句子、语法等）其实都算不上是语言的本质，而有些我们从未认为具有“语言性”的东西（比如说社会生活形态）反而是外星世界语言组成中不可或缺的部分——正如人类社会生活之于人类语言。语言对人类来说是那么地关键，以至于我们认为，其他拥有自我意识和智慧的生命也将与我们共享这一特质。语言确实，以一种深远的方式，定义了人性，也定义了外星人身上与人性等同的那种特质。不过，在这个宇宙中，被所有文明所共享的语言的最基本的原则，却远比拥有说出“生生不息、繁荣昌盛”（Live long and prosper）的能[256]力要深刻得多。* 不过，我还是希望，当我们与外星人“第一次接触”的时候，还是能把它们的话好好翻译出来。

* 这句话是《星际迷航》系列作品中瓦肯人的一句祝福语。——译者注

X

人工智能——宇宙中全是机器人?

Artificial Intelligence—A Universe Full of Bots?

贯穿全书，我一直在高声主张，自然选择是复杂生命得以进化的唯一道路。不过，现在是时候坦白了：这么说也不全对，也有其他的方法存在。生命可以被某些其他智慧生命设计制造。我并不是在说什么神圣造物的问题，而是说，在我们朦胧的将来，当人类拥有了创造人工智能机器人能力的时候，那些机器在很多方面都会类似于自然形成的动植物。其实，现在我们已经可以设计出拥有学习和思考能力的电脑，它们几乎可以骗过外部的观察者，使人们相信它们的所作所为很可能就是人类。在接下来的一两百年之内，人类的计算机系统具有感情也并非无法预见：就像《星际迷航》里的数据少校（Commander Data）一样，是一位类人的机器人。对于远比我们先进的外星文明而言，很有可能已经拥有了那些造物。

这种智能机器人存在的概率——或者只是理论上存在的可能性——影响了我们对外星生命的预测。正如某些天体生物学家所确信，如果外星生物有可能是人工的——即，被制造出来的——那么，我们在前九章中讨论过的所有关于生命进化的原则和限制条件，是否还适用于那些造物？*或者说，如果生命来源于某种目标明确的设计制造，那么宇宙中还会不会存在着与自然选择不同的规则呢？

乍看起来，自然选择的过程似乎非常低效，笨拙得让人感到绝

---

* 参见史蒂文.J.迪克的学术论文《文化的进化、后生物学宇宙与地外文明搜寻计划》（*Cultural evolution, the postbiological universe and SETI*）。

257

望。瞪羚宝宝们一代又一代地变成狮子的午餐，只有那些恰好生下来腿更长，跑更快的个体才能逃脱被狮子吃掉的命运；一代又一代的苍蝇被鸟类吃掉，而只在偶然间，某一突变让苍蝇长出了黄色的条纹，才把鸟类掠食者吓跑。为什么要把命运留给偶然出现的变化？如果瞪羚能够提前知道自己需要跑得更快，苍蝇提前明白如何改造自己，进化岂不是会变得更快吗？当然，自然选择之美正是在于它没有先见之明，而自然选择之所以能够解释生命的存在，也恰好是因为它不存在任何事先的知识作为前提。自然不需要造物主，就算没有任何既定的规则，进化过程仍将继续前进。生命的进化——尽管缓慢——但不需要提前知道它将前往何方。

但如果所有的这一切都不同呢？

如果生命确切地知道它要前往何方，又会变成什么模样？

蟹岛噩梦

20 世纪 50 年代，苏联物理学家阿纳托里·德聂帕罗夫（Anatoly Dneprov）写下了一篇诡异而又极富特色的科幻小说《蟹岛噩梦》（*Crabs on the Island*），讲述了一个荒无人烟的废弃小岛上，两名工程师进行的关于控制论实验的故事。故事中的工程师在岛上放出了一只拥有自我复制能力的机器人“蟹”，它会采食金属原料，并复制出相同的机器人。很快，整个小岛上就爬满了小型的螃蟹机器人，但与此同时它们也开始产生突变。有些螃蟹的体形变得更大，无情地从小一些的螃蟹身上拆取零件，用来制造更大的机器螃蟹。这种实验究竟会以怎样的形式结束？结局自然是毁灭性的，因为这种贪婪的无终止的自我复制正是其最本质的属性。

20 世纪 50 年代是一个充满了科学与工程学野心的时代。虽然现在看来，当时人们对飞行小汽车和个人家用机器人的很多展望都过于

《科学美国人》杂志上1956年发表的关于人工植物的文章配图。

乐观，但仍有很多想法都是合理的——尽管现实科技的发展比人们的设想慢得多。1956年，刊于流行杂志《科学美国人》(*Scientific American*)上的一篇文章讨论了用机器人解决食物生产问题的可能性。文章说，人类可以制造一种机器人“植物”，以吸收营养物质，产生可以食用的化学物质，随后这些机器植物还可以欢乐地采收自己——原文是这么说的：“就像旅鼠（lemming）一样，一群人工的、有生命的植物鱼贯游向收获工厂的嗉囊之中。”最为关键的是，这种人工植物还需要拥有繁殖的能力。就像自然形成的有生命的机体一样，它们也必须利用自然材料生产新的自我复制体——这些复制出来的个体也应该可靠地履行相同的功能，心甘情愿地躺平自己，任凭人类收割。

从理论上来说，这个想法是可行的。虽然自然选择给人类的世界提供了种类繁多的动植物，但它们中的绝大多数都难以下咽，那么，既然我们已经理解了生命生长与繁殖的机制，又为什么不利用这些知识去创造属于我们的生物呢——一种更适合人类需求的生物，同时又免去了生命烦冗的进化历史施加给它们的限制？如果人类希望在吃肉的同时又不给动物带来痛苦，那我们是不是可以设计一种生长“肌肉”但又不生长大脑和神经系统的机器？就算这种机器会“像旅鼠一样鱼贯游向收获工厂的嗉囊之中”，但它们的行为也只不过是我们赋予的一套软件程序而已。吃掉这种“肉”的时候，你感受到的痛苦并不会比扔掉自己的旧智能手机更难过。

人类科技已经开始沿着这条道路前进了，比如说，我们利用基因工程技术将某些特定的基因片段植入其他生命体内，从而创造出诸如细菌或酵母菌一类的新型微生物，用以生产胰岛素——这正是以人类的目标对生命进行控制利用的方式。而生产没有大脑的有机肉质，非常明显地位于我们现实可行的想象之中。不过，对于那些可能已经领先人类数千年的外星文明来说，它们又会对此采取什么反应呢？它们的世界里是否会生活着机器的奶牛和绵羊，以一种复杂的微型化学工厂的方式生产奶和肉？还是说，在那种文明中，我们是否找不到任何“自然”进化出的生物，全部由人工的生命体组成——它们按照自己的方式进食、繁殖、争斗、合作？精心设计的人工动植物或许会比我们这些笨拙的、由自然选择产生的生命更为高效——高效到以至于原生的外星人会在与自己创造出来的人工造物的竞争中败下阵来，并最终被机器人所取代。

大多数科幻作品中所描述的自我复制机器人都以极致的反乌托邦形式呈现，本意良好的人工造物最终都会因为其指数级的增长导致复制品充满这个宇宙，把所有行星和恒星都变成一个又一个的复制品。在没有外界限制的情况下，即使是一个简单的细菌体都能占满整个宇宙。在理想的环境下，大肠杆菌（E. coli）每 20 分钟就能自我复制一

260

次，一开始的时候只是一个细菌，一个小时之后就可以变成 8 个，一天之后，其数量将变为惊人的 4 000 000 000 000 000 个，总重达 4000 吨，72 小时之后，大肠杆菌的总质量将大于整个宇宙的质量。* 这就是指数级增长的数字曲线。

当然，这种情况不会发生。科幻小说可能会非常悲观，但现实中这种悲观却是没有理由的。其他的因素也会产生影响。资源总是有限的。就连无人小岛上的机器螃蟹最终也会因为没有更多的资源可供采用而无法产生新的复制体。除此之外，那么多美味的大肠杆菌也总会被其他进化而来的生物吃掉，从而达到均衡的状态。我们不必担心，这个宇宙不会变成黏糊糊的细菌。但我们不得不承认，虽然人类已经给地球带来了极大的破坏，但我们很难伤及宇宙的根本。事实上，虽然细菌和机器螃蟹都能以指数级别增长，但当我们仰望星空时，从未发现任何生命体——不管是自然的，还是人造的——曾经将其影响扩散到我们预想中的那么宽广。

可是，我们也必须同时谨慎地对待自己的乐观。为了保证不断增殖的细菌（或者机器螃蟹）的扩张可以一直处于受控的状态，我们需要古老的自然选择过程作为限制，即自然界必须进化出某些可以吃掉它们的东西。不过，如果这些指数级增殖的生命不是细菌呢？如果它们是某种具有智慧的生命体，能够不断发现新的资源，也能不断改进自身，改进其进化适应度，并且拥有互相学习、继承上一代经验的能力，那么情况又会如何发展呢？这种能够自我复制的人工智能生命体大军有可能存在吗？如果答案是肯定的，那么又有谁能够阻止它们？如果说先进到可以绕过自然选择过程的人工生命体确实存在，那么它们占领一颗外星行星的可能性又有多大？如果这种情况又是真实的，

261

* 在第 n 个 20 分钟一代的繁殖分裂之后，大肠杆菌的总数事 2n 个，每个杆菌的质量是 10 ~ 12 克，而宇宙的总质量约为 1056 克，相等于 2216 个大肠杆菌，即 216 代的繁殖，也就是 72 个小时。

那么它们又为什么从未自然产生过？如果我们想要得知自己是否应该害怕这种外星的人工智能生命，那么我们要做的第一件事，就是要去了解它们的身上究竟存在何种特别之处。

让 - 巴蒂斯特·拉马克与长颈鹿的脖子

地球上的进化之所以进行得这么缓慢，其中的一个原因是——在总体上——子代在出生之时并不遗传亲代的经验。瞪羚宝宝本能地知道如何逃离狮子的捕猎，但这种逃跑的本能却来自一代代痛苦而缓慢的进化过程，那些缺乏逃跑本能的瞪羚宝宝全都变成了狮子的零食。但是如果第一只成功逃开狮子捕杀的瞪羚妈妈的每一个后代都天生害怕狮子，进化会变得多么迅速！不过总的来说，这种情况并没有发生。近来有一些研究发现，在极端情况下（比如饥荒和疾病），确实可能存在某些进化机制，可以让生物后代遗传先辈的某些经验，但这些极端情况肯定不会是自然选择和进化过程中的主要影响因素。* 可这又是为什么呢？

262 在科学家们理解遗传的本质与机制之前，人们曾经认为，动物一生中所经历的经验至少有合理的一小部分会遗传给它的后代。这种想法大体上与法国启蒙时期的生物学家让 - 巴蒂斯特·拉马克（Jean-Baptiste Lamarck，1744—1829）的思想有关，在达尔文生活的一个世纪之前，他就曾经试图解释动物如何出色地适应了环境的问题。那么动物们都是如何适应环境的呢？拉马克对此有很多解释，但最著名的

* 这种现象被称为“代际表观遗传”（transgenerational epigenetic inheritance），对于这种遗传机制是否在实际的进化过程中发挥了作用，学界目前还有很大的争议。关于这一话题，有若干著名的书籍对其进行了讨论，如内莎·凯里（Nessa Carey）著《表观遗传学的革命：现代生物学如何改写我们对基因、疾病与遗传的认识》（*The Epigenetics Revolution: How Modern Biology is Rewriting Our Understanding of Genetics, Disease and Inheritance*），以及理查德 .C. 弗朗茨（Richard C. Franci）著《表观遗传学：环境如何塑造我们的基因》（*Epigenetics: How Environment Shapes Our Genes*）。

还是他的两大遗传假说：首先，动物的特征“用进废退”，反复使用的功能会进化，不用的功能会退化，这也就解释了鼹鼠为什么没有视力，因为它们在地下用不到眼睛，同理，长颈鹿长出了很长的脖子，因为它们要伸着脖子够到高处的树叶（这也是拉马克的理论中更为人们熟知的例子）；其次——也是更为关键的一点——拉马克提议说，动物可以把这些习得的特质传递给自己的后代，如果狗妈妈看见蛇害怕，那么它的孩子们也会怕蛇。

这就是现在广为人知的“拉马克主义”*，而我们现在也知道，拉马克主义中的很多原理并不正确，同时它也让人们在很大程度上误认为拉马克的想法滑稽可笑。为了反对拉马克提出的理论，曾有一位名为奥古斯特・魏斯曼（August Weismann）的德国的生物学家做过这么一个实验，他切掉了老鼠的尾巴，再把这些老鼠生出的下一代老鼠的尾巴继续切掉，就这么一直重复下去，想要最终培育出出生就没有尾巴的老鼠。今天的人们很难认为这个实验是认真的，如果放在人类的身上，我们可以很明显地联想到犹太人的习俗，至少有上百代犹太人都在出生时接受了割礼，可我们从来没见过哪个犹太男孩出生时没有包皮的。好吧，我们得承认，科学中有一件很重要的事就是你得做个试验才能说服自己，你做的这个实验一点儿意义都没有。

今天，我们事实上已经理解了遗传现象的分子机制。我们知道，对于拉马克提出的那两个最重要的论点来说，至少其中的绝大部分在地球上都是错误的。但是，我们不能完全确定它们全部都一定是错误的。换种方法说，我们可以提出这样的一个问题：不管在哪颗星球上，无论使用何种生化机制去建立自己的躯体并进行繁殖，拉马克的观点也永远是错误的吗？也许对于外星人来说，它们将自己的经验融入下一代的遗传物质时并不像我们改造 DNA 那么困难。我们可以公 263

* 或称“拉马克学说”，Lamarckism —— 译者注

允地说，如果存在某颗拉马克主义可以适用的行星——或者，如果另外的某颗行星上的居民是某种被设计出来的、可以将自己的经验传递给下一代的人工智能生命——那么它们的进化过程可能将会变得非常不同，甚至有可能是我们无法识别的另一种完全不同的机制。如果可以将自己的经验直接用遗传的方式传递给下一代，那么动植物适应环境的过程将变得非常之快!

可是——如果说拉马克的观点是错误的话——其根本性的谬误又在何处呢? 生物学家也无法给出准确的答案。我们可以说拉马克主义在地球上是错误的，但这种错误或许只是因为它无法适用于 DNA 在生产下一代的过程中所遵循的化学机理。不过，还是存在着两种观点，证明了拉马克主义的进化理论即使是在其他行星上也不太可能成为自然状态下的遗传机制。

发展、发展、发展

自然选择通过随机的基因突变产生——大多数人都笼统地知道这个道理，有益的突变会存活下来并在种群中散播开来，而有害的突变则意味着拥有这个突变基因的不幸个体将会很快死去。但是，这并不是对进化过程真正精准的解释。绝大多数显著的突变对你都是有害的。如果我们希望通过有益的突变进化出眼睛、翅膀，或者长脖子的话，我们得等上相当长的一段时间。大多数有益的适应性改变实际上都不是通过类似“多长出来一只手”这样的突变得来的，适应性变化得益于更简单的突变——改变胚胎发育过程的突变。微妙的影响带来的作用是强大的，而且风险更小。打个比方说，制陶时，对转轮上旋转的陶坯轻轻地施加一个力，你就可以给整件陶器带来不管是形状还是大小方面都堪称巨大的改变，这种办法远比在成型的陶器上糊一大块泥巴的办法美观得多——除非我们需要对上小学的孩子们的艺术创作表达出真心的赞许，可是他们也只会用糊泥巴的办法。

现在，让我们想一想拉马克最著名的段子：长颈鹿的长脖子。如果你是一只长着短脖子的长颈鹿祖先，你该怎么做才能够着别人够不着的那些长在高处的叶子呢？你或许可以生出一只带有特殊突变的小长颈鹿——多长了一块颈椎骨！这只幸运的“长颈鹿二世”就能吃到那些别人吃不到的叶子了，所以与同类相比，它就有更大的概率存活下来，繁殖后代，从而将这种突变传递给它的孩子们。很多动物确实会偶尔获得“脊椎骨 +1”的突变，但事实上，长颈鹿却和人类、和老鼠一样，并没有多长一块颈椎骨。重大的突变不仅是稀有的，而且带有风险。这种骨骼结构上的显著变化会带来胚胎发育阶段很多其他身体部位的改变：所有的神经和血液供给都要同步做出改变，否则我们年轻的“长颈鹿二世”就没办法像一只正常的长颈鹿那样生活。大突变对你来说通常不是好事，突如其来的改变带来的伤害总比帮助多。

作为一只短脖子长颈鹿，除了多给后代一块颈椎骨，你还能做些什么呢？另一种可行的办法是采取更为简单的突变：影响长颈鹿胚胎发育的突变。我们的“长颈鹿二世”可以在胚胎阶段就优先发育它的脖子，或者它也可以快一点长长自己的脖子。它不需要多余的颈椎骨，只需要把每一块都长长一点就好了。这样一来，到它出生的时候，就已经拥有了比同类稍微更长一点的脖子，同时也不需要剧烈地改变自己身体的基础结构，而这也正是长颈鹿脖子长的原因。近几十年来，生物学家们越来越多地发现，相比起那些剧烈、重大的优势突变，这些细微的突变更有利于动物适应环境。*就好像在房地产领域，最重要的三件事永远是“地点、地点、地点”，在进化的过程中，为

265

* 参见西恩.B. 卡罗尔（Sean B. Carroll）著《无尽之形最美：动物建造和演化的奥秘》（*Endless Forms Most Beautiful: The New Science of Evo Devo and the Making of the Animal Kingdom*）。

了适应环境，动物们最容易做出的改变是“发展、发展、发展”。

但当然，这只是地球上进化的机制，并不一定代表了外星动物的进化历程。不过，这里面包含了一条普世通用的原理。遗传的具体机制并不十分重要，它可以是DNA，也可以是某些其他等同的分子，甚至是一些与我们差异过大、无法想象的东西，但不管遗传的具体过程是什么，我们都可以说，突然的变化从功能性的角度上说，不太可能是有益的。无论外星物种如何繁殖，我们都认为，它们的子代不太可能与亲代差异巨大。就像那句老话说的一样：“东西没坏，就先别修。”

在描述这一过程的时候，人们使用了多种形象的方法，最顺应我们直觉的一种描述因理论生物学家斯图亚特·考夫曼（Stuart Kauffman）的阐述而广为人知。* 让我们复习一下第2章中曾经提到过的那个在重重迷雾中攀登山路的比喻，你所在的海拔越高，就意味着你从进化的角度上对自己的环境的适应度越高——如果你是长颈鹿，你的脖子就更长，如果你是瞪羚，你跑得就越快。这个时候，你该如何登上山顶（如何达到进化的巅峰）呢？你可以选择沿着你能见到的应该是向上的路，慢慢地向上爬，这应该是一种好策略；但如果这时我给你一个名为“突变”的具有魔力的传送装置，可以将你瞬间传送到100米之外的一个随机的地点，你会用它吗？嗯，这件事似乎需要视地形而定。如果你所处的位置是英国剑桥郡（Cambridgeshire）的湿地沼泽**，那你可能就需要用到它，因为就算这个传送的目的地是随机的，你也不太可能被传送到某个靠近山地的地方，所以到处乱窜并没有多大的区别。但如果你正在英国湖区（the

* 参见斯图亚特·考夫曼著《宇宙为家》（*At Home in the Universe: The Search for the Laws of Self-Organization and Complexity*）。

** 以地势平坦著称。——译者注

Lake District）国家公园，或者美国的斯莫基山脉里艰难地跋涉*，那你最好还是老老实实地沿着一直向上的山径向上爬。在山里，向上的路通常会将你带向高处，而在绝大多数情况下，随机传送会让你马上迷失方向，而不是把你传送到山峰之上。进化的地貌（按照考夫曼书中更为详细的解释）更有可能是崎岖而有落差的，就像湖区一样。所以，慢慢爬，别乱传送，别突变。这个原则可以应用于任何一颗星球。

266

拉马克与自然选择之间的对决

拉马克主义进化理论之所以不太可能成为其他行星上进化的规则的第二个原因来源于计算机的模拟结果。人们很容易倾向于认为遗传下来的经验是有用的——知道的东西越多越好，不对吗？可我们也不能在不加测验的情况下就做出这样武断的假设。那么，模拟的结果如何呢？科学家们用电脑制造了若干虚拟的软件生物，称为“生命体”（agent），放进计算机版本的进化场景之中，让它们互相争夺虚拟的资源，从而展开进化。**程序中的生命体被赋予了极为有限的人工智能——一种神经网络系统——然后就被扔进虚拟环境中任其自由学习。它们的突变与进化按照两种不同的方式进行：一组虚拟生物按照自然选择的规律进化（“达尔文生命体”），它们当中只有非常成功地适应了环境的个体才能存活下来并繁殖后代；而另一组生命体（“拉

* 这两个地方都以山川湖泊众多而闻名 —— 译者注

** 史蒂芬·列韦（Steven Levy）的《人工生命：给新造物的任务》（*Artificial Life: The Quest for a New Creation*）是关于这一话题的一本通俗介绍性书籍，而关于达尔文生命体与拉马克生命体之间更为详细的研究，请参见佐佐木贵宏（T. Sasaki）与野老马里奥（M. Tokoro）著《基于神经网络与基因算法模型的拉马克与达尔文进化比较》“Comparison between Lamarckian and Darwinian Evolution on a Model Using Neural Networks and Genetic Algorithms”一文，刊于《知识与信息系统》（*Knowledge and Information System*）杂志（2000）2：201。

马克生命体”）则可以将自己的神经网络中学到的知识直接传递给自己的“后代”——换言之，拉马克生命体的后代在出生之时就拥有了亲代的神经网络。那么，哪一组会进化得更为成功呢？把它们放进一个死斗竞技场，谁能赢？拉马克？还是达尔文？

答案是：看情况。在相对恒定的环境中，拥有将经验传递给后代的能力是一种更具优势的策略，拉马克生命体的幼体在出生之时就已经了解了很多关于如何找到和利用资源的知识，而那些没有从亲代继承生命经验的个体则需要自己从头学习关于这个世界的一切。所以，如果有适合卡马克进化机制存在的条件，那么它们将更为高效，生下来就学会了一切看上去赢面更大。

但在变幻无常的环境中，形势就发生了反转。如果世界总在变化，那么生下来就已经了解这个世界并不是什么好事。拉马克生命体的幼体貌似认为它们在做的一切都是对的，可是却处处碰壁。高处的叶子不再那么香甜了，反而变成了有毒的食物，那么你还能用你的长脖子做些什么呢？就像考夫曼的突变传送装置一样，这些拉马克生命体发现自己并不熟悉周围的地形，而想要忘记自己已经掌握的那些无用的知识又显然不是那么容易。

可是，令人感到有些疑惑的情况又发生了，在不断变化的环境中，拉马克生命体的幼体也可能会处于优势地位。*突然间出现一种新的掠食者时，在一代生命的时间跨度之内，那些侥幸逃脱了掠食者的拉马克生命体的后代变得更加机警，这无疑是一种优势。如果不必等待某些罕见的基因突变，就能将亲代的特征传递给子代，那么这种特征也能以更快的速度传播到整个种群之中。不过话又说回来，在急剧变化的环境中，在每一种潮流中反复横跳也是一种冒险的行为。就

* 此处同样是一个技术含量非常高的领域，如果想要从技术的角度了解这个问题，请参见沃伦·柏格伦（Warren Burggren）2016年的文章《表观遗传与其在进化生物学中的角色：再次革命与新观点》“Epigenetic Inheritance and Its Role in Evolutionary Biology: Re-Evaluation and New Perspectives”。

好像给每一种新出现的加密货币都投资，你不太可能一夜暴富，反而是更有可能被人割了韭菜。 268

不得不承认，这种计算机模拟的结果和思想实验只能告诉我们在程序化和假象的环境中会发生什么，而无法真正解释或许存在的奇异外星世界的真实情况，我们也无法确定，在一个真实的、环境富于变化的行星上，拉马克式遗传是否真的会败给自然选择的过程。但它确实给我们提供了思维的材料。地球生物的进化历史从来都是发生在剧烈变换的环境之中。与地球生物过去35亿年来所经历的一切巨变相比，灭绝了恐龙的那颗小行星实在谈不上是什么惊天动地的事情。曾几何时，地球上的海洋从赤道一直冻结到两极，无疑给所有生命都带来了巨大的挑战，而只有少数几种能够成功适应环境的生命存活了下来。我们对其他行星的气候变化一无所知，但如果它们也经历过像地球一样的变故，那么那些固执地坚持着自己遗传而来的经验的拉马克生命体可能也早就灭绝了。而一旦生物圈稳定下来，环境变得更为可靠时，只会剩下那些一步一个脚印谨慎前行的达尔文生命体。只要游戏的规则发生了改变，一切认为自己所做的事情都是正确的生命形式都会付出自己的代价。

关键的问题在于，简单地遗传经验远远不够，在急速变换的环境中保持坚决果断是有风险的。生命体需要有能力知道，什么时候需要使用那些继承而来的经验，而什么时候又该相信自己的判断。这种知识——或者说我们期望出现在人工生命身上的智能——对拉马克式遗传过程中的平衡取舍甚为关键。但对于早期的生命形式（比如细菌）而言，这种机制又不太可能出现，因为这种决策能力意味着一定水平的信息处理能力，而后者却已经远远超出了简单生命形式的能力极限。事实上，它需要的是一个决策的器官：本质上讲，就是大脑。如 269 果拉马克动物果真存在过的话，它们或许没能跟上不断变化的环境的脚步，早在进化出大脑之前就已经灭绝，所以也再没机会利用它们潜在的超级力量。

到目前为止，这一系列讨论中的大部分都是我们的推测。我认为其他行星上的生物遗传很有可能与地球上的情况相似，但我同时也不会惊讶于我们在某些其他的星球上发现了拉马克式的遗传机制。可是，作为智慧生物的我们，真的就可以比那些愚蠢的计算机程序生命体做得更好吗？而我们又真的能够设计出能同时在稳定与剧变的环境中都表现出色的人工生命吗？如果不是人类，那是否又会存在某种更具智慧的外星种族，正在设计某种人工生命，并将它们释放到宇宙各处，建立新的殖民地呢？

更好的办法

基于以上讨论，我们发现，即使是在最好的情况下，拉马克生命体自然出现的概率也称不上乐观。拉马克生命体的后代可以继承先辈的经验，这无疑是明显的优势，但也带来了问题。可是，经历自然选择的物种却无论如何也做不到这一点，那么我们又能否人为地制造出拉马克生物？它们又会变成什么样子呢？如果我们想要从无到有地创造拉马克生物，那就肯定希望它们具有从经验中学习的能力，因为这种能力能给它们带来进化的优势，但与此同时，我们也希望它们能比计算机模拟中那些简单的生命体更为智能。事实上，我们希望它们能做到的，是以人类的方式进行学习，一代一代地将人类的经验和知识传递下去。在保护和传承知识方面，人类其实做得很好，我们也善于依照不断变化的环境对知识进行调整，而不是像可怜的拉马克生命体程序一样，死板地照搬先辈的经验。270

有目的地加速自然选择的过程，是一种精妙的、“超拉马克”的特质，这是人类在创造智能生命时希望它们拥有的能力。这种智能生命体应该能够将自己的信息传递给下一代，同时又不会在环境发生变化时把自己困在死胡同里。它们应该具有总结、归纳、预测，并将有益的特质传递下去的能力，也能自发地回滚不再有益的进化适应。人类身上那些容易给我们带来麻烦的进化遗存——比如爱发炎的阑尾、需要开刀才能拔掉的智齿，甚至是过于狭窄以至于长着大脑袋的婴儿不易通过的产道——人工生命体都不应该拥有。

所有哺乳动物都长有喉返神经（laryngeal nerve），它可以将大脑发出的信号传递给喉部的肌肉，控制声带运动，并让我们发出各种不同的声音——狮子的吼叫、老鼠的吱吱声，以及人类的言语。出于某些本质上无法改变的原因，喉返神经会在心脏旁一条主要血管后边绕一圈再回到喉部，虽然它绕的这一小圈对我们长得像鱼一样的祖先来说并未产生影响，但对于另外一些动物就另当别论了。长颈鹿进化出了越来越长的脖子，所以它们的喉部离心脏也越来越远，它们的喉返神经自大脑发出，沿着脖子一路向下，在心脏附近的同一条血管后边绕一圈再返回喉部，总共需要走四米远的路（喉返神经在心脏后面绕圈的那条血管的位置在所有四足动物身上都是相同的，不管是人类、青蛙还是老鼠）。任何拥有生理结构自我调整能力的生命体都会毫不犹豫地把这种奇怪的设计改掉。我们假设中的拉马克生物应该能够拥有同时“向前”和“向后”进化的能力：向前意味着预测何种适应会在未来有益于自身，并为自己的身体设计出该种进化，向后则意味着找出无用或无益的身体结构，并将后代身上的这些结构移除。拥有如此能力的生命体势将统治它们的世界，而由超级智慧外星生命设计制造的这种人工生物肯定具有这样的能力。 271

文化革命

你或许已经注意到，这种将经验代代相传的智能传递过程（连同知晓何时利用这些信息的能力），与我们在人类社会中见到的思想的代际文化传承别无二致。但是人类并不需要利用基因学习科学技术，我们只需要学校。最为重要的是，不管是宗教还是意识形态，我们都不需无限且不加反思地遵循，人类能够察觉到这些事物何时不再适用于自己，并对其加以改变。经验在文化层面上的传承是一种幽灵般地带有拉马克主义色彩的过程。*每个人都或多或少地继承了源自父母和社会的文化思想倾向，但我们同时也可以按照对自己最有利的方式对其加以调整，甚至是抛弃某些想法。你或许从小就成长于一个父母都是出色的音乐家的家庭，但长大之后你也可以决定自己一辈子都不碰卡祖笛之类的玩意。被我们使用的文化思想会得到加强，被忽略的那些想法则会废弃不用（用进废退）。

想象一下，有一天你跟你妈提议说：“你知道吗？妈，我觉得我的宫颈太窄了，生孩子的时候孩子的头很难出来。”好吧，提议也没用。因为人的生理结构是自然选择决定的。但你却可以说，你不想像你妈一样在生孩子的时候不打麻药——或者反过来，如果她生你时打了麻药，你也可以选择不打麻药。思想在文化层面上的传承让我们在自己人生的几乎每一个方面都掌握了自主的权利。

今天的人类已经习惯于思想的文化传承，在我们看来，这种现象是非常自然的。但人类拥有语言——从而拥有了解释思想的能力——只是最近二三十万年的事情。所以，人类的文化传承现象是否是一种独有的异常状态，而其他外星物种不太可能拥有呢？更进一步，人类利用交流——而非基因——扩散进化适应的这一非比寻常的能力是否是这颗行星历史上的孤例？当然不是。鸟类能够学习彼此的叫声，而在很多情况下，累积性的文化传承会导致不同地理区域的鸟类呈现出各自特定的“方言口音”。甚至有几个特定种类的鸟类——包括乌鸦

272

* 参见苏珊·布莱克摩尔（Susan Blackmore）著《谜米机器》（*The Meme Machine*），本书更详尽地讨论了文化模因进化的原因，以及不进化的理由。

和山雀——拥有比“方言”更先进的文化传承现象，它们展现出了从其他个体身上“复制”新想法的能力（主要是觅食的新方法），并最终导致了某种类似“传染性”的文化在某些特定种群中的传播。在这方面非常著名的例子是20世纪20年代英格兰地区的“蓝山雀（blue tit）喝牛奶”，这种小鸟发现，它们可以啄破被送到人家门口的牛奶瓶口上的封盖（纸或铝箔材质），从而采食奶瓶上半部分的乳酪，尚不掌握这一技巧的山雀通过观察同类的行为，也学会了这个技巧，而喝牛奶的方法很快在整个英格兰地区的山雀种群中传播。澳大利亚某海岸附近的海豚会给自己的女儿（主要发生在雌性海豚身上）教授特殊的觅食技巧，它们会将一种特殊的海绵覆在吻部尖端，从而避免在海床的砾石中挖掘食物时受伤。文化传承同样发生在我们身边的动物世界，只是不像人类那么强大和细致。

我们可以相当自信地说，如果人类没有将自己的想法传递给他人（不仅是我们的后代）的能力，那么人类的整个文明，以及我们所有的科技和艺术成就都无法发展与进步。科学和技术建立在一层又一层被积累起来的知识的基础之上，随着它们在个人之间的不断传递，也被持续加以精炼和促进。必要的时候，无益（或者干脆就是错误）的想法会被我们抛弃——至少在绝大多数时候是这样的。哥白尼坚称地球围绕太阳运行的时候，曾经遇到了很多阻力，但无论如何，在一代人的时间之内，古老的信仰被彻底改变。但如果，这种信仰基于某种基因结构，你能想象它在一代人的时间跨度之内就被完全改变的情景吗？！正是这种促进和修正思想的能力，才让人类文明以如此可怕的速度急速向前发展。而如果这种文化传承在另外一颗星球上同样发生，我们就可以确定，它们的进化不仅会像我们一样迅捷而高效，而且也将一直这样持续下去。

当然，我们并不知道在进化的未来，等待人类的命运究竟是什么，也很难预测100万年之后的我们将在何方，因为不管是我们现

273

今所处的世界，还是地球上古老的化石记录，我们都找不到任何可以给我们的预测提供帮助的依据，也无法解释这种迅速的文化拉马克主义进化将引领我们前往何处。讽刺的是，科幻小说作品——经常被人们轻易地认为是不合实际的臆想——却可能给我们提供最佳的线索。在过去的150年内，在对未来人类和生态系统的展望中，人们设想出了成千上万种多多少少说得通的场景。当然，从科学的角度出发，其中的一大部分都没有意义，但面对未来世界（或者外星世界）——生物已经进化出无与伦比的新能力的地方——给予我们的那些哲学启示，科幻小说作者却是少数能够认真对待的人。

让我们做一个简短的思想实验。现在，把你自己想象成某一高度发展的外星文明中的一个成员，希望将自己的文明传遍整个星系，这时你来到一颗没有生命的行星，打算在这里“播种”某些属于你自己的东西。你该放点儿什么在那里呢？第一个明显的答案是用你自己的种族在这颗行星上殖民，可又有什么更好的办法可以传播你的生物和文化传统呢？在另一个极端的角度上，你或许可以把某种代表着你最古老祖先的东西放在这里——或许是母星上的LUCA，甚至也可能只是母星上启动生命的必要物质。在地球上，这种物质应该是RNA，一种与我们熟知的DNA结构相似、但更为简单的化学物质。在你面274前这颗贫瘠的星球上，你只需要在它的大海里放进几滴RNA，几十亿年之后，或许就可以发现一个全新的生态系统已经进化完全，而这个新的生态系统会与你的母星相似，但又不同。可是它会变得多么相似或者多么不同？正是生物学家们激烈讨论的话题。

我们在第2章中曾经讨论过，部分科学家认为“重放生命进化的磁带”会使地球的生态系统呈现出截然不同的结果：不再有哺乳动物、蜗牛或者鸟类，取而代之的是整一套我们无法识别的外星长相的动植物。*但也有人认为，虽然这种“重放”会导致生物细节的差异，但我们还是会发现进化历程给相同的问题提供了基本相似的答案——两条腿走路、长着庞大的大脑、使用工具的与人类等同的物种。**在这两种情况下，有一件事是确定的：进化由自然选择驱动。不管那片原始海洋中的RNA是自发出现的，还是被某些外星来访者人为加入的，到目前为止，我在这本书中给出的所有观点的有效性都不会因此受损。最初的生命材料来自哪里并不重要——重要的是它们在之间的几十亿年中如何发展。

但除了扔下RNA之外，尚有其他的选择。如果你是一个已经极度发达的外星文明的个体，那么，在丢下某些生物分子之外，你还可以用拥有智力的人工生物播种这颗星球——某种经过特别设计，获得了可以绕过自然选择能力的机器人，它们的程序中拥有预见性，而这种预见性正是自然所缺乏的。其机器瞪羚后代自发地知道长腿对自己有利，也会按照长腿的方向重新改造自己的设计；与之相似，机器狮子同样会自发更新自己的软件系统，从而让自己能够更寂静无声地偷袭猎物。这种情况最终会发展成什么样子？还会不会像我们之前曾经预测的那样，无论如何都会出现掠食者和猎物？还是说，那些生物改造自己的速度太快，以至于在很短的时间之内，机器瞪羚就能学会建造宇宙飞船，从而逃离机器狮子的捕猎，而机器狮子则在另一边修建超级计算机，设计出可以大规模毁灭机器瞪羚的武器？其实，这种可笑的场景几乎完全不可能发生，因为它触碰了进化过程中某些最为基础的机制和限制条件。智能，以及逾越自然选择的能力，是否可以同样逾越自然世界的限制？而作为智慧生命的我们，又是否应该相信自己的智力能够帮助我们解决一切前进路上可能遇到的生态灾难，从而

275

* 参见史蒂芬.J.古尔德著《奇妙的生命》。

** 参见西蒙·康威·莫里斯著《生命的答案》。

永无止境地扩张和存续下去呢?

超级人工智能的本质

想象一下，某天，一个外星文明——也或许是日后人类自己的文明——发明出了一种比自己更高明的人工智能，拥有鲜明的拉马克主义能力：能够从先辈那里学习它们的经验和教训，可以迅速进化，成为高效到可怕的存在。部分科学家和科幻作家（包括史蒂芬·霍金）都曾建议说，这将对人类——乃至全宇宙中的所有生命——构成真实的威胁。而其他的科学家（也包括我本人）却更倾向于认为，对一种生命体而言，其智能程度越高，其毁灭他人，或者用恐惧统治他人的倾向性就越小。这种外星超级人工智能生命或许邪恶危险，或许良善明智，但在这样一颗被它们长久寓居的星球上，生态系统将是什么样的？我们希望见到的场景，会不会广泛地反映着我们在前几章中讨论出的结论？还是某些截然不同的存在，打乱自然选择的一切规则呢？

276

表面看来，如果某一生态系统中全都是具有超级智慧的人工智能生命，那么我们日常周身所见的很多熟悉的动植物特性就不复存在。比如牛津大学的尼克·波斯特洛姆（Nick Bostrom）教授就说，在一个由人工智能生命组成的社群中，它们分享信息的方式极为高效且严格，所以动物行为的很多方面就变得无足轻重。* 巨大的鹿角、长长的孔雀尾羽、鲜艳的花朵，甚至是鸟鸣都没有存在的必要——既然生命可以采取更高级的方式分享信息，又何必使用这些奇特而低效的方式？更何况，这些表征传达的信息都甚为简单，它们所表达的意义无非“我在此”“我强壮”等。人工生命如果想要完成这些交流，只需

* 尼克·波斯特洛姆著《超级智能：路线图、危险性与应对策略》（*Superintelligence: Paths, Dangers, Strategies*）一书详细地分析了超级人工智能何以如此危险的原因。

要简单地给彼此发送一封电子邮件。而如果交流系统的设计完善，那就一定会存在某种平衡状态，保证这些邮件是诚实的信号交流（见第 8 章）。在那里，骗人的社交软件账户信息可是不允许出现的。

波斯特洛姆教授说，玩耍行为在那种地方甚至也没有必要，生命体“天生”（即被创生之时）就已经了解了在那个世界里它们为了存活下去所需了解的一切，无须通过试验性的玩耍行为获得技能。机器猎豹幼崽在打开开关的那一天就已经掌握了狩猎瞪羚的方法，不需要耐心地用自己同窝的小豹崽练习跟踪猎物，也不需要用小动物或受伤的猎物练习抓取的方法。

超级人工智能生物的思维里应该会存在着某些既定的目标。我们或许无法对其加以预测，甚至也无法真正理解那些目标的意义，它们或许是要探索宇宙，或许是要消灭其他一切文明，再或许——波斯特洛姆教授最坏的打算——是要生产回形针：将宇宙中的一切物质无情地转化为无尽的……回形针。

如果最初的这个超级人工智能生命的目标是单一的——“生产回形针”或者“毁灭其他所有生命”——那么这一目标就势必需要被严格地传达给四散于宇宙各个角落的回形针生产者（它的同类），不能出错，那么，它们就必须使用绝对不能出现纰漏的交流方式，否则，哪怕是最微小的错误也可能会让某些个体开始生产订书钉。这样一来，生产回形针的超级人工智能机器人就一定会和生产订书钉的同类产生竞争，从而导致战争和毁灭。

277

在那个假象中的、由互相连接的计算机组成的宇宙中，超级智能生命孤注一掷地沟通、繁殖并执行它们单一任务的可能性有多大？我觉得不是很可能。如果这种人工智能生命体的外星世界果真存在的话，还是有一些无法避免的情形需要它们处理——无论多么智能、设计多么精妙。一方面，人工智能无法在不进行改变的情况下改进自身，而改变就意味着突变的风险；另一方面，就算是最聪明的策略也无法逃避被人利用的可能——博弈理论不容忽视，就连电脑和科幻级别的超级智能也无法无视它的存在。

突变——恩赐？还是诅咒？

对生命体（即像人类一样的自然有机体）而言，突变的产生来源于宇宙的随机性本质。一束逸散的宇宙辐射可能会撞上某个原子中的一颗电子，从而扰乱 DNA 的复制过程。一种酶可能有 99.99% 的机会对应某种特定的蛋白质，但总存在余下 0.01% 的机会结合一个“错误”的蛋白质。这种错误可能造成毁灭性的后果——总的来说，在你的 DNA 这部百科全书中，只要出现一个错误的“字母”，就有可能意味着作为胚胎发育阶段的你无法正确地发育和生存。不管是地球生命，还是外星生命，在其 DNA 的每一次复制中，如果不具有一定的“错误检查”和“错误纠正”机制，就没有办法进化出如此复杂的性质。总的来说，这个系统的工作成果非常出色。我们身体中的细胞每时每刻都在分裂和增殖——正如你所见，我们可以从一个 3 公斤重的婴儿成长到一个 70 公斤重的成年人，何其惊人。每个细胞都诚实地获得了一份正确的 DNA，如若不然，往往会造成癌症。

278

但并不是所有的突变都一定是致命的。某个导致你的颈椎骨在胚胎发育阶段可以比别人长得更长一点的突变或许不会对你的成年生活造成太大的影响，基本不会杀死尚在胚胎之中的你。生命个体之间的差异必然来自突变（与有性生殖——至少在地球上是这样的）。

当我们考虑自然选择时，所有这些过程都非常简单直接，因为自然选择无须设计，也无须造物者。没人事先知道具体哪个特征将会有益于生命体，又是哪个特征会有害于生命体。在没有先见之明的情况下，**唯一**的方法就是通过随机却微小的突变尝试每种不同的变异结果，改变已经存在的生命性质。

但如果，我知道我想要成为什么样子呢？如果我对后代的长相和行为拥有清晰的计划，不想把改变的主动权交给随机性呢？

试想，某种人工智能生命（或者甚至是某种自然生命体）设计出了一种拥有自我复制智能的探测器机器人，并把它们放飞到宇宙各处，用于探索（和殖民）。每个探测器都会降落在一个不同的星球上，利用当地的材料创造像自己一样的新探测机器人，就像德聂帕罗夫的《蟹岛噩梦》一样。那么，每个探测机器人的后代还会像最初落到星球上的探测器一样吗？很可能不一样。在智能预见性的指导下，亲代探测器可能会选择将自己的子代机器人制造成互相稍有不同的样子，比如说：有的适合水下探索，有的适合天空飞翔。但是，这个过程中是否会出现错误和突变？亲代探测器很可能会像一位可敬的工程师一样，尽全力保证每个复制品探测器都与自己的设计初衷完全相同。进化突变之所以存在优势，只是因为进化没有任何先见之明！如果你真的拥有预见性，抛弃随机性是完全说得通的办法。

279 但是，就算你能做到 100% 不出错，也能保证自己设计的软件程序中完全没有任何故障（毕竟我们假设中的这种探测机器人是具有超级人工智能的），我们还是可以看到，变异是必要的。就算你自己不想有突变，但你仍然需要一个会游泳的机器人，和一个会飞的机器人，这些机器人的后代仍然会继续改进，比如说，在它们的下一代中，有适合深水潜水的，也有适合浅水的。随着时间的推移，以及行星上自然环境的变化，那里会产生各种各样的人工生命。虽然这些变异的机制并不是我们在地球上熟知的自然选择，但分化现象还是发生了。每个种类的机器人都会完美地符合它自己所属的生态位，也不必像人类一样长着尴尬的智齿和阑尾，而我们如果想要做到这一点，就背叛了不被任何人设计的自然规律。

一切都是博弈

既然这样，那么对于波斯特洛姆所描述的那个充分互联互通，每个个体都是进化完全的人工生命的生态系统来说，是否意味着音乐、玩耍和艺术就再也不需要了？从本质上说，那些人工造物会不会变成一堆只为了自己的总体目标消耗生命的无人机呢（即使它们的终极目标只是制造回形针那么简单）？它们的世界中是否会没有冲突，没有竞争？听起来像是个无聊的外星生态系统，但至少，会和平。

不过，就算是运行极为顺畅、智能水平极高的社群，也要服从数学的定律。正如我们在第 7 章中的讨论，博弈理论是谁也逃不掉的。如果利用他人会带来好处，那么利用他人的行为就一定会出现。这对我们的那些“实心眼”超级智能生命来说又意味着什么呢？在我们的假设中，那群“生产回形针”的机器人之所以还可以受控，是因为每一个这种机器人的目的都来自最开始的编程指令。只要这套软件程序是完整的，那么每一个机器生命体都会忠实地完成自己的任务。但如果出现了某种突变，使得其中的一个机器人有机会改写自己的编码呢？事实上，我们已经见到，子代改变自己程序的能力是必要的。假如说，人工智能生命的某一个后代认为，完成自己宿命的最好办法是把其他同类吃掉，再利用它们的零件，会发生什么呢？即使是对于一个由超智能人工生命组成的世界来说，自私也将可能作为一种威胁出现。

280

如果一个完美协作的社会中的每个个体都是完全无私的——比如说我们身体中的所有细胞——那么自私个体的突变将带来毁灭性的后果。如果每个个体都认为他人怀有最佳的意图，那对于想要利用别人的个体来说，今天是个好日子。如果我们的身体中的某个细胞决定变得自私，那么它就会开始不加控制地复制自己，同时不向身体提供任何好处，这就是癌症。

当每个人都合作的时候，放任他人利用自己是最具效率的策略。在熟人社会的小村庄里，你出门的时候并不会锁门，而在你自己的（健康的）身体中，免疫系统不会将自己体内的其他细胞认作入侵者。不过，我们的那群“回形针机器人”却把它们概念性的后门敞开着留给了别人，而它们软件程序的弱点很容易被别人利用。因此，在这个人工智能生命的社会中，即使自私的突变来自精心的设计——而不是随机的突变——都会极大地损害它们共同奋斗的团结性。在所有的博弈理论中，任何一种突变（此处特别指自私的突变）能否成功，都依赖博弈中其他参与者的反应。这种突变也许会死掉，或者也能达到某种均衡状态——无私的机器人和自私的机器人共享同一个星球，再或者，原来的那种单一目标的回形针机器人的未来就此终结。

如此，你也会想，既然那些外星超智能生命是“超”智能的（反正要比我聪明），那么亲代的机器人一定会注意到我们刚刚提及的这种危险，而且也势必采取某种措施防止这种情况的出现。就连我们自己的身体都拥有一定的癌变检测和防御机制，所以我们不会因为癌症病发的概率而灭绝。但是——注意这个但是——我们已经设定，超智能生命的这种能够改写自己编程的自私突变本身就是超智能的。在科幻故事中，比如《终结者》（*Terminator*）和《黑客帝国》（*The Matrix*），为了对抗人工智能统治地球的计划，人类进行了微弱但勇敢的尝试，但由于我们的对手比我们强大太多，这些尝试似乎不可能产生效果（尽管大多以英雄人物们的大义凛然作为结尾）。但在我们假设的情形中，自私的突变机器人拥有与同类相似的能力，所以胜败之势就会截然不同。J.K. 罗琳说：“对方也会魔法。”* 和所有始终如一的策略一样，我们的回形针机器人所秉承的信仰，似乎最终也会不可避免地被某种与之匹敌的——至少是可以部分与之匹敌的——策略所

281

* J.K. 罗琳（J. K. Rowling）著《哈利·波特与混血王子》（*Harry Potter and the Half-Blood Prince*）。

替代。超级智能并不意味着天下无敌。

死神的镰刀

从瞪羚逃离猎豹的捕捉，到不想饿死而拼命捕猎的猎豹，从长出硬刺避免被吃掉的玫瑰，到致力于研究癌症药物的生物化学家，避免死亡貌似是这颗星球上所有生物身上都不可避免的一部分。好像所有的动物都希望永远存活下去——你拥有的时间越长，你就有越多的机会繁殖更多的后代，而后代，恰好是自然选择的货币。

让我们在这个论点上更进一步，我们认为外星人可能会比人类更聪明，也更先进，寿命更长，而且……也许能永生不死？我们似乎马上就能达到可以解决所有人类疾病的地步了。古怪的百万富翁生物学家奥布里·德·格雷（Aubery de Grey）曾经发表著名的论断，他说282人类历史上首个能活到1000岁的人现在已经出生了——他还用自己的财富作为赌注，开办了一家公司，希望能够达成这个目标。* 外星文明肯定在这条道路上比我们出发得更早，可它们就真的已经掌握了彻底消灭死亡的办法吗？

科幻文学作品给我们提出了达成这一目标的各种建议，比如说我们可以用人造的替代品缓慢地替换掉体内用坏的器官，直到人类完全变成赛博格（cyborg，即“义体人类”），而这个躯体内残存的最基本的元素仍然是“我们”自己——如果你能接受的话，也可以说是我们

* 这一机构的名称为“生物改造无关衰老策略（研究基金会）”（Strategies for Engineered Negligible Senescence），或称SENS基金会。

的“灵魂”。自从笛卡尔首先提出人的精神和身体的分离和二元对立以来，这种东西的可行性已经被人们讨论了几个世纪。*有很多科幻作家，也包括像尼克·波斯特洛姆这样的科学家，都在考虑这样的一个问题，即：如果我们通过将自己上传至计算机系统的方法实现了永生——完成从生物机体到人工机体的转变——那我们还是“我们”吗？就算人类做不到这一点，是否存在某种足够先进的外星文明或许已经发展出了这种技术？

但作为一名秉信进化论的生物学家，我的注意力则集中在完全不同的另一个问题上。即使我们可以永生不死，我们会选择那样做吗？从进化的角度上讲，永生是否是合适的办法？为什么自然的有机生命没有进化出永生的能力？诚然，它们并不具有人工生物的先见之明与先进科技，但它们的历史已经非常久远。正如我们现在所见的情形，永生之所以没有被自然所选择，是因为它从很多原因上都并不是好办法。

按照进化理论，死亡应该并不是地球生命独有的现象。抛开拥有复杂科技的外星文明不谈，外星的动物们应该也会死亡。死亡是进化必要的组成部分，而且——至少在足够发达的科技之前——以简单动物为基础，产生复杂动物的图景只有一种：进化。死亡之于进化的必要性，出于以下三点原因。

283

第一，也是最为明显的一个原因，如果谁都不死，空间就不够用。进化之所以能够运行，是因为生命体会产生后代，而这些后代与它们的亲代具有不同之处。如果因为亲代拒绝了生命的轮回，导致后代失去了生存的空间，那么生命体就无法对自己的功能进行更改，无法对环境产生新的适应。亲代不让位给后代，进化就将停滞，永生的

* 关于这一话题的现代哲学延伸，如需更多细节（以及略为激烈的）讨论，请参见大卫.J.查默斯（David J. Chalmers）著《有意识的心灵：一种基础理论研究》（*The Conscious Mind: In Search of a Fundamental Theory*），以及丹尼尔.C.丹尼特著《意识的解释》（*Consciousness Explained*）。

变形虫也将永远无法进化出眼睛。

第二，世界充满了变化。无论我们的父母多么聪明，也无论我们是否知道——事实上我们真的认为自己**知道**——自己的孩子应该什么时候上床睡觉、应该吃什么饭、应该到哪里（甚至是要不要去）上学，但或早或晚，我们脚下的这个世界终究是会改变的，而这种改变正在飞速地发生：我们的孩子正在教我们如何使用智能手机，教我们如何避免在微信上让自己尴尬。在那个（真实或想象中）生活着恐龙的世界，如果没有其他的生命形式，没有位于各自生态位上的动物，一颗小行星就将宣告所有生命的终结，每种动物都拥有各自的困难，以及各自的机遇。在一颗没有死亡的星球上，即使是最微小的环境变化也将导致全部生命的死亡。

第三，也是最为重要的一点，生命中充满了权衡取舍。鱼与熊掌，不可兼得，这是宇宙中二元对立的永恒法则。永恒的生命意味着代价。如果事实真的像德·格雷所说的那样，我们可以纠正细胞复制过程中的所有错误，可以更换所有不正常的器官，保证自己的动脉血管永不阻塞，那么这也将无疑带来某些其他方面的代价。或许拥有特氟龙涂层的动脉血管可以永久保证你免于冠心病的困扰，但这种措施也将减弱你对抗感染的能力，或者在爬山时让你感到自己的心肺功能力不从心。防御性的盔甲是普遍的进化权衡中的一个非常好的例子，正如我们在第 7 章中所见，如果你惧怕掠食者，可以长出像海龟一样强壮的甲壳，或者三角龙一样的尖角，但你为此付出的代价是牺牲了敏捷性能，无法快速移动，无法精准地控制自己的身体。或许，承担一些被吃掉的风险，换来更快的移动速度，是否是更好的办法？在一个全都是 200 岁的老海龟组成的世界里，野兔虽然可能更容易被狐狸吃掉，但它仍然更具优势。寿命是一种权衡，而取舍的结果永远处于中间的位置，不会采取极端的办法。

284

想象一下，如果在一颗行星上，每个人都能永远地生存下去，我们可以想到它们将可能付出什么样的代价：或许它们会像海龟一样，只能缓慢地爬行。但如果在它们之中，生活着某种可以跑得更快的个体，但不像别的同类活得那么长（或许同类活 100 万年，它只活 1000 年）？这种个体可能会换来巨大的生存优势——比如说，更有能力躲避掠食者，也能更快地找到食物——从而让它们的基因最终传遍整个种群。进化现象，从理论与我们身边的实际情况两方面，都展示出这样的一个规律，在极端方面投入过多的资源并不合乎真正的长久利益。在任何领域，极端主义者总是容易受到中庸的温和派的影响。

在地球上，很多物种都秉持着缩短寿命、尽量繁殖的生存策略，而这种策略也相当成功。当蜉蝣类的昆虫（mayfly）经过羽化变为成虫的时候，它们的唯一任务就是繁殖，然后——通常是在几个小时的时间之内——迅速死去。为了保持效率，蜉蝣成虫甚至没有可以正常使用的口器和消化系统——没时间吃东西了，快去交配吧！雄性蚂蚁生命中唯一的任务就是给蚁后受精。从人类的标准——以及我们对性的痴迷——看来，给我们留下最深刻印象的哺乳动物是袋鼩*，这是一种小型的、长得像鼩鼱的有袋类动物，一到交配季节，所有的雄性都会因为长达几周不眠不休的疯狂交配而死掉。对于按照这种生态位的需求生存的动物来说，永生不死的想法显然一点意义都没有。它们优秀地利用了自己的生存方式，也出色地适应了自己的环境，延长自己的寿命并不属于它们的进化适应。给予雄性袋鼩永恒生命的能力会让它付出沉重的代价：它的配偶怀孕的概率会减少，而它也不得不为明年的交配储存一部分能量。虽然它的免疫系统不会因为持续的交配行为而受到损伤，但它却无论如何也无法胜过那些“无情地”掏空了自己的同伴们。 285

* antechinus，虽然这种动物的名字中有个“鼩”字，但和鼩鼱亲缘关系不近——译者注

相同的道理是否适用于人工生命？足够聪明的外星文明真的能设计出既能永生不死，同时又可以出色存活的造物吗？或许不行。权衡是宇宙中过于基础的特征。你可以用持久耐用的钛合金为自己制作仿生皮肤，不过，耐用性稍差一点但质量更为轻盈的塑料材质或许也能满足需要。当然，你可以设计出永远用不光的电池，但这真的有必要吗？用一块只能用 5000 年的电池也许能让你飞得更快一些。即使是那些极端的、科技高度发达的、非达尔文生命，我们用于理解地球生命进化现象的很多原则同样适用，所以它们也不太可能把自己设计成永生不灭的生命。

※

从表面上看来，人工生命体似乎为外星生态系统打开了无限的可能性。它们拥有重新设计自己的能力，可以几乎及时地适应环境的变化，还能准确地预测帮助自己达成目标所需的性质，所有的这些特征都意味着自然选择的规律不再适用于它们。所以，我们又能否对这种人工生命体的性质做出预测呢？

答案是肯定的。即使这些生物不再服从自然选择的原则，无论它们的生命具有多高的复杂度，能够将自己设计成什么样子，它们仍需服从一定的进化规则。就算是超级智能人工生命，仍然要臣服于施加于其上的博弈理论的限制——毕竟它们终将面临来自与自身具有同等智慧水平的其他超级智能生命体的竞争。而突变，甚至是死亡等特征，也不能因为它们的绝顶聪明而被从它们的生命中抹去。

286 但我们是否有可能遇到一颗住满了人工生命的星球呢？奇怪的是，没有任何迹象显示出这个宇宙曾经被这种拥有超级力量的机器人占领过。同天体生物学家纳闷为什么我们到现在也没发现任何外星人存在的痕迹一样，我们对为何时至今日我们没发现外星超级生命的迹象也充满疑虑。如果那些超智慧生命体被创造出来，是不是就一定会占领整个宇宙？我们说不出所以然，但至少还没发生过，所以可能它们并不像我们想象的那么危险。诸如协作与自私，以及生命必须在资源与寿命之间做出权衡的需要，在一系列因素的共同作用之下，细菌并没有占领地球，而外星机器人也很有可能同样无法占领整个宇宙。

可是，那些不那么极端的人工生命的情况又会如何呢？如果它们至少拥有一些基础的拉马克主义进化能力，可以将自己生命中的经验传递给后代，从而自主地加速进化过程，那么在这种生物所生活的星球上，能否完全独立地进化出整套生态系统呢？这种生命体很有可能并不具有比自然选择更大的优势，或者说，至少在它们进化出交流、协作，以及有意识地对其进化策略进行调整的能力之前，它们无法胜过自然选择。作为某种正准备在一颗行星上播撒人工生命体原形的外星物种，与其选择拉马克生命体，达尔文生命或许是你更好的选择。

人类自身是否有可能是某种人造的生命？又是否可能是由亿万年前被智慧外星生物播种在地球上的种子发展而来的物种呢？“有生源说”（panspermia，或译“胚种论”），即地球生物起源于外星世界的说法既不是一个新生的概念，也不是完全的无稽之谈。天文学家弗雷德·霍伊尔和钱德拉·维克拉玛辛赫（Chandra Wickramasinghe）就认为，组成生命的必要分子产生于银河系的其他位置，后被陨石带到地球。而最近的研究有力地表明，细菌生命可以在宇宙空间中存活上百万年，所以当年导致恐龙灭绝的那颗小行星在撞击地球时产生并飞到太空中的岩石碎片或许正在前往木星卫星的路上——而当我们最终抵达木星卫星轨道的时候，或许会发现与我们拥有同一套 DNA 起源的生命，它们经过了 6000 万年的旅程，被处于休眠状态的细菌一直带到了那里。 287

直接有生源说指的是外星智慧生物有意地将生命（或者能够合成生命的化学物质）放置在另外一颗行星上，使进化过程直接开始，而这种想法并不只出现在科幻小说中。[*]卡尔・萨根和约瑟夫・什克洛夫斯基早在 20 世纪 60 年代就已经提出这样的想法，[**]这个过程甚至就发生在地球上。如果某个外星种族曾经在地球上播下了生命的种子，然后把剩下的工作留给这颗行星自发的自然选择过程，那么在这种"生命种子"自发进化的过程中，其所遵循的规则应该与完全自发的生命所遵循的自然选择规则是一样的。这样一来，我们就很有可能无法分辨那些原始的"生命种子"（事实上是简单的人工有机体）与真正的生物学有机体之间的区别。或许我们自己就来自外星蠕虫生物撒下的种子，至于我们现在进化成什么样子，或许已经是它们无力左右的事情了。如果生物学生命和人工生命无法区分，那么这两者之间或许本就不存在什么区别。不过，我们找不到什么痕迹，没有外星干预的指纹留存。不过，我们也有可能完全从自然进化而来——我们的身上显示出了所有自然选择的单纯和简洁，完全找不到任何经过拉马克主义加速的痕迹。

除非……

除非我们确实拥有改进自己进化适应的能力，能够将自己生命中的思想和经验传播给后代和他人。我们的拉马克能力来源于我们的文化和我们的科技，除此之外，我们拥有知晓如何以及何时使用这些文化和科技的智力——虽然我们尚不知道自己的出路在哪里，不知道我们的智力能否帮助自己逃脱由于无限扩张的消耗导致的环境死结。通过现代基因工程科技，我们甚至可以改变自己的基因，消灭疾病的威胁，乃至于人为地停止衰老的脚步。最终，我们可能会改变自己进化发展的本质，在身体上长出第三条手臂，长出轮子，或者是任何我们觉得炫酷的器官。也许，我们的外星播种者早就知道，我们的这种认

288

* "追击"（The Chase），参见《星际迷航：下一代》（*Star Trek: The Next Generation*）。

** 参见 I.S. 什克洛夫斯基与卡尔・萨根合著《宇宙中的智慧生命》。

识终究会进化出来。也许，这一切原本就是一个宏大的计划：拉马克主义人工生命体无法撑过它们的进化早期阶段，但却可以在生命进化到某一天的时候等到成熟的时机，我们的创造者不仅知道，而且一直耐心地等待着这一天的到来。这种情况不太可能发生，但它却无疑给我们留下了另一种可能性，即外星行星可能也居住着某种“人工”生命，而我们同样无法将它们与诞生自自然选择的生命区分开来。289

XI

正如我们所知的人类

Humanity, As We Know It

史波克：舰长，我们都知道，我不是人类。

柯克：史波克，你知道吗？所有人都是人类。

史波克：我觉得这种说法侮辱了我。

——《星际迷航6：未来之城》（*Star Trek VI: The Undiscovered Country*）

几千年来，哲学家一直在和“人究竟意味着什么”的问题进行着旷日持久的角力。老实说，直到最近一段时间，这场比赛角力双方之间的力量都相去悬殊。“人类是什么”的答案显而易见——因为我们可以轻易地判断什么是“人”，什么不是“人”。人类极富特性，且独一无二。可近几年来，这片水域又有些混浊了——只是有一点混浊而已。关于人类进化起源和我们与其他远古人种之间的亲缘关系问题持续见诸报端：智人的祖先曾经在多大程度上与尼安德特人发生过混血？而在上一章中稍有涉及的基因工程给我们在伦理上带来了一连串的问题，我们可以改变自己的胚胎发育，甚至将不同物种的DNA相互转接。而正如我们在第6章中所见，人类对动物认知——它们如何思考、如何感觉、如何归纳总结——日益深化的理解，也不得不让我们重新思考：人类的独特性究竟在多大的程度上成立？

当我们把眼光转向宇宙的时候，会产生更不舒服的感觉。当然，长久以来，人类都在思考类人（甚至超智慧）外星物种存在的可能性，在古代历史上，天使与恶魔的概念一直长存人心，而它们的存在对那时的人类信仰来说几乎是确切的事实。而在更近一些的年代里，即使是像约翰尼斯·开普勒（Johannes Kepler）这种文艺复兴时期仅次于哥白尼的天文学家，也曾经创作过关于外星生物的科幻小说。*

290

但如果你接受了我在这本书中到目前为止给出的结论，那就有更多的理由去怀疑人类的独特性。正如我的建议，如果银河系中的其他行星上发生着与地球相似的进化过程，那么那里的生命就会变得可预测，甚至与地球生命相似，可是这样一来，生活在那里的、拥有智力、理性的外星人又会是什么样子呢？它们是否会相似于人类，甚至几乎一样呢？在很多科幻电视作品中（比如《星际迷航》），外星人被呈现成基本与人类相同的模样，这样做一方面能让观众更快地接受剧里的角色，另一方面也是出于预算的原因（制作令人信服的外星怪兽服装化妆道具真的非常贵）。但是，和电视剧比起来，真实的外星人会不会更像人类呢？

人类是特殊的，没有人会怀疑。但如果你真的相信我们在这本书中谈到的那些生物学规律的普世性力量，就给我们提出了下一个难题：也许我们是特殊的，但我们却不是唯一的。或许人类属于一个更广泛的物种类别，而在任何符合这一类别的外星生物身上，我们都可以立即发现一些与人类相同的特征——就像《星际迷航》中的瓦肯人史波克（Spock）一样。这种说法不太可能吗？如果我们发现了某种在形态上与我们极为相似——身体左右对称，沿直线向前行走，用自己的双手操纵世界——的外星人，又会发生什么呢？更进一步地说，

* 约翰尼斯·开普勒著《梦》（*Somnium*），1608 年。

如果外星人在认知上——拥有家庭、工作、宠物，使用一种与人类语言具有相似结构的语言——也相似于人类呢？在某种意义上（或者说在任何意义上），它们是否会像柯克舰长（Captain Kirk）说的那样，也是“人”？

这一章的内容不像之前的章节那样有许多原理性的科学讲解。我在这章中提出的结论的依据，与前几章讨论过的那些宇宙通用的生物学原理一样，也遵从我这些年来对动物进化与行为的研究结果。不管怎样，它们都展示了我个人的世界观——尽管学界尚未就我们的这些话题达成一致意见，而我的这种世界观也尚未跳出学界的讨论范畴。我希望，到现在为止，大多数读者都会认同我关于其他星球上自然选择如何塑造生命的观察和结论，在这里，我也将把这些结论应用于某些哲学问题之上，而我也并不认为读者一定会认同我的这些哲学思考。无论如何我都希望，当你读完这一章的内容之后，你也将自己的结论建立在与我相同的基础之上，而结论是否与我一致并非我能强求。

291

人格身份

在我试图用仅一章的文字解决哲学中最根本的问题——找出人性的本质特征——之前，我想先说明，“人性的本质”与“人格身份”（personhood）是两个非常不同，但又彼此关联的问题，“外星人是人吗？”和“外星人是人类吗？”这两个问句是不一样的。“人”（person）的概念拥有显著的法律和哲学特征，在如何对待“人”的问题上，人类社会拥有一定的规则和习俗，而最终我们也必须思考并决定如何对待外星人。* 外星人是否有权被列入联合国世界“人”权

* 本书截至这一小节之前，并未在文字上对“人”和“人类”进行概念上的区分，读者也不必对之前的内容在这一层面上进行过多的回顾。——译者注

宣言的保护？*如若不然，我们又能否完全出于自己的意志——就像地球上的欧洲人剥削利用殖民地原住民一样——对外星人和它们的资源加以利用？人类历史上的殖民和剥削，总的来说，并没有给被殖民、被剥削的人民带来什么好处。

谁有资格拥有人权的问题其实并不只限于我们尚未发现的外星文明。纵观历史，某些特定的"人"曾被认为是合法的"人"，而另外一些人则不享有人的权利，有时是因为他们的肤色，有时是因为他们的信仰，或者社会地位，甚至是年龄。我们很乐于认为现在的自己已经好很多了，但这种（至少存在于表面上的）平等真的会被我们延伸到其他行星的生命吗？而它们又会不会将这种平等的权利赋予人类呢？人们正在认真地思考这些问题的启示，但我们缺乏关于外星种族法律何道德系统的知识，也就几乎无法避免将人类的规则简单粗暴地强加于宇宙的其他地方。法律上的人格身份并不是一种适用于宇宙各处的性质，它的存在以文化、历史和道德标准为基础，所以，生活在其他行星的外星人律师同样也会思考地球人类是否能被它们视作"人"的问题。 292

我们可以继续关于动物权利的讨论，以期在如何对待外星人的问题上找到一些启发。"我们应该如何对待非人类的动物"，以及"我们在事实上是如何对待它们的"，这两个问题充分体现了人格身份这一概念的精妙之处。众所周知，很多活动者都希望人类可以像对待"人权"一样对待"动物权利"，法院也反复地接收到关于授予动物一定权利的请愿——比如说，不再将黑猩猩用于动物实验，或者不再将虎鲸圈养在水族馆里（因为请愿者认为这种是一种"奴役行为"）。到目前为止，所有的这些请愿都被驳回了，我们的社会似乎还没有准备好

* 世界人权宣言的英文为 Universal Declaration of Human Rights，中文的通行译法中将"Universal"一词译为"世界"，该词的英文直译为"宇宙"。——译者注

为动物授予法律上的人格身份。至少到现在看来，这仍然更多的是一个法律定义上的问题，而不是一个生物学或伦理学的问题。但是，如果我们说动物不是人，那它们又与我们存在多大的差异？

很多动物拥有丰富的内心生活，毫不亚于人类，这方面的证据已经不再受到我们的质疑。很多人都切实地认为，狗在看到主人回家时的那种开心是真实的，而实验室迷宫装置里的老鼠也确实是焦虑且恐惧的。这些动物在那些情境中的反应与行为不仅与我们"认为的"一个具有感情的生命应有的状态相符，而且，通过现代的神经科学科技手段（比如功能性核磁共振成像技术，fMRI），我们发现，它们的心理状态（即大脑活动）也与人类相似。* 我们已经掌握具有足够相似性的证据去证明，动物的情绪反应与人类的情感机制一样。某些国家，比如瑞士和奥地利，已经立法说明动物在法律上并不属于"物体"（objects）类别——但距离给予它们人格身份还差一步。显然，动物不只是"物体"，可它们又是什么呢？是某种介于物体和人之间的东西——"半人"？我们可以这么说吗？

293

在类人人格身份的证明方面有这样一个经典的标准，即判断动物是否拥有"自我意识"——一种认识到自己是一个独立个体，有别于外部世界其他动物或物体的内部感知。自我意识是一条重要的标准，因为抛开其他条件不谈，如果你能意识到自己，你就拥有了承受痛苦的能力，而人类之所以对人格身份做出一系列法律定义，至少有一部分原因就是为了保证"人"可以在法律框架之内拥有免于承受痛苦的权利。

由于我们无法直接询问动物它们关于自我意识的感受，所以科学家设计出了一系列简单的实验，比如镜子测试：当动物面对一面镜子

* 格雷戈里·伯恩斯著《狗的体验：以及动物神经科学中的各种奇遇》（*What it's Like to be a Dog: And Other Adventures in Animal Neuroscience*）。

生活在纽约布朗克斯动物园（Bronx Zoo）中的大象Happy，正在对着镜子中的自己检查头上的标记。

的时候，会将镜中的反射认作是“自己”，还是会认为那只是另外一只动物而已，抑或对镜中的形象完全没有任何认知。我们可以在动物的头上贴一个它们自己在没有镜子时看不到的标记，观察它们面对镜子时的反应。当它们看到镜中的反射时，触碰检查标记与否，可以显示出它们是否理解镜中的形象就是自己。几十年来，镜子测试曾被应用于各种动物，从黑猩猩到海豚，实验都得出了模棱两可的结果，而实验本身能否作为决定人格身份的判断标准，也一直存在着极大的争议，而镜子测试因何无法成为一种优秀的一般性测试的问题上，很多解释分别给出了原因。* 大多数科学家都不会仅依靠这样一次武断的实验就宣布动物拥有心理方面的一般能力。但有趣的是，一桩关于目前单独被饲养于纽约布朗克斯动物园的亚洲象 Happy 的庭审案件却成为 2019 年各大新闻的头条。活动者们希望法庭给 Happy 赋予法律上的人格身份，并不是因为大象一般都能通过镜子测试，而是因为

294

* 如果想要了解更多关于动物认知，以及人类对动物认知的测量方面的信息，弗朗斯·德·瓦尔著《我们有足够的聪明知道动物有多聪明吗？》（*Are We Smart Enough to Know How Smart Animals Are?*）一书将会是一本很好的入门书籍。

Happy 本“人”正是在大象身上进行的一系列镜子测试经典研究的受试对象之一。

在这一系列研究中，人们观察到，在看到镜子之前，Happy 并未对她头上的标志显示出任何兴趣，而当她看到自己在镜子中带有标记的形象后，就马上举起象鼻开始检查，这就有力地说明 Happy 知道她看到的镜像是“她自己”。动物或许知道——也或许不知道——自己是谁，但这个特殊的个体确实知道，那么，她算是人吗？

295

如果动物的法律身份对我们来说是个雷区，那么当我们终有一天面对拥有智能的计算机时，也将迎来同样的雷区。随着人工智能的发展，在将来的某一天，我们将不可避免地问出这样的问题：这台电脑是活的吗？人工智能在哪一个临界点上将拥有它们的权利？电脑是否永远都会是“财产”，还是说它们终有一天也会抵达“人格身份”的彼岸？* 在更差的情况下，如果我们掌握了将人类意识上传到计算机里的能力，那么我们关掉电源的操作，是否就意味着杀死百万，甚至亿万人的人格生命？** 这种行为是否等同于物理意义上的杀人？如果我们无法决定动物和电脑能否拥有某些人类的权利，那么将来在我们决定是否给予外星人何等权利的时候，也将面临同样的考验。

关于人格身份法律地位的这些问题无法得到简单的解决，而这些问题也涉及广泛的学科研究——像我这么一个动物学家无法在一章的内容中给出所有的答案。不过，生命的宇宙普适性——必然为全宇宙所有生命所共享的那些特性——可以帮助我们回答这些急切的、关于权利和人性的问题。了解我们自己之所以为“人”的源头，以及进化的原因，似乎在衡量其他潜在物种是否是“人”的问题上甚为关键。如果我们知道外星智慧生命与我们甚为相似，而且它们的人格身份也

---

* 请参见《星际迷航：下一代》中精彩的“人的衡量”（*Measure of a Man*）一集。

** 尼克·博斯托姆在其著作《超级智能》（*Superintelligence*）一书中对此展开了细致的讨论。

经历了与我们相似的进化过程，那么关于何种法律权利是随进化过程不断累积而产生的问题，就能在一定程度上受到我们的认同。 296

人类

人格身份不是宇宙通用的概念，因为它与文化常模紧密相连——我们该尊敬谁，该给谁权利，而又该不尊敬谁，不给谁权利。但**人类**（humanity）却似乎是一个更具一般性的概念，或许比人格身份更容易清晰地定义。如果某个事物或者某个人是“人类的”（human），那么就说明我们能从这件事或者这个人身上看到自己的影子。不管是“人格身份”，还是“人类”，都被我们用来划分“人”与“非人”之间的界限，但在划分出界限的同时，这种边界也会瞬间模糊起来，那么我们又该使用何种理性而客观的标准去塑造这种界限和边界呢？如果外星人的法律地位不一定是“人”，那么又是否可能存在某种状态，能够使处于这种外星人之中的外星人被我们认为是“人”呢？

对于这个问题，从实质上讲，有两种可能的答案。第一种，也是最为广泛被人们接受为常识的答案，是对将人类定义“扩大化”的回绝，即：不可能存在任何情况容许其他物种被视为人。人就是人，就是人类这个物种，智人（Homo sapiens），我们自己。这是人类长久以来的定义，也是人类本身的内涵。

第二种可能是，在将某个个体标记为人的时候，存在着某种其他条件、某种（或者一整套）基础的性质。到目前为止，从我们对这颗星球的观察来说，每个人类个体都拥有这些特征（而这些特征也只在人类的身上能够发现），但在地球之外，或许也存在着某些看起来类似人类的生物。如果好莱坞的制作人是正确的，而我们遇到那些外星智慧生命看起来也和人类非常相似（除了一些细微的差异之外），那么，它们是人吗？

物种的问题

上一节中提到的第一种答案将我们对人的定义重新调回了对“智人”的讨论，而且也只有智人称得上人。但是，这种直截了当的定义除去它表面看似的正确性之外，剩下的全是极端的错误。不仅在逻辑上是错的，而且在生物学上也是错的。

这种人类将定义成智人的方法在逻辑上的错误在于，它本身就是一个循环论证。我们是我们所知的唯一一种人类，所以用我们自己来定义我们自己本身就没什么意义，它无法给人类是什么的问题提供任何有用的信息。我们或许区分人类与非人类的区别，但我们之所以能够这样区分，是因为我们已经知道了那些非人类的东西本身就不是人类！我们很容易说狗不是人，但这样说的原因仅仅是因为我们已经知道这个事实了。总的来说，在定义事物的时候，独特性是毫无意义的根据。如果我们认为某些事物是独一无二的——比如说达·芬奇的《蒙娜丽莎》，这幅画当然不是凡·高的《星空》，但“蒙娜丽莎”原作和几块钱一张的“蒙娜丽莎”明信片是一回事吗？好吧，它们不是一回事，但它们之间的区别只是因为《蒙娜丽莎》原作和其他所有的东西都不一样，因为世界上只有一幅达芬奇画的《蒙娜丽莎》。所以，独特性对任何事物的定义都没有帮助，就好像我们说“人是人”一样，毫无意义。

再者，就在我们需要寻找某种具有宇宙跨度上的普适度的定义时，独特性这一特质刚好把我们与地球捆绑在了一起。说“人”的意思是“智人”只在地球上有用，这种说法的有效性就相当于说“动物”的意思是“后鞭毛动物的后裔”（见第 3 章），可是，我们不仅可以，而且确实（至少在这本书中）用“动物”这个词指代了外星的生物。如果我们在归类生命的时候只依赖地球的物种进化关系，那么我们就不能使用任何一种日常使用的词汇去形容外星人（动物），因为我们和它们必然不共享共同的进化历程。

伟大的启蒙哲学家伊曼努尔·康德（Immanuel Kant）曾经纠结于这个问题。早在 1798 年，他就写道：

物种的最高等级概念或许是地球上的理性生命，但我们却无法描述这种理性生命的特征，因为我们不了解非地球理性生命，而也正是通过描述非地球理性生命的特征，才能使我们将地球上的那种生命归为理性。*

298

换句话说，我们认为我们是人类，是因为我们是理性的。可如果我们没见过可以与自己进行比较的其他理性物种，又该如何知道这种"理性"的真正意义呢?

可是，人类物种定义中的生物学问题却更为根深蒂固。我们一般对"物种"这个概念的存在充满自信。每一名蝴蝶爱好者都能告诉你如何分别小型玳瑁蝴蝶（tortoiseshell）和苎胥（painted lady）（它们之间的区别并不明显），而观鸟联盟里的人也能列出他们这辈子（或者至少过去 12 个月里）见过的所有不同鸟类的品种。奶牛不是羊。即使是达尔文，也将物种的概念摆在了他里程碑式的进化论著作的封面上:《物种起源》（*The Origin of Species*）。

可是在最基础的层面上，"物种"在生物学中却是一个有问题的概念，它有用，但也只在一定程度上有用。正如处理所有的近似结果一样，我们需要知道何时适合使用这些近似，而又是在什么时候使用这些近似结果会造成误导。"物种"这一概念常用的现代定义是由进化生物学家恩斯特·迈尔（Ernst Mayr）于 20 世纪 40 年代提出的，指的是的可以交配繁殖出具有繁殖能力的后代的生命体群体。诚然，大多数物种都服从这一定义，猫与猫交配，不与狗交配。人类与人类

* 伊曼努尔·康德（Immanuel Kant）著《从实用主义角度看人类学》（*Anthropology from a Pragmatic Point of View*），1798 年。

交配繁殖，不与外星人产生下一代。所以，我们是相互独立的物种。

但是，当你把观察的范围扩大到很多——甚至是绝大多数——物种时，物种与物种之间的界限就开始崩解。任何动物都不是突然在某一个特定的时间点形成一个新物种的。随着同一种群内的个体之间的差异越来越大，它们也随之逐渐形成不同的物种，但总有一些特定数299量处于两个物种之间的动物，而你也会认为这些个体“属于”不同的物种。试想一下犬科动物中的几个不同物种：狗、灰狼、红狼、郊狼、豺（还有一些其他的种类），它们无疑是不同的物种，但它们全都能进行交配繁殖，并且产生具有繁殖能力的后代。狼和郊狼外表不一样，习性不一样，也占领着不同的生态位，它们的行为不同，猎食目标也不一样，它们看似应该属于不同的物种，但它们确实也能交配繁殖。* 同样的情况发生在今天的每一个物种身上。狗与狼不是互相独立的，但它们却处在一代一代，**正在**互相独立的过程中。

物种之间的界限是模糊的。但事实上，这种模糊正是进化过程中必然发生的情形。我们所见的“物种”只拥有分类学意义上的价值，因为在任何相互独立的物种之间必然存在着介于其间的中间物种形态，只不过是这些中间形态没有活到今天而已。对这一过程，理查德·道金斯的解释最为明晰，他说，现代鸟类和现代非鸟类动物（比如哺乳动物）之间有一条清晰的界线，这完全是由于处于它们之间的那些与之共享共同祖先的动物全都灭绝了……如果我们将所有存在过的动物全都纳入考虑的范畴，而不是只去考虑那些现代的动物，那么，像“人类”和“鸟类”之类的词汇就会变得像“高”和“胖”一样模糊不清。**

---

* 现代的狗的祖先似乎是一种小型的犬科动物，而这种动物是现代狼的祖先的表亲，而不是狼的直接祖先。参见珍妮丝·科勒 - 玛兹尼克（Janice Koler-Matznick）著《狗的黎明：一种自然物种的创生》（*Dawn of the Dog: The Genesis of a Natural Species*）。

** 理查德·道金斯著《盲眼钟表匠》。

想一想你自己的祖先。如果足够幸运的话，你可能知道你祖父母的名字，甚至是曾祖父母的名字，可是，如果你所有的祖先到现在为止还都活着，藏在某个无人知晓的小岛上，会是怎样的情形呢？你可以挨个找到他们，在每两代人之间进行比较，然后永远也不会发现任何显著的差别；而如果那个生活着你所有的祖先的小岛足够大，你最终可以见到自己所有的祖先，直到那个显然带有猿类特征的动物。当我们向前追溯得足够远时，它们就已经不是"人"了，而我们上古时期的祖先也无法与现代人类交配繁殖，但在每一代人的进化过程中，我们很明显地看到，至少在两性交配方面，每一代都没有任何障碍。

300

用正式的"物种"去定义人类——以及外星人——是错误的，因为物种本身就是一个充满问题的概念。除拥有 100% 智人血统的非洲人的直接后裔以外，很多现代人的 DNA 中都有至多 4% 的组成部分源自其他物种，而非单纯来源于智人。尼安德特人，以及另一种已经灭绝的人类，丹尼索瓦人，似乎都曾经与智人发生过不受限制的混血杂交。如果尼安德特人和丹尼索瓦人都活到今天，我们会将他们认为是人类吗？如果答案是肯定的（也是目前科学界的一般看法），那么我们就不能把人类简单地定义成一个"物种"：人类是几种不同物种的集合。但如果答案是否定的，那么我们自己也不是纯粹的人，因为我们当中的很多人本身就拥有其他物种的基因。用物种的概念来定义人类的这种做法，完全无法说服我。

古代人类并非智人的事实给我们提供了重要的教训。有些时候，有些被证据证实的"事实"到头来却也有可能并不全对。我们应该如何应对？科学本身就是不断将已经建立起来的真理丢掉再用新的真理将其替换的过程。我们曾经认为自己的世界是宇宙的中心，可是后来，有人证明地球只是围绕着太阳在自己的轨道上运行。我们对宇宙的认知——也包括我们自己在宇宙中的位置——必须不断变化。几千年来，我们一直认为人类是一个物种，一个区别于地球上所有其他生命形式的物种，但现在，有人用一小块骨骼化石进行了某些复杂的DNA 分析，我们发现自己也并不是一个独立的物种了。我们并不是我们看起来的样子——我们是不同物种的混合。我们的定义也必须改变，必须不断适应。或许我们应该敞开心扉，接受一种对“人”的不断改变的定义，才能更好地适应这个可能生活着不同种类类人智慧生命形式的宇宙。

301

很多种生物，同一种人类

接下来，让我们短暂地认同我的看法，即我们不应该将人类的定义限制在自己身上，人类不只是这些已经在地球上生活了几十万年、由各种不同原始人类物种（诸如智人、尼安德特人、丹尼索瓦人等）组成的动物。如果那些其他的物种至今仍然存活，那么我们在地球上至少会有三种不同的人类。虽然从表面上看起来甚为相似，但多少都存在着差异。或许也还存在着第四种人类，身高只有一米的弗洛勒斯人（Homo Floresiensis，也被称为“霍比特”人种），它们的化石遗留被发现于一个印度尼西亚的小岛上。弗洛勒斯人与我们的差异显著，如果他们今天还活着的话，那我们的世界就真的会像托尔金的中土世界了。*

对某些人来说，“人类”由不止一种物种组成的说法也许听上去会令他们感到愤怒，甚至认为是荒谬愚蠢。但这种说法并不是完全没有逻辑。对于这种场景的描述有很多，其中最令人信服的出自 C.S. 刘易斯 . 之手［著有《纳尼亚传奇：狮子、女巫和衣橱》（*The Lion, the Witch and the Wardrobe*）系列故事］，他的科幻小说《沉寂的星球》（*Out of the Silent Planet*）讲述了人类在一个外星文明的见闻，在那

* J.R.R. 托尔金（J. R. R. Tolkien）著《魔戒》（*The Lord of the Rings*）。

个生活着许多物种的世界里，有三种相互独立且差异巨大的智慧生命。最令人感到惊喜的是，虽然三个物种在生态和行为上存在着显著的区别，但却可以和谐地共处，而且，它们都认为另外两个物种（以及故事中远道而来的人类主角）都是“人”，这一点尤为重要。

它们中的每一个种族对另外两个种族而言，都同时是人，也同时是动物。它们可以互相交谈，互相合作，也拥有共同的道德伦理，在这个层面上，一个索恩人（sorn）和一个贺洛斯人（hross）会像两个人类一样见面，但同时它们又会觉得对方和自己不同、有趣，又极富吸引力——就像动物对人的那种吸引力一样。* 302

刘易斯的文字看上去充满理想主义和乌托邦的色彩，这也在很大程度上可能源于他的基督教信仰，他笔下的那个星球在一定意义上是对圣经中田园诗般的场景的再现，在宗教中那种魔法的国度里，掠食者不会捕杀自己的猎物：“豺狼必与绵羊羔同居，豹子与山羊羔同卧。”** 我们称其为“魔法”，因为无法在任何生物学的原则上预见这种情形的发生。但是，刘易斯笔下的世界和圣经是不同的，也不需要魔法。它们是理性的生物，它们运用自己思考的能力决定了共存是更好的生存方法。相比起地球上三个国家的和平共处，三种不同的智慧外星生命的和平共处并不需要什么额外的魔法成分，即使我们尚未掌握不同智慧物种之间的共存方法，但至少在理论上，它是可能的。

金门票

在决定一种外星人是否是“人”的时候，有一种可能是存在着某种特质、某种不寻常的属性，可以给一个物种赋予“人类”的身

---

* C.S. 刘易斯（C. S. Lewis）著《沉寂的星球》。

** 《圣经·以赛亚 11：6》。

份，就像罗尔德·达尔（Roald Dahl）的《查理与巧克力工厂》（*Charlie and the Chocolate Factory*）里说的那样，有一张“金门票”，但这张门票不是通往充满了无尽巧克力的奇幻世界的入场券，而是通向我们的行列——“人类俱乐部”。康德认为这张金门票是理性——他也将人类定义为理性的生物。康德的想法并不孤单，早在一千多年前，圣奥古斯丁（Saint Augustine）就曾写下过和康德相似的句子，而且还更进了一步，他说：管生于何处，无论他的外貌如何不同寻常，也无论其肤色、行动、声音，抑或其所掌握的力量、所处的位置、人性的本质，只要他是理性的、不免一死的动物，他就是一个人*

303

这是一段非凡的文字。放到今天，圣奥古斯丁会认为很多科幻小说中的外星人都是“人”，包括克林贡人、博格人和戴立克人，因为他们都是理性的，而且寿命有限，按照圣奥古斯丁的逻辑，不管他们的外貌多么奇特，也无论他们生活在什么星球上，他们全都是人。

在C.S.刘易斯现代化的基督教哲学指导之下，他也会同意圣奥古斯丁的看法，他曾在一篇洞见极深的文章中写道，在我们识别与人类拥有相同地位的外星人时，理性尤为重要。虽然在刘易斯的文字中，他更倾向使用“精神”这个词，而不是“理性”，但无论如何，他的结论是非常清晰的：物理上的相似性并不是衡量概念相似性的有用有段，“那些……是我们真正的兄弟，即使它们身背外壳，或是口吐獠牙。那是精神上的血缘，而非生物上的联系”。**

理性很难定义。在第6章中我们探讨了智力的进化，而在我们看

---

* 圣奥古斯丁著《上帝之城》（*City of God*）。对于动物与植物灵魂的问题，请参见卢卡斯·约翰·米克斯（Lucas John Mix）著《生命的概念从亚里士多德到达尔文：关于植物的灵魂问题》（*Life Concepts from Aristotle to Darwin: On Vegetable Souls*），该书出色地讨论了关于这些问题的历史与哲学嬗变。

** C.S.刘易斯著《宗教与火箭技术》（*Religion and Rocketry*）。

来，很多动物似乎都在很多层面上毫无疑问地可以被称为“理性的”。某种内向的自省似乎是构成理性的基础之一，自省即是对自己将要做出的行为进行思索、权衡，问自己：我该这么做，还是那么做？在动物是否拥有这种内向自省的心理能力的问题上，科学家和哲学家们争论不休。不幸的是，我们无法看到动物的内心世界。虽然我们可以在一定程度上看到其他人类的内心世界，但也只能通过询问问题的方式，而在缺乏动物语言的情况下，我们可能永远都无法得知动物的脑子里装的到底是什么。 304

很多年来，人们曾经试图寻找一整套人类拥有而动物缺失的特质，企图用这种特征性的区别在“我们”和“它们”之间划出一条明显的界限。但是，那些曾经被人们找到的“金门票”一张又一张地作废了，被人们丢在了寻求真理的路旁。人类曾经是唯一拥有抽象归纳能力的动物——直到最近，从剑桥大学尼古拉·克莱顿（Nicola Clayton）仍在进行中的乌鸦实验，以及莱比锡大学的迈克尔·托马塞洛（Michael Tomasello）的大型灵长类动物实验中，我们发现，很多其他物种也能站在他人的立场上思考自己，或者站在其他的时间点上思索自己的行为；人类曾经是唯一拥有文化的动物——直到20世纪下半叶，我们理解到，文化学习是复杂社会群体中几乎无可避免的行为（我们也在第9章中进行了探讨）；人类曾经是唯一会使用工具的动物——直到1960年简·古达尔发现黑猩猩也会制作从白蚁穴中钓出食物的工具（第6章），而她的老师，路易斯·利基（Louis Leakey）说：“现在，我们必须重新定义工具、重新定义人类，不然，我们就得承认，黑猩猩也是人。”

自然学家欧尼斯特·汤普森·西顿（Ernest Thompson Seton）曾创作过一系列关于动物行为引人注目的文章，在19世纪与20世纪之交，他曾经这样写道：“我们与野兽是同族。人类所拥有的所有特征，在动物身上都至少会拥有一些残余，可是在动物的身上，却拥有着许多人类之间所无法共享的品质。”*

那么，这世界上还能否存在一张真正的金门票呢？

语言的门票

大多数现代科学家认为，这张金门票还是存在的，它就是语言（见第 9 章）。语言似乎是唯一能够区别出人类和非人类之间界限的清晰特征。人类拥有语言，别的生物没有。虽然很多物种都拥有发达的交流系统——甚至是非常先进的交流——但这些交流系统都无法满足我们在第 9 章中给出的真正语言的标准。它们的交流行为无法给它们提供传达真正无限数量概念的能力，我们所说的这种能力，不是仅仅表达“那有一只豹子”，而是提出像“生命的意义是什么？”或者“我们该如何建造宇宙飞船？”这样的问题。很多科学家相信，在人类和动物之间，我们认知能力的差别是一条连续的光谱，不存在明显的跃迁，而在思想上，即使是最伟大的科学家之一，弗朗斯·德·瓦尔也曾在 2013 年这样说：“如果你问我（人与动物）之间最大的区别是什么，我可能会说，还是语言。”

305

但是，即使是这种经得住考验的人与非人之间的区别，其存在也并非全无困扰。在第 6 章中我们曾经提到非洲灰鹦鹉亚里克斯的故事，它的语言能力相当于人类孩童，可我们为什么仍旧坚持认为亚里克斯不是人呢？而如果我们发现海豚掌握了语言，它们又是不是人呢？

1745 年，（略显古怪的）法国内科医师朱利安·奥夫鲁瓦·德·拉·梅特里（Julien Offray de La Mettrie）曾建议说，动物和人类在本质上是一样的：都是非常复杂的机器。他的想法甚至出奇到认为拥有

* 欧尼斯特·汤普森·西顿著《我所知道的野生动物》（*Wild Animals I Have Known*）。

语言的人猿也将是人类：

> 我几乎不会怀疑，如果这个动物受过适当的训练，那么它至少最终可以掌握学习发音的能力，从而学会语言。那么，他就不再是一个野人，也不再是一个有缺陷的人，而是一个完美的人，一位小个子绅士，与我们拥有同等的身体或肌肉，可以在他所受的教育之下用他的身体进行思维和获益。*

可怜的拉·梅特里医生或许完全没有幻想过自己的想法有机会被人接受。就在他发表了认为拥有语言的动物可以是人类的同一年，35 000 名（拥有语言，且十分“人类”的）黑奴被从非洲运送到了各个殖民地国家。** 无论那种可以被作为通往“人类”的金门票的单一特质是否存在，只要无法真正认清人类真正的特征，我们人类就不可能真正做好准备去识别出存在于地球动物或外星生物身上的“使之成为人类”的终极条件。

306

任何拥有足够造访地球科技的外星人都必然拥有语言——那它们是否自动被我们归于人类？如果我们竖立一个类似“语言”的跨栏，作为单一的特征，而任何能够跨过这一障碍的生物都算作是“人”，这种做法似乎无法解决我们对人的意义的思考。金门票的概念或许是有用的，而在定义“人格身份”的问题上，金门票几乎必然起到它的作用。拥有语言的外星人显然应该被授予外星细菌所不应该享有的法律权利。而或许在未来的某一天，动物们也能根据自己各自的语言能力去享受适当的权力。不过，我们似乎仍然无法靠近对人性的宇宙本

---

* 朱利安·奥夫鲁瓦·德·拉·梅特里著《人是机器》（*Man a Machine*）。

** https://www.slavevoyages.org/。

质的理解——如果这种东西真的存在。

我们的路对吗?

诚然，我们的所有讨论都可能是毫无意义的。也许世界上根本就不存在一种普世性的人类“类型”，也许人类身上的特殊之处只限于地球，而其他星球上的外星人不会与我们共享任何特征。它们可能也拥有自己的语言和科技，但我们却无法在它们的语言和科技中让人类看到任何“哦，我们见过”的东西。智慧外星生命也许与人类相差太远，以至于我们没有任何的可能性去给它们贴上“人”的标签。

外星人可能在物质条件上十分不同：比如说，它们没有像人类一样的独立的形体，我们也无法识别它们的智力和认知。但是，正如我在整本书中一直所建议的那样，虽然这种异常非传统的生命形式或许拥有存在的可能性，但更为我们所熟悉的、更像动物的生命形式存在的可能性要大得多。

307

外星人在精神上与我们相差极大的可能性也是存在的。在第5章，我们讨论了电鱼以及它们的认知机制，所以说，它们脑海中所呈现出的这个世界的景象必然与我们对这个世界的认识迥异。就算这样的生命拥有语言，它们又能否与我们共享足够多的特征，从而被我们认为是人呢?

鲸鱼是鱼吗?

第3章中，我提到了小说《白鲸》将鲸认为是鱼，而非哺乳动物的说法，虽然从进化遗传的角度上说，鲸鱼属于哺乳动物是客观事实，但我们也无法轻易摆脱“鲸鱼是鱼”的这种想法。作为一种分类地球生命的方法，进化遗传似乎拥有某种特殊的地位，正如理查德·

道金斯所说，给图书馆里的图书分类有很多不同的方法，但任何一种都不比其他的方法更为客观。不过，他也说，在分类生命的时候只有一种“正确”的客观方法——按照谱系树进行分类。* 这是过去 150 年来，自从达尔文指出地球上所有生命之间存在的互相关联之后，一直占统治地位的革命性思想。

但是，这种谱系关系树的方法却显而易见地无法帮助我们对外星生命进行归类，退一万步讲，外星人无法在谱系树上与人类被同归于一棵树上。如果外星人存在的话，那么我们与瓦肯人的关系是否比与克林贡人的关系更近呢？事实上人类和它们之间都没有关系。再者，我们与火星细菌之间的关系是否又比我们和远在另一个星系中的智慧生命更近呢？当各种生命之间完全没有共享的祖先时，它们与我们“多远多近”的问题是无法被测量的。

如果——正如我们到目前为止讨论过的各个话题所建议的一样——宇宙中存在着某些被所有生命共享的进化过程与机制，那么这 308 些过程就有可能产生相似的结果。就算我们的基因与外星人身体中起相同作用的东西毫无相同之处，人类和它们之间的相似性或许仍然可以按照进化过程的共享程度进行衡量。如果不同星球上的两种动物占据着相同的生态位，用相同的方法解决着相同的生存和繁殖问题，那如果我们再说:“不，这些动物之间彼此没有关联，因为它们没有共同的祖先”难道不是一种非常不礼貌的说法吗？我们可能只是需要重新定义“关联”这个词。

如果相似的进化过程导致了不同行星上发生了趋同进化，从而导致“类人”物种出现在宇宙中的各个地方，我们能否识别出它们身上拥有“类人”性质的特征吗？而如果存在某种类似的特征——不是“金门票”，而是某一整套特质——那么这种特征是否与柯克舰长说

* 理查德·道金斯著《盲眼钟表匠》。

“所有人都是人类”时他的依据相似呢?

人之为人

事实上，在地球上，对于人之所以成为人的情形，我们有一个特别的词:“人之为人（human condition，或译‘人的条件’)”，对于这个词,《牛津英语词典》里给出的定义对我们的理解完全没有任何帮助，书里是这么写的:

> 成为人的状态或者条件,（也是）人类集体存在的状态。

不过，词典里也写道:

> 特别地，指人内在的问题和缺陷。

虽然并不十分科学，但定义中后面这半句话却十分有用。在对“人之为人”的探索中，我们的途径是艺术、文学、音乐和舞蹈，它是每一个人都从内心有所了解的东西，可是却似乎无法从外在的角度给我们建立坚实的定义。但不管怎样，如果我说:“莎士比亚善于描述‘人之为人’。”人们一般都会给予认同。莎翁笔下的诸多角色，比如麦克白、李尔王，还有——特别是——哈姆雷特，他们不仅展示出了我们外在的性质、技能和成就，也表达出了我们很多的缺点:嫉妒、贪婪、怀疑、悔恨、仁慈——以及缺乏这些特质给人带来的各种遭遇。或许同样拥有这些特征的外星生物将会很容易被我们认作几乎就是“人”。本章开篇引用的那段对话来自《星际迷航》的一部系列电影，在同一部电影中，有个外星人角色说了这么一句话:“如果你没读过莎士比亚的克林贡语原文，就不算真正体验过莎士比亚。”

309

从经验上来讲，地球上所有的人类文化似乎真的都拥有某些相同之处。跨文化变量的研究显示，很多文化都共享某些特定的行为和习惯，诸如装饰性艺术、家庭聚餐、丧葬仪式、继承遗产等 *，这种共享现象过于普遍，以至于不太可能只是巧合而已。人类学家唐纳德·布朗（Donald Brown）教授统计了一张长达几百项的列表，记载了发生在全世界各种文化中这些共有的现象。** 我们为什么可以在不同文化之间发现如此高度的相似性呢？与一个生活在狩猎采集时代的同龄人相比，似乎我可能与他共享的日常生活细节很少。但在他身上的很多传统和习俗，对我来说却非常熟悉。他会与朋友分享笑话，讲故事，拥有对自己负责的情绪，以及随之而来的自我控制感，他会和同伴聊八卦，会思考自己的梦的意义，也会逗自己的小孩说话。这么多种行为何以能被不同人群共享呢？

当然，众多原因中有一个是这些行为都被我们的基因直接决定。虽然不同人群之间存在着对我们来说似乎非常明显的外在差异，但事实上人类的基因相似性极大。如果说人类与黑猩猩的基因组相似度是 310 98% 的话，那我们与其他人类之间共享相同基因组的程度就可以高达约 99.95%。或许我们能发现这样一个惊人的事实：我与西伯利亚的尤皮克人之间的基因相似程度，完全不亚于我与隔壁办公室教授早期现代不列颠历史的讲师之间的基因相似程度（虽然我并没有真的去做 DNA 检测，但基于大规模的数据统计研究，这种说法应该是正确的）。*** 所以，我们在所有人类社会中见到的全部的相似之处，可能

---

* https://hraf.yale.edu/。

** 该列表选自史蒂芬·平克著《白板：科学常识所揭示的人性奥秘》（*The Blank Slate: The Modern Denial of Human Nature*），平克书中的这个列表源于唐纳德·布朗著《人类的一般概念》（*Human Universals*）。

*** 特别地，某些研究显示，欧洲人与亚洲人之间的亲缘关系要比他们与某些其他欧洲人更近！如果你特别希望在这片幽深的领域进行深入的研究，请参阅载于《自然评论：遗传学》（*Nature Reviews Genetics*）杂志 2004 年的文章《基因与种族的关系之解构》（*Deconstructing the relationship between genetics and race*），作者巴姆夏德（Bamshad）、伍丁（Wooding）、萨利斯波利（Salisbury）与史蒂芬斯（Stephens）。

都只是来源于所有的人类都从基因上高度共享人类的特征?

这种说法会让我感到有些不适，因为它们触碰到了社会生物学最富争议的领域——试图用人类的进化遗传解释一切人类行为。* 行为是非常复杂的现象，受多种因素共同影响，而我们（即科学家们）对世界的理解尚不够复杂，而基因如何在完全依赖自身的条件下产生类似“梦的解析”的复杂行为，我们还远不能自信地对其进行解释。

在研究野外条件下的动物的过程中，我们观察到了许许多多的行为变量，其中有些是受基因决定的，有些是文化传播的结果。某些鸟类会学习邻居的鸣唱，同时加上自己一定程度的创新，而它们的这些叫声又会进一步被它们的邻居学走，再加上后者的创新，如此往复。311 到最后，经过长距离地学习和变化之后，鸣叫声音几乎面目全非。正如我们在第 10 章中所见，鸟鸣的“方言”由不完美的复制构成。这是一种分布广泛的现象，而且不止限于鸟类——我研究了蹄兔叫声中产生方言的一种相似的效应。所以，虽然基因可能定义了鸟和蹄兔可以发出叫声，以及它们能够发出的声音，但具体的鸣叫模式却是生物学和环境之间非常复杂的相互作用，因而，动物鸣叫中细微的差异仅由基因决定的这种说法几乎完全是不可信的。

所以，如果人类行为中的相似之处不仅是由于人类基因组成上的相似性，那我们的这些行为又是如何产生的呢?

抛开那些更不可能的解释（比如说神圣造物给予人类的规划），最明显的说法是：这些相同的人类行为——礼仪、发型、饮食禁忌——只是一群生活在复杂且富于挑战性的群体中的动物在群居中发展出的趋同且有效的生活方式，而这种复杂的社会正是人类的社会。

* 人类社会生物学方面的老前辈戴斯蒙·莫里斯（Desmond Morris）曾著有一系列广为人知的书籍，包括《裸猿：一个动物学家的人类动物研究》（*The Naked Ape: A Zoologist's Study of the Human Animal*）、《人类观察：人类行为田野调查指南》（*Manwatching: A Field Guide to Human Behaviour*），不管你对他的想法怎么看，如果想要更多地了解这方面的知识，他的书籍至少是入门的第一步。如需更进一步地了解，可以尝试阅读爱德华·威尔逊（E. O. Wilson）的著作《社会生物学：新的综合》（*Sociobiology: The New Synthesis*）。

我们需要展示出自己的身体装饰和殷勤态度。这些行为是人之为人的自然，而又几乎无可避免的结果——不管是在剑桥大学，还是在西伯利亚的狩猎采集的小村落中，它们社会结构之间的巨大差异并不对其造成任何干扰！

社会性动物群体的进化中涉及的各种过程（见第 7 章）很有可能是被宇宙中各种生命所共享的。如果在一个科技水平上与人类相似的外星社会中，各种风俗习惯被彼此共享的情形与人类不同群体中共享的那些特征也很相似，是不是特别令人惊讶？虽然唐纳德·布朗关于人类共通文化行为的列表并不是绝对正确且具有定义性的，但这个名单仍然显示出其中的很多行为都具有进化适应上的优势。“清洁卫生”在任何大型社会中似乎都很重要，而作为加强社会联结的“赠送礼物”行为也似乎应该不只存在于地球。如果外星人进化出了与人类相同的此类行为，那么它们就也将与我们在很大程度上共享“人之为人”的种种表现。哈姆雷特对它们的吸引，应该也像对我们的魅力一样。 312

战争有什么好处？

战争。有什么好处？根据 20 世纪 70 年代艾德温·斯达（Edwin Starr）的一支同名流行单曲中的说法：完全没好处。或者，也许并不是这样？诸如彼得·图尔钦（Peter Turchin）的某些学者曾说，战争在人类社会进化的过程中起到了至关重要的基础性作用，而这种作用直到今天仍然发生。*一则，远距离杀伤武器——先是长矛，然后是弓箭，继而是枪炮与导弹——的发明导致了人类社会中一种非生物学

* 彼得·图尔钦著《超级社会：上万年来人类的竞争与合作之路》（*Ultrasociety: How 10,000 Years of War Made Humans the Greatest Cooperators on Earth*）。

的平衡，使人的大脑胜于膂力。虽然属于从属地位的大猩猩可以挑战它的首领，抢夺群体中的统治地位，但它同样面临着严重受伤甚至更为惨重的风险。但如果，它能够开枪把首领打死，那么身体上的勇武就更少地等同于个体层面上的成功。

外星文明也一定走过相同的进化路径吗？如果我们想要寻找某些可以用来判断外星人的人类特质，我们一定不希望发现“好战”这一特质——为了我们自己安全的考虑。但对任何文明来说，如果想要实现星际旅行，就一定需要达到一定的科技能力，而在这个过程中，战争或许不可避免。不过，对于我们目前在人类社会中能见到的创新而言，战争是否一定必要，并不是一个像我一样的动物学家可以解答的问题，我们需要小心谨慎，尽量避免过多地被人类自己的历史所干扰。

再者，我们对战争的看法受到了我们对灵长类动物社会行为观察的影响。大多数大型灵长类动物都生活在群体中，为了争夺雌性，雄性会发生激烈的冲突。首领雄性大猩猩会把雌性留在自己的后宫里，有任何其他雄性想和它们交配的时候，都会大打出手。黑猩猩的群体里有若干雄性和雌性，但它们同样也拥有某种层级统治方式，在这种系统之内，想要成为更高级的成员，也要经过非常残酷的竞争。

313

这种暴力之所以见诸灵长类的群体，是因为我们的社会就是围绕着“食物”与“交配”这一对稀缺资源建立起来的。令人感到吃惊的是，不管是大猩猩还是黑猩猩，它们社群中的暴力行为在很大程度上是因为它们的食物资源（大猩猩吃树叶，黑猩猩主要吃水果）相对充沛，而不是相对短缺。充沛的食物意味着如果你想要比别人更成功，那么雄性就一定要垄断雌性。每个人都有足够的食物——但如果你比别人有更多的交配机会，那么你就能让自己的基因更多地在下一代中传播开来。

很多小型灵长类动物群体中的雄性暴力没有那么普遍，因为它们寻找食物的难度更大，食物分布更为分散，也无法便捷地与同类共享食物。如果，在绝大多数时候，谁都没有多余的饭钱可以分给你，那为什么还要去欺负别人呢?

所以，虽然暴力在人类社会——以及其他的地球社会性动物群体中——根深蒂固，但我们仍然无法给暴力行为在外星世界的进化与适应过程提供良好的解释。在其他的行星上，甚至连“雄性”和“雌性”的概念也不存在。当然，在这本书里，我一直避免在地球性别现象的基础上过多推论，因为如果我们不理解外星生物的“DNA”，我们就无法得知在它们的星球上诸如“兄弟相争”（sibling rivalry）之类的类似过程如何展开。或许在其他的行星上，“外星人本质”* 背后的隐含意思并不是群体成员之间的激烈竞争。在考虑将来与外星物种可能的会面时，我们尚不确定是否要用太空武器将自己提前武装起来。

不过，图尔钦还提出了另外一点，即攻击性不那么强烈的灵长类动物通常会形成更小的群体，一般是一夫一妻带领自己的子女一起生活。当关键资源（比如食物或者庇护所）稀缺且分散时，小型的家庭结构更容易垄断这些生存资源，大型的社会群体反而不太可能在这种 314 情况下提供优势。这种小型家庭群体或许永远都无法进化成大型的、拥有科技的社会，但另一方面，大型的社会就意味着个体之间存在许多利益冲突（由类似蜜蜂和蚂蚁的克隆体组成的社会除外）。进攻性和竞争行为将不可避免，但又反过来驱动了创新发展，进而促成更新形式的进攻性和竞争行为。最终，我们可能会失望地发现，对大型的合作与创新而言，暴力或许是必要的。

我们，作为一个人类社会的整体，仍然保有许多暴力的行为，而这些行为似乎在我们走到今天这一步的过程中必不可少。任何外星物种都很有可能引起我们的恐惧，而我们也同样可能会让它们感到害

* alien nature，与“人类本质”（human nature）一词相对应。

怕。不过，战争作为我们“人之为人”的一部分，我们仍然欣赏自己曾经好战的历史（以及现在），那是个潘多拉的魔盒。如果外星人也能为《亨利五世》（*Henry V*）的词句产生共鸣，那么，比起对它们的恐惧，我们似乎更能与它们找到彼此的相通之处。

我们，是少数几个人，幸运的少数几个人，我们，是一支兄弟的队伍；

> 因为今天，他跟我一起流着血，
> 就是我的好兄弟……*

宇宙人类的创生迷思

对于人类在地球上的进化历程，虽然我们尚有很多非常重要的细节没有确定，但总体的概念已经非常清楚。我们特别想知道语言的发生机制，以及自我意识何时，又如何出现在人类的脑海里。但与此同时，复杂程度越来越高的认知能力却似乎确实与人类社会的复杂程度的不断加深发生了互相促进的共同进化。在某个时间点上，我们的祖先似乎达到了某个关键的“聪明程度”，人类整个物种继而开始在这条“成功”的路上开启了“胜利大逃亡”，随之而来的新科技与新社会发展为这个过程不断加速——最终，我们享受着今天的互联网，刷着猫猫狗狗的短视频。

315

人类进化历史上的某些节点显然与地球上某些特定时间点上发生的特定创新造成的条件紧密相关。我们用双脚直立行走的进化（相对于之前用绝大多数灵长类动物所采用的四足行走方式）对人类的形成显然至关重要——一来，直立行走解放了人类的双手，从而让人类得

* 威廉·莎士比亚著《亨利五世》第四幕第三场。

以使用上肢操控并制造工具。但这也或许与地球历史上的一次偶然变化相关。人类直立行走的具体原因至今仍然是一个讨论激烈的话题，但很多理论都围绕着“从树上生活到草原生活”的解释展开。也许是因为当人类的祖先开始地面生活的时候，站得更高就可以看到高草外面的潜在猎物与掠食者，所以直立成为一种优势；也或许是因为我们用上肢携带食物的能力成为一种关键的创新；还有可能是因为双脚行走能让我们保持凉爽，因为这种身体姿态可以让我们只把头顶直接暴露在阳光之下。最有可能的情况是，人类之所以进化成双足直立行走的动物，是因为以上所有原因的综合作用。但不管怎样，如果我们说外星智慧生命的进化也必然受相同的过程驱动，肯定是鲁莽的建议。很显然，地球草原替代地球树木的时间点，也是人类从拥有智力的动物进化成会制作工具的动物的时间点，但外星草原替代外星树木的过程却不太可能与外星智慧动物进化出制作工具的习惯同时发生。人类的这种变化受限于地球本身的特殊条件。

不过，对于像我们一样的生物，或许存在着某种非常普遍的进化过程，可以在很多不同的行星上发生，不受该行星特定生态或物理条件的过度干扰。就地球生命进化历程中最为重要的创新事件，进化生物学家的先驱约翰·梅纳德·史密斯与理论家伊尔思·萨斯玛丽撰写了一本极富影响力的著作。* 虽然，在我们的理解中，他们在那本书中给出的所有创新事件对生命来说都是绝对本质性的，但我们仍然无法真正假定其中的很多东西（比如 DNA 和性别）也在其他的行星上发生过。但是，找出并标明这些发生在进化历程中最重要的创新节点仍然是一种非常有用的原则方法。我们能否在维持对外星生命具体细节的客观中立的同时，也将它们的进化重要节点标注出来呢？

316

* 约翰·梅纳德·史密斯和伊尔思·萨斯玛丽著《进化历程中的重大变动》（*The Major Transitions in Evolution*）。

也许，如果存在某种可以用来描述无论生活在何地的“人”的进化历程宇宙普适的说法，以下文字可能是一种合理的建议：

早期的生命很简单，它们从无生命的来源获取能量，可能在绝大多数情况下，它们的能量来源都是其行星所在的星系中的恒星光照，同时也有可能直接来源于行星本身发出的热量，或许还有其他来源，比如辐射。

第一次创新是某些生命形式（我们称之为“掠食者”）开始从其他生命（“猎物”）身上直接获取能量，利用他人从自然界捕获的能量（见第3章）。不劳而获永远是一种选项，同时博弈理论也似乎决定了这种“作弊”行为的进化不可避免。

为了吃掉对方，以及不被对方吃掉，掠食者和猎物同时展开了竞争，运动也由此产生（见第4章）。

一旦生命体进化出了运动功能，社会行为就随之产生（见第7章）。猎物动物可以通过集群的方式降低自己被吃掉的概率，而这也为更积极的防御策略提供了可能性：警戒行为、建立群体结构等。

当任意两个生命体彼此产生联系的时候，交流就成为必要（见第5章），至少它们可以通过交流找到彼此。

最晚到这个时候，不管是互相帮助，还是彼此竞争（可以是相似的生物，也可以是存在于掠食者与猎物之间）的生

317

命体的复杂互动导致了智力的进化（见第 6 章），即预测世界判断何种情况对自己更为有利的能力。

交流、社会性行为和智力的互相叠加导致了交流系统的进化，这种系统中可以容纳大量的信息（见第 8 章），同时也造成了可能与我们甚为相似的生态系统的出现。即使外星生物的具体样貌，甚至是组成身体的化学成分都完全无法被我们预测，但它们一定也会像地球上的动物一样，发出鸟鸣、狮吼，或者海豚的哨声。

这种生态系统会持续多长时间，我们并不知道。或许很难进一步继续进化。我们知道它至少在这个宇宙中发生了一次，但这一次进化从开始到现在花费了至少 30 亿年的时间。无论原因与机制如何，在某个时间点上，复杂的交流会进化成语言（见第 9 章）。

最终，某种社会性、具有智力、拥有语言能力的生命体或将不可避免地发展出复杂的科技。我们很难预见其他方向的发展结果。很快，他们将造出宇宙飞船，探索宇宙——但这一切的前提是他们没有在发展到这一步之前将自己毁灭。

这一套按时间顺序排列的进化事件，仿佛就是地球上导致了人类进化的一系列事件。如果相同的顺序同样发生在另一颗星球上，也产生了相似的具有社会性、拥有智力、语言和科学技术的生命体的进化，那么，我们真的能够拒绝将他们认为是“人”吗？ *318*

XII
结语
Epilogue

我在想，关于本书中我对外星生物的种种描述，可以在多大的程度上说服读者。我觉得肯定有一些人会认为我的假设是有问题的——我们总需要某种假设作为前提——所以关于外星人的生活方式、行为方式，以及它们可能采取的对待我们的态度——良善的，或是邪恶的——也会得出不同的结论。但只要你自己得出了某些结论（这些结论不必与我相同），我就认为这是一种成功。我主要的目标是为了使你相信，我们可以知道外星人是什么样的。有的人会说，我们没有足够的数据，所以对外星生物做出的一切推测都没有根据。事实并不是这样的。我们身边有太多关于生命的数据，而至于这些数据到底是关于地球上的动物，还是火星上的数据（事实上我们不掌握），却全然没有影响。生命总要服从某些规则。而理解了这些规则，就可以让我们理解这个宇宙中的所有生命。

我知道，你想让我告诉你外星人长什么样。你应该很有可能想知道它们会不会是绿色的。我也怀疑会有不少读者想知道外星人是否会有性生活，以及我们是否有可能和它们共享这一行为。在很大的程度上，我们想要了解的外星人的特征都源自电影和电视中对外星人的科幻呈现。人类和外星人混血杂交的物种是一种普遍的科学幻想。但反过来，我们之所以在科学幻想中将外星人描绘成那些样子，也是因为我们更想了解那些方面。好的科幻作品探索的是最复杂的问题，同时也消除了“可感知的现实”的边界，而《星际迷航：下一代》——我心目中科幻作品的莎士比亚——就是一部此类杰出作品。所以，那些关于外星人的我们尚未解答的问题仍然是非常好的问题。

319

但我也认为，我在这本书里做了一些更好的事情。我们与外星智慧生命见面的机会实在太过遥远，以至于我们甚至可以将其忽略不计。就算我们能够收到（并回答）来自外星文明的信息，也很有可能会因为它们与我们太过遥远——几十甚至上百光年之外——所以我们没办法在自己的有生之年得到它们的回复。我不相信自己能有机会像在地球上一样，坐在外星山脚下的一块石头后面，举着我的双筒望远镜，远远地观察那些外星狼崽在自己的巢穴外面嬉戏。也许，进化的理论是唯一能让我们对外星生命真正进行研究的方式。理解外星生命所面临的限制条件，再把这些理解运用到那些星球的物理条件上，我们才能尽可能接近地成为一名“外星动物学者”。即使我们知道自己很有可能无法亲眼见到它们，地球上的科学家们还是努力寻找着理解外星生命的方式。一方面，为了侦测和翻译外星人的信号，我们会寻求算法的帮助，另一方面，我们也会研究地球动物的行为，期待着那些行为与其他行星上可能存在的动物行为存在相似之处。即使我们无法亲自对外星生物展开研究，但对动物协作、交流、问题解决方式和原因的理解，仍有助于我们更进一步地理解外星生物。

你或许会觉得这本书就是关于外星人的，但事实上它同时也是关于普遍生命的，我是说，所有的生命，即位于其最基本意义上的生命。这本书之于地球生命的意义，毫不亚于其之于外星生命，它并不是一本某颗特定星球上的生命名录，而是一本关于理解“生命是什么、生命是为什么、所有的生命都共享什么”的书。电视上有那么多出色的自然历史节目都在为我们展示生命的多样性，但却极少有作品为我们解释生命统一的特征。这一点其实并不特别地令人感到惊讶，因为对于我们之中的绝大多数人而言——即使是在这个属于伟大的大卫·爱登堡*的时代里——他们尚未察觉地球上的生命形态是那么繁复。我们必须先描述，而后才能理解。

320

实话实说，我在这本书里提及的很多概念都是非常复杂的。我已经努力将它们简化（比如说亲缘选择和博弈理论），尽量避免那些概念中复杂的细节，尽管我的这种堂吉诃德式的行为会使很多科研工作者感到悲哀（但我还是这么做了）。我相信我的这一行为无伤大雅。正因为其他行星上的生命同样服从普遍的法则——那些并非限于地球特殊物理条件的法则——所以那些法则本身也将因为我的这种简化而在普遍的层面上更加适用于它们。即使我们省略掉进化原理运行的数学基础，我在这本书中得出的关于外星生命本质的结论也不会在实质上受到损害。我在第 1 章中曾经写道，复杂系统在本质上是无法预测的。这是真的。但我们给这些复杂系统提出的近似结果也同样坚固。有些时候，近似的解决办法要比精准的答案更为精确。

如果地球生物学的原理能够被应用于其他行星，那么我们就能更加自信地说，人类与地球上的其他生命形式是相似的——而这也并不只是因为人类与所有的地球动物都共享同一个祖先。生物学的原理每时每刻都在我们身上起效。20 世纪动物行为学研究之父尼古拉斯·廷伯根（Niko Tinbergen）为动物的行为提出了四种解释方法，其中两种关于机制：动物行为如何运作，以及动物行为如何发展（身体层面）；另外两种关于理由：进化历史为何导致了动物行为的发生，以及动物行为给该种动物在进化上提供了什么样的优势。

比如说，狼之所以长出利齿，是因为钙化作用使它们的牙变得坚硬。我们可以通过观察狼的胚胎发育来解释狼牙的成因：胚胎外层细胞会不断变硬，而后钙化。同时我们也可以给狼牙提出“为什么”的问题。狼的利齿来源于它们长久以来的掠食性哺乳动物进化过程，它

* David Attenborough，自然博物学家，被誉为“世界自然纪录片之父”-- 译者注

们继承了祖先的身体结构和身体器官。狼的肉食性祖先可以追溯到很久之前，差不多 8000 万年前，那时狼的祖先刚刚与另一种动物的祖先分家，而那种古老的动物正是现代穿山甲（没有牙）的祖先——那是发生在恐龙灭绝之前很久的事情了。所以，狼生出了利齿：因为它们是远古时代拥有利齿的生物的后代。 321

但以上的这三种解释都与外星生物无关。在外星行星上，钙质可能并不是构成牙齿的矿物元素，而外星胚胎的发育过程也几乎绝对不会与地球胚胎相似，同时，外星狼必然不会与地球上的狼共享同一个祖先。但廷伯根的第四个解释却是大多数人直觉中的认识：为什么狼长着尖牙利齿？因为吃掉你的时候更方便！这第四个解释——也被科学家们称为“终极”（也就是长期）解释，亚里士多德口中的“目的因”——不管是在地球上，还是在其他的星球上，都同样真实有效。

那么，对于我们未来的空间探索，对于外星智慧生命的发现，以及对于人类在地球上与其他拥有智力但不掌握语言的动物的持续共存来说，这又意味着什么？当“第一次接触”真的发生时，我们可能有些事情可以确定，但其他更多的方面仍将会是彻底的惊喜。为了让我们从心理和操作上都更好地准备迎接“第一次接触”，其中一种方法是去理解这些相似之处，去接受“智慧生命必然共享某些特质”这一事实。我们甚至会发现自己难以察觉外星物种是否拥有智力。但如果它们的智力是被用于解决与我们所面临的相似的问题，那么关于其智力如何进化的“终极解释”也势必相似。我们一定已经拥有了某些共通之处。外星人或许在大小和形状上与我们差异巨大，但它们的行为，如何运动、如何觅食、如何组成社会，势必与我们相似。在这本书的引言中，我曾经写道：“如果我们都会组成家庭、饲养宠物，都会阅读、写作，都会抚养自己的后代和亲属的话，谁又会在意外星人长成绿色或者蓝色呢？”我希望，到这里，你能同意我的话。那些在进化上推动着人类成为人类的力量，也必然推动着外星生物成为与我 322

们类似的动物。

与此同时，我们也必须注意到智慧生命可能存在的多样性，关于这些想法，人类在地球上的动物邻居们给我们提供了一个有用的试验场所。动物或许与人类在进化的过程中经历了相同的物理条件，但每个物种都选择了自己独特的进化历程，也在生存的问题上给出了各自不同的解决办法。它们并不“不那么像人”，它们只是为了适应自己的环境而进化，它们的生活中不需要飞机、电视，也用不到语言。有些时候，尽管语言似乎将人们区分开来，但它最终还是将所有的人类联系到一起。在生活中，即使语言的细节会让我们感到困惑，但也正是语言的能力，才给我们打开了观察他人想法的窗口。关于人类的特殊性，语言给予了我们很多信息，而我们也能借由这些信息去等待宇宙中其他的生命。

为了我们发现外星人的那一天，你该如何做好准备？目前的天体生物学只是一片非常微小的研究领域，但它正在逐渐成长。虽然我在本书的结尾提到了一些非常有用的资源，但你可能还是找不到太多关于这门学科的科研文章。对于大众媒体上那些关于外星人（在一定程度上）不值一哂且不加思考的描述，有些非常高质量的科幻作品——比如弗雷德·霍伊尔的《黑云》——可以有效地对它们进行批驳。讽刺的是，科幻小说的创作年代越早，其受到现代外星人偏见污染的可能性就越小，所以也就可能更为准确。但最重要的是，请拿出你的望远镜，看看我们地球上的这些小外星人吧，从在城市里觅食的狐狸，到一路高歌翱翔前往南极的北极燕鸥（Arctic tern），在这些生命形式身上所体现出的巨大差异之中，也必然至少有一部分被其他行星上的居民所共享。

323

虽然，我们与外星物种之间的关系——即使这种关系只是存在于我们脑海中的想象——最终势必极大地被我们自身在这一关系中的地位所影响，人类也许会认为，它们是我们的竞争对手。但我们会受到它们的威胁吗？或者我们是否会威胁到它们？它们会不会比我们更聪明、更强壮、更好战，或者更和平？有朝一日，当我们真的发现自己并不是这个宇宙中唯一的智慧生命时，就算“殖民”并不是实际可行的选项，我们对于“自己是谁”以及“我们为什么在这里”的看法也将起到至关重要的作用。

与此同时，对于宇宙中所有生命的描述，我们与外星智慧生命之间的直接生物学比较会为我们提供一种更为彻底、更令人满意的方法。当我们遇见银河系中的邻居时，我们势必会惊讶于彼此之间的巨大差异。但如果多看看廷伯根的终极解释，多想想亚里士多德的目的因，也许我们就能接受一个更为宽广的对人性的定义，在那个定义中，无论外星人与我们长得多么不同，也无论寓居在哪颗行星之上，我们都仍然为它们留有一席之地。 324

致谢

对科学家来说，写作第一本面向社会大众读者的书有点像抚养第一个孩子，我们真的不知道该做些什么，也觉得不管自己做什么都是错的，最后还总要长成一个整日游手好闲、闷闷不乐的少年。同样，像养孩子一样，我还会在半夜的睡梦中惊醒，突然想起自己忘记了什么重要的事情，马上起床补上。在所有的这些繁难中，许多帮助与建议减轻了我的负担——即使对我的睡眠并没有什么补救。

我的妻子和孩子们异常勇敢地容忍了我的非常规性写作活动。我特别要感谢我的儿子西蒙（Simon），以及我的父亲莱斯特（Lester），他们在我写作的过程中阅读了每一章节的内容，给我提供了翔实而又诚恳——有时可能过于诚恳——的建议。本书初稿的志愿读者，来自田纳西州诺克斯维尔的乔丹·哈比比（Jordan Habiby）、来自萨赛克斯大学的霍莉·鲁特-古特里奇（Holly Root-Gutteridge）、德克萨斯大学的摩根·古斯帝森（Morgan Gustison）、伦敦大学学院的阿里西亚·卡特（Alecia Carter），以及剑桥大学的艾玛·维斯布拉特（Emma Weisblatt）勇敢地承担起了在两周之内审阅全部手稿的挑战，也提出了极具价值的反馈。

写作本书的灵感源自世界各地的很多不同的经历。萨拉·沃勒（Sara Waller），才高难抑的哲学家和动物直觉领域的学者，不仅为本书的许多章节提出了关键性的反馈，还在很多年里独自一人管理着我们位于黄石国家公园的狼研究中心。还有精通犬类语言的杰西卡·欧文斯（Jessica Owens）、鬣狗专家艾米·克莱尔·方丹（Amy Clare Fontaine，我的学术合著者与勇气之源），我们共同度过了很多个日日夜夜，为了“在大雪中的塑料绑带会在几度的时候像饼干一样啪的一声裂开”的问题吵个不停。而这些争论全都是为了弄清楚狼的语言。其他的动物交流研究者也为本书的写作奠定了基础，他们包括狼类生物学家霍莉·鲁特-古特里奇、山雀专家，来自康奈尔大学的卡丽·布兰奇（Carrie Branch）和来自田纳西大学的托德·弗里伯格（Todd Freeberg）、蹄兔学者，来自以色列巴伊兰大学（Bar Ilan University）的阿米亚尔·易兰妮（Amiyaal Ilany），以及海洋生物学家，来自以色列本-古里安大学（Ben Gurion University）的纳达夫·萨沙（Nadav Sashar）。一直以来，加州大学洛杉矶分校的丹·布鲁姆斯坦（Dan Blumstein）都是我的导师，他给予我很多鼓励，没有他，我可能永远也不会踏上写作的道路。还有另外两位值得致谢的科学家，一位是不会被人认错的、总戴着毛线帽子的物理学家劳伦斯·道尔，他同时也是地外文明搜寻计划的倡导者，是他帮助我将动物与外星生物联系在了一起，另一位是西蒙·康威·莫里斯，同样的传奇人物，自从我19岁那年的一个深夜，他为我和另外两个本科生打开了大学地质博物馆的大门，教给我们如何解读恐龙的骨骼，在过去的35年间不时给予我有益的知识和教导。

孤身一人进入全新的领域通常充满了危险（这是我多年野外工作中的亲身体验），所以需要有经验的人领路。我的文学管理人迈克尔·阿尔考克（Michael Alcock）相信本作的可行性，也相信本人的文字能力，为本书的写作铺平了道路。企鹅出版集团维京出版公司的丹尼尔·克鲁（Daniel Crewe）和康纳·布朗（Connor Brown）的热情也督促我持续地进行写作，并沿着自己的思路坚定地贯彻了下来，同时，凯瑟琳·艾尔斯（Katherine Ailes）承担了本书的编校工作，她的洞见与直觉也给本书增色不少。

格顿学院是个写作的好地方，办公室很漂亮，从窗户向外望去，精心修剪的草坪一览无余。另外，我也想感谢我的本科生学生们，同很多其他事情一道，给他们教课的过程让我意识到自己是多么热爱我的工作，我可以在这些话题上滔滔不绝地一直讲下去。

最后，我要感谢我的狗，达尔文（Darwin）。在过去的 12 年里，我们共同走过了超过两万公里，虽然最近我们的脚步慢了下来，但那些安静而深沉的时光一直是我最有灵感的瞬间。

阿里克·克申鲍姆博士
于剑桥大学格顿学院
2019 年 7 月

插图列表

微小涡流会产生反向的推力，从而将动物向前推进，彼得·哈拉茨（Peter Halasz）制图。

第 84 页：古代菊石的重构图，海因里希·哈尔德（Heinrich Harder，1858—1935）绘。

第 90 页：肩章鲨利用长长的、像腿一样的鳍在海床上行走，斯得罗毕罗迈斯（Strobilomyces）摄。

第 92 页［左］：现代天鹅绒虫，长着肉芽状充满液体的足，布鲁诺·C. 维鲁蒂尼（Bruno C. Vellutini）摄。

第 92 页［右］：已灭绝的怪诞虫的艺术化呈现，图源 PaleoEquii。

第 93 页：海盘车海星（Pycnopodia，又译葵花海星）的管足，杰瑞·科尔卡特（Jerry Kirkhart）摄。

第 96 页：现代真涡虫，可能与最早进行直线运动的生物相似，阿里克·克申鲍姆制图。

第 110 页：清晨鸟鸣的声谱图，横坐标由左至右代表时间，纵坐标代表音高，菲利普·李迪特（Phil Riddett）录音，大英图书馆藏。

第 115 页：渐小的图像，表示视觉信息如何受空间条件影响。

第 123 页：鱼类的主动电感，哈法斯（Huffers）制图。

第 124 页：各种电鱼波形各异的电流脉冲信号，原图见于《非洲与南美洲弱电鱼类发电机制独立进化起源的年代比较研究》（*Comparable Ages for the Independent Origins of Electrogenesis in African and South American Weakly Electric Fishes*），塞巴斯蒂安·拉维（Sébastien Lavoué）等著，2012 年。

第 126 页：短吻针鼹，J. J. 哈里森（J. J. Harrison）摄。

第 145 页："先驱者"镀金铝板，矢量图由乌娜·雷森嫩（Oona Räisänen）绘制，卡尔·萨根与弗兰克·德雷克设计，琳达·萨根绘制。

延伸阅读

（译者未查明已有通行汉译本的书籍名称均保留中英双语）

第 1 章 引言

《星球工厂：地外行星与第二个地球的搜寻》

The Planet Factory: Exoplanets and the Search for a Second Earth

作者：伊丽莎白·塔斯克

一本简明易读的地外行星科学指导性书籍，介绍了地外行星的情况及发现过程。

《宇宙中的智慧生命》

作者：约瑟夫·什克洛夫斯基 与 卡尔·萨根

卡尔·萨根怪诞而引人入胜的风格给地外生命的讨论带来了一股 20 世纪 60 年代的气息。

《自私的基因》

作者：理查德·道金斯

应该是进化生物学领域最著名的大众科学书籍，它也称得上这一评价。表达清晰直接。《自私的基因》是必读书籍。

《盲眼钟表匠》

作者：理查德·道金斯

在理查德·道金斯的《盲眼钟表匠》之外，很少有其他书籍能像这本书一样让你能从本质上理解自然选择，内容甚至比《自私的基因》更为翔实，如果想理解宇宙中生命的本质，它或许是你必须阅读的第一本书。

《达尔文的危险观念》

Darwin's Dangerous Idea: Evolution and the Meanings of Life

作者：丹尼尔·丹尼特

作者从一个严肃哲学家的角度展开阐述了自然选择理论，值得当作一次深入的理解阅读，但阅读难度不小。

《行星上有人住吗？》

Are The Planets Inhabited?

作者：爱德华·沃尔特·蒙德

19 世纪与 20 世纪之交的天文学家的一本短小但富于魅力的精工细作，对于其他行星上存在生命的可能性，作者给出了清晰、科学的观点。网络上有免费的版本。

《发现地外生命的影响》

The Impact of Discovering Life beyond Earth

编者：史蒂芬·J. 迪克

地外文明探索计划（SETI）中各位著名科学家的文章汇编。

第 2 章 形式与功能：不同世界的共通之处

《可能的世界》

'Possible Worlds'

作者：J. B. S. 霍尔丹

在关于生物学领域的写作中，霍尔丹 (1892—1964) 是最具娱乐性且浅显明了的作家之一，同时也是一位非常“老学究式”的生物学家，其幽默与洞见使文章非常值得一读。

《黑云》

作者：弗雷德·霍伊尔

本书可能是迄今为止最伟大的硬科幻小说，作者也是 20 世纪最伟大的天文学家之一。这本书讲述了一个人们发现隐含在星际气态云中的外星智慧生命的故事，但它的天才之处却在于科学家们如何通过共同努力理解未知的求索过程。

《无休止的生物：10 种运动状态下的生命故事》

Restless Creatures: The Story of Life in Ten Movements

作者：马特·威尔金森

作者是研究翼龙飞行的专家，但他这本关于动物一般运动的书阅读体验很好，对理解第 4 章的内容也格外有用。

《生命的答案：孤独宇宙中必然的人类》

Life's Solution: Inevitable Humans in a Lonely Universe

作者：西蒙·康威·莫里斯

这本全面且略具技术性的书籍是一部趋同进化的标本库，对于我们在地球上所能见到的每一种生物特征的趋同进化过程，它都给出了标准的证据，作者有力地证明了趋同性的普遍存在，而这些论据给我在本书中阐述的论点提供了指导性的作用。

《奇妙的生命：布尔吉斯页岩中的生命故事》

作者：斯蒂芬·J. 古尔德

上一本书的作者莫里斯认为几乎所有的生物特征都具有进化的趋同性，但作为莫里斯的好友，作者古尔德在这一本书中给出了截然相反的看法，他认为进化的结果是无法预测的。你可以把两本书对照着读，得出自己的结论。

《当生命几乎死亡：历史上最大规模的灭绝》

When Life Nearly Died: The Greatest Mass Extinction of All Time

作者：迈克尔·J. 本顿

鉴于目前我们体验到的地球环境变化，阅读这本书会让你感到有些压抑。但也正是因此，从这本书中理解那一段鲜为人知的地球历史就更有意义。

《红色皇后：性与人性的演化》

作者：马特·里德利

略微有些厚重但却非常必要的一本书，阐述了性的本质，即性进化的原因，而非性发生作用的方式。虽然很难说性别是否同样存在于其他星球，但在读过这一本书之后，你或许会认为我的看法是错的，而性本身就是一件无法避免的事情。

《天体生物学：理解宇宙中的生命》

Astrobiology: Understanding Life in the Universe

作者：查尔斯·S. 科克尔

这是一本天体生物学教科书，读者定位是低年级的本科生，概括且易懂。但只要你希望了解一些关于这一话题的技术细节，这本书仍然具有十分的可读性。

《空间中的生命：大众天体生物学》

Life in Space: Astrobiology for Everyone

作者：卢卡斯·约翰·米克斯

并非教科书，而是一本从总体上对天体生物学的生物学与哲学问题的简明介绍。

第3章 什么是动物？什么是外星生物？

《动物、植物、矿物？18世纪的科学如何改写了自然的秩序》

Animal, Vegetable, Mineral? How Eighteenth-Century Science Disrupted the Natural Order

作者：苏珊娜·吉布森

一本欢快而易读的生物分类学发展史，包含很多生物学家奇怪又可爱的性格故事。

《白鲸》

作者：赫尔曼·梅尔维尔

这本经典的航海小说中包含了大量关于鲸类的生物学知识，从科学的角度上看并不全是正确的。

《伊迪卡拉的伊甸园：发现最初的复杂生命》

The Garden Of Ediacara: Discovering the First Complex Life

作者：马克·A. S. 麦克梅纳明

一本科技含量略重的书，但仍面向大众读者。如果对地质学的侦探小说感兴趣的话，你很可能会喜欢这本书。

《生命简史》

作者：理查德·福提

作者福提在讲故事方面非常出色，而这本地球进化的历史也拥有非常不错的阅读体验，简明易读。

《生命的起源：从生命的诞生到语言的缘起》

The Origins of Life: From the Birth of Life to the Origin of Language

作者：约翰·梅纳德·史密斯 与 伊尔思·萨斯玛丽

虽然技术性很强，但仍是一本经典著作。这本书面对想了解更多技术细节以及更深入的分析的读者。

第4章 运动——小步快跑与空间滑翔

《珍贵的地球：复杂生命在宇宙中因何稀有》

Rare Earth: Why Complex Life Is Uncommon In the Universe

作者：彼得·D. 沃尔德 与 唐纳德·布朗利

本书的调性略显悲观，但在什么使得一颗行星适合进化出复杂生命的问题上却是极为重要的一本著作。同时也是一本关于天体生物学和行星可居住性问题的详细介绍。

《宇宙动物园：许多世界中的复杂生命》

The Cosmic Zoo: Complex Life on Many Worlds

作者：德克·舒尔茨－马库赫 与 威廉·拜恩斯

与上一本书相反，两位作者讲述了一个有趣的概念，即在事实上，任何行星都有可能发展出复杂生命。

《腐植土的产生与蚯蚓的作用，并对蚯蚓习性的观察》

The Formation of Vegetable Mould, Through the Action of Worms, With Observations on Their Habits

作者：查尔斯·达尔文

带着崇敬的心情阅读最伟大的科学家关于蚯蚓行为引人入胜的详细笔记，我们得以一览他的内心思考。在网上可以找到影印版。

第5章 交流渠道

《语言进化》

作者：特库姆赛·菲奇

一本略带技术性的教科书，内容涵盖了动物世界所有语言的进化本质。阅读体验并不轻松，但对于想知道语言的性质与成因的读者来说也是必不可少的一本书。

第6章 以各种形式存在的智力

《万智有灵》

作者：弗朗斯·德·瓦尔

在动物意识方面，这是最具基础性地位的书籍之一，笔法清晰易懂，引人入胜。关于人与动物之间存在的区别，我们总是有很多先入为主的观念，而这本书几乎对所有这些观念都进行了挑战。

《狗的体验：以及动物神经科学中的各种奇遇》

What It's Like To Be A Dog: And Other Adventures In Animal Neuroscience

作者：格雷戈里·伯恩斯

为了弄清楚狗的想法，神经科学家把它们放进了核磁共振成像扫描仪中，这本书为我们讲述了其中的故事。

《海豚真的聪明吗？神话背后的哺乳动物》

Are Dolphins Really Smart? The Mammal behind the Myth

作者：贾斯汀·格雷格

这种受人喜爱却又被人们在很大程度上误解了的动物在这本书

中得到了全面的描述，你还可以从这本书里得知海豚那张微笑的脸背后的方方面面。

《各种头脑：为了理解意识》

Kinds of Minds: Towards an Understanding of Consciousness

作者：丹尼尔·丹尼特

通过深入的哲学探讨，作者在这本书中阐述了自己对意识的看法，所以这本书在很多层面上都很难读，但总的来说还是比很多专业哲学家的作品好懂一些，所以仍然具有可读性，也能读懂。

《人的问题》

作者：托马斯·内格尔

与上一本书作者的见解相反，却更难读，这本书面向有兴趣以细致的哲学思辨讨论意识本质的读者。

《人类的误测》

作者：斯蒂芬·J. 古尔德

学界有一种将人种的智力差异归结于“科学”相关性的倾向，而作者古尔德以这一本书宣誓了自己对这种倾向的反对。阅读体验很好，同时也提醒了读者们科学知识同样面临着被滥用的可能性。

《透过一扇窗：我与贡贝黑猩猩们的 30 年》

Through A Window: My Thirty Years with the Chimpanzees of Gombe

作者：简·古达尔

作者古达尔是历史上最著名的灵长类动物学家，这本书优美地记录了她的研究和她的实验对象——黑猩猩——也能让我们更好地理解人类自己。

《鸟类的天赋》

作者：珍妮弗·阿克曼

一本关于鸟类行为，特别是智力方面，轻松且欢快的记录。

《接触》

作者：卡尔·萨根

最伟大的科幻小说之一。在著名天文学家卡尔·萨根的带领之下，读者可以全面体验收到来自外星智慧生命的信息时的境遇。

《亚里克斯研究：灰鹦鹉的认知与交流能力》

The Alex Studies: Cognitive and Communicative Abilities of Grey Parrots

作者：艾琳·佩普伯格

记录了非洲灰鹦鹉语言能力的一本权威性书籍。

《计算中的上帝》

作者：罗伯特·J. 索耶

硬科幻的巅峰之作，与其说这本书是一部让人汗毛直立的惊悚作品，不如说它更多的是一本哲学习题。书中患有癌症的无神论古生物学家在外星生物降临地球的时候感觉自己的信仰体系受到了极大的挑战，而那些外星生物对人类宣称，它们的目的正是为了搜寻神存在的证据。

第 7 章 社会性——协作、竞争与休闲

《兔子的私生活》

The Private Life of the Rabbit

作者：罗恩·M. 洛克利

为了研究野外环境中兔子的行为，自然学家、作家洛克利在位于英国欧雷欧顿（Orielton）的乡间宅邸设计了特别的围墙，而这本书正是对他的研究的美丽且迷人的描述。作者对兔子的社会性行为无可比肩的深入洞察极大地影响了理查德·亚当斯，后者将其作为自己著作《兔子共和国》主要的引证来源。

《演化与博弈论》

作者：约翰·梅纳德·史密斯

一本标准的教科书，讲解了进化过程中博弈论的重要地位。读起来并不简单，但对于有兴趣了解我在书中一带而过的那些博弈论示例的读者来说，仍不失为一处有益的知识来源。

《狒狒的形而上学：社会思维的进化》

Baboon Metaphysics: The Evolution of a Social Mind

作者：多萝西·钱尼 与 罗伯特·塞法斯

作为灵长类动物行为研究的先驱，作者在这本书中将狒狒的社会生活生动地呈现在了读者面前。

第 8 章 信息——非常古老的通货

《语言本能：人类语言进化的奥秘》

作者：史蒂芬·平克

作者在这本书中有力地向读者呈现了语言进化研究两种主要派别的其中一种。阅读体验愉悦，且有收获。

第 9 章 语言——独特的技巧

《语言之谜：语言为何不是本能》

The Language Myth: Why Language Is Not an Instinct

作者：维维安·伊文思

这本书的作者极富特点，他提出了与上一本书相反的观点，读起来也很有趣。

《缤纷的生命》

作者：爱德华·威尔逊

作者是一位著名的科学作家，这本书介绍了生命在地球上进化与共存的生态、多样性与机制，读后很有启发。

《异语言学：向地外语言科学的发展》

Xenolinguistics: Toward A Science of Extraterrestrial Language

编者：格拉斯·瓦考克

作者编辑了许多论文，组成一本合辑，其内容主要是识别与翻译（如有可能的话）外星语言的各种方法。

第 10 章 人工智能——宇宙中全是机器人?

《蟹岛噩梦》

作者：阿纳托里·德聂帕罗夫

一部妙趣横生而又极富个性的苏联科幻小说，讲述了一个关于不受控制的自我复制机器人物种的故事。

《无尽之形最美：动物建造和演化的奥秘》

Endless Forms Most Beautiful: The New Science of Evo Devo and the Making of the Animal Kingdom

作者：西恩·B. 卡罗尔

一本非常有影响力的书，解释了基因如何控制有机体的形成。

《宇宙为家》

作者：斯图亚特·考夫曼

这本书的内容包含了一定深度的数学知识，但也不算艰深，难度刚好足够让读者理解与欣赏从简单系统中自发进化出的结构之美。

《人工生命：给新造物的任务》

Artificial Life: The Quest for a New Creation

作者：史蒂芬·列韦

人工生命，作为1992年的新领域，这本书算得上是相对简单的介绍性的读物。当时人工生命的形式还是拥有自我复制功能的计算机生命体，而非具有物理实体的机器人（虽然作者也谈到了这一话题）。

《谜米机器》

作者：苏珊·布莱克摩尔

这本书很好地介绍了“模因”这一概念在现实世界中的运作方式，同时也解释了流行概念的进化与生命体的进化过程存在怎样的平行关系。

《超级智能：路线图、危险性与应对策略》

作者：尼克·波斯特洛姆

不受控制的人工智能可能给人类带来怎样的危险？这本书中给

出了全面而详细的解答，书中的观点偏向于悲观，但说理非常充分。

《有意识的心灵：一种基础理论研究》

作者：大卫·J. 查默斯

《意识的解释》

作者：丹尼尔·丹尼特

两位作者就“心灵”是否与“身体”相分离的问题展开了各自的想法。但请注意，这两本书都不太好读，如果你希望探寻最基础的哲学问题，那么在这两本书中你也能找到大多数答案。

第 11 章 正如我们所知的人类

《狗的黎明：一种自然物种的创生》

Dawn of the Dog: The Genesis of a Natural Species

作者：珍妮丝·科勒－玛兹尼克

物种之间的联系非常复杂，这本书恰好给我们在这方面提了个醒，到现在为止，即使是现代家犬的起源科学家也还尚不明确。书中给出了一些有趣的假设。

《沉寂的星球》

《宗教与火箭技术》

Religion and Rocketry

作者：C. S. 刘易斯

C. S. 刘易斯是《纳尼亚传奇》的作者，而这本引人注目的《沉寂的星球》同样也是他早期的科幻小说作品（1938）。不管是小说还是散文，也不管是科学还是宗教，他的作品都非常值得一读。

《生命的概念从亚里士多德到达尔文：关于植物的灵魂问题》

Life Concepts from Aristotle to Darwin: On Vegetable Souls

作者：卢卡斯·约翰·米克斯

植物有灵魂吗？当我们思考其他行星上可能存在的生命时，确实需要考虑这样的问题。读过这本书之后，你会发现，从亚里士多德开始，哲学家们就已经开始非常严肃地考虑这个问题了。

《我所知道的野生动物》

作者：欧尼斯特·汤普森·西顿

西顿是一名技巧高超的自然学家，同时也是动物行为的观察者，他的书在描绘动物的生活与行为方面十分出色，特别是这一本，在某种程度上以拟人的笔法写就。

《白板：科学常识所揭示的人性奥秘》

作者：史蒂芬·平克

作者在这本书中表达了他的信念，即人类的天性是机体的生物学现象。

《社会生物学：新的综合》

作者：爱德华·威尔逊

作者威尔逊也表达了与平克相似的看法，人类行为从根本上受生物规律定义。

《超级社会：上万年来人类的竞争与合作之路》

作者：彼得·图尔钦

在我们的合作行为的形成过程中，冲突曾经扮演了怎样的角色？这本书对其展开了详细的解释。

《进化历程中的重大变动》

The Major Transitions in Evolution

作者: 约翰·梅纳德·史密斯 与 伊尔思·萨斯玛丽

毫无疑问，这本书的技术难度很高，但如果你想了解更多有关地球生命进化过程中各种现象级创新细节，阅读这本书是很好的选择。

索引

斜体页码表示插图

图书在版编目（CIP）数据

动物学家的星际漫游指南：通过地球动物揭秘外星生命 /（英）阿里克·克申鲍姆著；常秀峰译.—北京：文化发展出版社，2023.11
ISBN 978-7-5142-3833-4

Ⅰ.①动… Ⅱ.①艾… ②常… Ⅲ.①天文学－指南 Ⅳ.①P1-62

中国版本图书馆 CIP 数据核字 (2022) 第 160149 号

著作权合同登记号：01-2022-5893

动物学家的星际漫游指南：通过地球动物揭秘外星生命

著　　者：[英] 阿里克·克申鲍姆
译　　者：常秀峰

出 版 人：宋　娜　　统筹监制：范　炜
责任编辑：冯语嫣　　特约策划：周安迪
责任校对：岳智勇　马　瑶　　书籍设计：周安迪
责任印制：杨　骏
出版发行：文化发展出版社（北京市翠微路 2 号 邮编：100036）
发行电话：010-88275993　010-88275711
网　　址：www.wenhuafazhan.com
经　　销：全国新华书店
印　　刷：固安兰星球彩色印刷有限公司

开　　本：889 mm×1194 mm　1/32
字　　数：300 千字
印　　张：11.5
版　　次：2023 年 11 月第 1 版
印　　次：2023 年 11 月第 1 次印刷

定　　价：88.00 元
I S B N：978-7-5142-3833-4

◆ 如有印装质量问题，请与我社印制部联系　电话：010-88275720